2020中国肉用及乳肉兼用种公牛遗传评估概要

Sire Summaries on National Beef and Dual-purpose Cattle Genetic Evaluation 2020

农业农村部种业管理司　　全国畜牧总站

中国农业出版社

北　京

前　言

　　肉牛业是畜牧业的重要组成部分，良种是肉牛业发展的物质基础。为贯彻落实《全国肉牛遗传改良计划（2011—2025）》和《〈全国肉牛遗传改良计划（2011—2025）〉实施方案》，宣传和推介优秀种公牛，促进和推动牛群遗传改良，定期公布种公牛遗传评估结果十分必要。

　　《2020中国肉用及乳肉兼用种公牛遗传评估概要》（以下简称《概要》），公布了32个种公牛站的30个肉用或乳肉兼用品种、2569头种公牛遗传评估结果。《概要》首次公布了80头后裔测定西门塔尔种公牛结果以及366头西门塔尔牛的基因组评估结果。评估工作的数据主要来源于我国肉牛遗传评估数据库中近3.3万头牛的39万余条记录，包括后裔测定的1081头西门塔尔牛生长记录、与我国肉牛群体有亲缘关系的5880头澳大利亚西门塔尔牛生长记录，使肉牛遗传评估准确性大幅度提高。

　　较往年不同的是，此次评估对综合育种指数（CBI）的计算进行了优化提升，并对各性状的权重系数和常规数项进行了相应调整，使指数更加科学合理。《概要》中同时保留了日增重性状估计育种值，可作为肉牛或乳肉兼用牛养殖场（户）科学合理开展选种选配的重要选择依据，也可作为相关科研或育种单位选育或评价种公牛的主要技术参考。

　　2020年肉牛的基因组遗传评估是我国首次公布。使用的西门塔尔牛参考群体是由国家肉牛遗传评估中心依托中国农业科学院北京畜牧兽医研究所牛遗传育种创新团队构建，群体规模3488头。根据国内肉牛育种数据的实际情况，选取产犊难易度、断奶重、育肥期日增重、胴体重、屠宰率共5个主要性状进行基因组评估，基因组估计育种值（GEBV）经标准化后，通过适当的加权，得到中国肉牛基因组选择指数（Genomic China Beef Index，GCBI）。

　　由于个别公牛编号变更等问题，《概要》中可能会出现公牛遗传性能遗漏或不当之处，敬请同行专家和广大使用人员不吝赐教，及时提出批评和更正意见。

编　者

2020年12月

前言

目　录

1

肉用种公牛
遗传评估说明

根据国内肉用种公牛育种数据的实际情况，选取初生重、6 月龄体重、18 月龄体重和体型评分 4 个性状进行遗传评估，各性状估计育种值经标准化后，按 10：40：40：10 的比例加权，得到中国肉牛选择指数（China Beef Index，CBI）。

1.1 遗传评估方法

采用单性状动物模型 BLUP 法，借助于 ASReml 3.0 软件包进行评估。

1.2 遗传评估模型

育种值预测模型如下：

$$y_{ijkln} = \mu + Station_i + Source_j + Year_k + Breed_l + Sex_n + day + a_{ijklm} + e_{ijklm}$$

式中：y_{ijkln} ——个体性状的观察值；

μ ——总平均数；

$Station_i$ ——现所属场站固定效应；

$Source_j$ ——出生地固定效应；

$Year_k$ ——出生年固定效应；

$Breed_l$ ——品种固定效应；

Sex_n ——性别固定效应；

day ——年龄（天数）；

a_{ijklm} ——个体的加性遗传效应，服从（0，$A\sigma_a^2$）分布，A 指个体间分子血缘系数矩阵，σ_a^2 指加性遗传方差；

e_{ijklm} ——随机剩余效应，服从（0，$I\sigma_e^2$）分布，I 指单位对角矩阵，σ_e^2 指随机残差方差。

1.3 中国肉牛选择指数

各性状估计育种值经标准化后，按 10：40：40：10 的比例进行加权，得到中国肉牛选择指数（China Beef Index，CBI）。

$$CBI = 100 + 10 \times \frac{Score}{S_{Score}} + 10 \times \frac{BWT}{S_{BWT}} + 40 \times \frac{WT_6}{S_{WT_6}} + 40 \times \frac{WT_{18}}{S_{WT_{18}}}$$

式中：$Score$ ——体型外貌评分的育种值；

S_{Score} ——体型外貌评分遗传标准差；

BWT ——初生重的估计育种值；

S_{BWT} ——初生重遗传标准差；

WT_6 ——6 月龄体重的估计育种值；

S_{WT_6} ——6 月龄体重遗传标准差；

WT_{18} ——18 月龄体重的估计育种值；

$S_{WT_{18}}$ ——18 月龄体重遗传标准差。

1.4　遗传参数

表 1-1　各性状遗传参数

性　　状	遗传方差	环境方差	表型方差	遗传力（h^2）
体型外貌评分	5.01	6.36	11.37	0.44
初生重	10.88	14.01	24.89	0.44
6 月龄体重	480.47	636.10	1116.57	0.43
18 月龄体重	1222.03	2011.75	3233.78	0.38

1.5　其他说明

　　本书中，各品种估计育种值排名参考表中的"公牛数量"是我国肉用及乳肉兼用种公牛数据库中具有该性状估计育种值的公牛数量（头）。EBV 为估计育种值（Estimated Breeding Value），r^2 为估计育种值的可靠性（Reliability）。

2

乳肉兼用种公牛
遗传评估说明

根据国内乳肉兼用种公牛育种数据的实际情况，选取初生重、6 月龄体重、18 月龄体重和体型评分 4 个肉用性状及 4% 乳脂率校正奶量（FCM）进行遗传评估，FCM 估计育种值经标准化后，CBI 和 FCM 按 60：40 的比例加权，得到中国兼用牛总性能指数（Total Performance Index，TPI）。

2.1　遗传评估方法

　　采用单性状动物模型 BLUP 法，借助 ASReml 3.0 软件包进行评估。

2.2　遗传评估模型

　　4% 乳脂率校正奶量（FCM）育种值预测模型如下：

$$y_{ijkln} = \mu + Station_i + Source_j + Year_k + Breed_l + Sex_n + day + a_{ijklm} + e_{ijklm}$$

　　式中：y_{ijkln}——个体性状的表型值；
　　　　　μ——总平均数；
　　　　　$Station_i$——现所属场站固定效应；
　　　　　$Source_j$——出生地固定效应；
　　　　　$Year_k$——出生年固定效应；
　　　　　$Breed_l$——品种固定效应；
　　　　　Sex_n——性别固定效应；
　　　　　day——年龄（天数）；
　　　　　a_{ijkln}——个体的加性遗传效应，服从（0，$A\sigma_a^2$）分布，A 指个体间分子血缘系数矩阵，σ_a^2 指加性遗传方差；
　　　　　e_{ijkln}——随机剩余效应，服从（0，$I\sigma_e^2$）分布，I 指单位对角矩阵，σ_e^2 指随机残差方差。

2.3　4% 乳脂率校正奶量计算方法

　　4% 乳脂率校正奶量计算公式：

$$FCM = M(0.4 + 15F)$$

　　式中：FCM—— 4% 乳脂率校正乳量；
　　　　　M——各胎次公牛母亲真实产奶量（kg）；
　　　　　F——乳脂量（kg）。
　　将不同胎次产奶量统一校正到 4 胎。
　　不同胎次产奶量校正系数见表 2 - 1。

表 2 - 1　不同胎次产奶量校正系数

胎　　次	1	2	3	4	5
系　　数	1.2419	1.0913	1.0070	1	0.9830

2.4 中国兼用牛总性能指数

$$TPI = 100 + 60 \times (CBI - 100)/100 + 40 \times \frac{FCM}{S_{FCM}}$$

式中：CBI——中国肉牛选择指数；

$\quad\quad\ FCM$——4%乳脂率校正奶量的育种值；

$\quad\quad\ S_{FCM}$——4%乳脂率校正奶量遗传标准差。

2.5 遗传参数

表2-2 各性状遗传参数

性　　状	遗传方差	环境方差	表型方差	遗传力（h^2）
体型外貌评分	5.01	6.36	11.37	0.44
初生重	10.88	14.01	24.89	0.44
6月龄体重	480.47	636.10	1116.57	0.43
18月龄体重	1222.03	2011.75	3233.78	0.38
4%乳脂校正奶量	1193161	1626828	2819989	0.42

3

基因组遗传
评估说明

基因组遗传评估使用的西门塔尔牛参考群体是由国家肉牛遗传评估中心依托中国农业科学院北京畜牧兽医研究所牛遗传育种创新团队构建，群体规模3488头。根据国内肉牛育种数据的实际情况，选取产犊难易度、断奶重、育肥期日增重、胴体重、屠宰率共5个主要性状进行基因组评估，基因组估计育种值（GEBV）经标准化后，通过适当的加权，得到中国肉牛基因组选择指数（Genomic China Beef Index，GCBI）。

3.1　基因组遗传评估方法

采用由中国农业科学院北京畜牧兽医研究所牛遗传育种创新团队开发的《肉牛数量性状基因组选择 BayesB 计算软件 V1.0》进行评估。

3.2　基因组估计育种值计算程序

由 BayesB 方法估计出标记效应，模型如下：

$$y = Xb + \sum_{i=1}^{n} Z_i g_i + e$$

式中：y——表型观察值向量；

$\quad\quad X$——$n \times f$ 维关联矩阵；

$\quad\quad b$——f 维固定效应向量；

$\quad\quad f$——固定效应个数；

$\quad\quad Z_i$——n 个个体在第 i 个 SNP 的基因型向量；

$\quad\quad g_i$——第 i 个标记的效应值，方差为 $\sigma_{g_i}^2$；

$\quad\quad n$——总的标记数；

$\quad\quad e$——随机残差向量，方差为 $\sigma_e^2 I$，σ_e^2 为残差方差。

将待评估个体的标记基因型向量与位点效应向量相乘，即可得到待评估个体的各性状基因组估计育种值。

3.3　中国肉牛基因组选择指数（GCBI）的计算

基因组估计育种值经标准化后，通过适当的加权，得到中国肉牛基因组选择指数（Genomic China Beef Index，GCBI）。具体计算公式如下：

$$GCBI = 100 + \left(-5 \times \frac{GEBV_{CE}}{1.30} + 35 \times \frac{GEBV_{WWT}}{17.7} + 20 \times \frac{GEBV_{DG\_F}}{0.11} + 25 \times \frac{GEBV_{CW}}{16.4} + 15 \times \frac{GEBV_{DP}}{0.13} \right)$$

式中：$GEBV_{CE}$——产犊难易度基因组估计育种值；

$\quad\quad GEBV_{WWT}$——断奶重基因组估计育种值；

$\quad\quad GEBV_{DG\_F}$——育肥期日增重基因组估计育种值；

$\quad\quad GEBV_{CW}$——胴体重基因组估计育种值；

$\quad\quad GEBV_{DP}$——屠宰率基因组估计育种值。

3.4 遗传参数

表 3-1 各性状遗传参数

性　　状	遗传方差	环境方差	表型方差	遗传力（h^2）	基因组育种值估计准确性
产犊难易度	1.69	5.99	7.68	0.22	0.49
断奶重	313.29	398.73	712.02	0.44	0.52
育肥期日增重	0.0121	0.0131	0.0252	0.48	0.54
胴体重	268.69	328.4	597.09	0.45	0.56
屠宰率	0.0169	0.0394	0.0563	0.3	0.43

注：基因组育种值估计准确性的评估是通过采用《肉牛数量性状基因组选择 Bayes B 计算软件 V1.0》进行 5 倍交叉验证获得。

3.5 其他说明

本书中，西门塔尔牛基因组估计育种值和 GCBI 的排名（Rank）是在 3488 头西门塔尔牛群体中的排名。GEBV 为基因组估计育种值（Genomic Estimated Breeding Value），Rank 为基因组估计育种值的排名。

4

种公牛
遗传评估结果

4.1　西门塔尔牛

表 4-1-1　西门塔尔牛 *CBI* 前 50 名

序号	牛号	CBI	体型外貌评分		初生重		6 月龄重		18 月龄重		6～12 月龄日增重		12～18 月龄日增重		18～24 月龄日增重	
			EBV	r^2 (%)	EBV	r^2 (%)	EBV	r^2 (%)	EBV	r^2 (%)	EBV	r^2 (%)	EBV	r^2 (%)	EBV	r^2 (%)
1	65118596	303.63	1.74	50	6.51	57	48.76	52	76.16	53	0.11	49	0.08	48	-0.01	12
2	11118973	301.05	3.71	54	5.96	60	21.50	55	111.19	56	0.57	52	-0.04	51	0.05	16
3	62114095	299.26	-0.74	52	-2.39	58	48.08	52	106.70	54	0.00	50	0.26	49	0.01	56
4	11118967	298.91	4.71	52	7.22	60	31.83	55	85.56	54	0.50	50	-0.13	49	-0.03	12
5	15412116	295.83	1.05	53	1.22	64	62.94	59	63.46	60	0.06	57	-0.19	56	-0.12	61
6	15617973	294.36	-0.52	53	1.18	58	49.87	53	89.24	55	-0.09	50	0.11	50	-0.02	22
	22217703															
7	14116045	291.00	1.50	54	5.74	64	60.69	60	49.09	61	-0.04	58	-0.02	57	0.17	62
8	15412127	290.34	1.26	52	2.75	63	62.45	59	54.54	60	-0.03	56	-0.19	56	-0.08	60
9	11117957	288.78	-0.22	52	0.38	61	36.53	56	106.57	57	0.18	53	0.16	52	-0.06	58
10	15617969	283.50	0.49	53	7.06	60	55.46	54	51.31	56	-0.06	52	0.13	51	0.11	56
	22217629															
11	11116926	283.37	-0.20	53	1.10	62	45.19	57	86.07	57	0.12	54	-0.04	53	0.04	57
12	15618415	283.31	-0.84	46	2.05	52	57.33	46	66.62	48	0.08	43	0.03	42	0.05	48
	22218415															
13	65118599	283.22	2.03	49	0.32	56	44.53	50	80.37	52	0.15	47	0.11	46	0.04	8
14	15516X06	282.71	1.21	55	2.02	61	25.77	56	108.53	57	0.00	54	0.43	53	-0.15	58
15	62115099	281.37	-1.17	52	4.88	58	43.71	52	80.43	54	-0.03	50	0.18	49	-0.11	55
16	11118966	278.72	4.80	55	3.03	61	26.58	55	87.05	56	0.63	52	-0.18	51	0.04	8
17	22114057	276.04	0.89	50	9.74	58	42.07	52	57.48	54	-0.04	49	0.10	49	-0.03	55
18	11118972	275.03	4.72	54	4.50	60	15.18	55	98.42	56	0.53	52	-0.04	51	0.05	16
19	41114204	272.79	2.59	53	4.26	24	16.91	52	102.67	54	0.26	49	0.05	49	0.05	55
20	53114303	271.51	0.58	54	2.42	62	56.75	57	50.74	57	-0.13	53	-0.02	52	-0.06	57
	22114007															
21	15412115	270.54	0.30	54	5.78	64	57.31	59	41.15	58	-0.04	57	-0.31	54	-0.10	59
22	15516X50	268.62	1.59	52	1.72	62	23.83	57	98.61	58	0.15	54	0.15	54	0.40	58

（续）

序号	牛号	CBI	体型外貌评分		初生重		6月龄重		18月龄重		6～12月龄日增重		12～18月龄日增重		18～24月龄日增重	
			EBV	r^2 (%)	EBV	r^2 (%)	EBV	r^2 (%)	EBV	r^2 (%)	EBV	r^2 (%)	EBV	r^2 (%)	EBV	r^2 (%)
23	15212418	267.69	1.45	54	7.84	59	4.07	53	113.63	55	0.21	51	0.30	50	-0.08	56
24	62113083	267.40	-0.64	48	4.63	55	36.43	48	78.43	50	0.06	45	0.09	45	0.20	52
25	22315041	266.84	-0.17	56	9.88	64	49.75	58	40.99	59	0.02	56	-0.05	55	-0.08	60
26	36116302	265.97	-0.12	50	3.30	57	18.01	51	108.07	52	0.05	48	0.37	47	0.01	53
27	65118538	264.07	2.84	55	3.75	61	24.80	55	82.84	57	0.22	53	0.07	52	0.29	55
28	14116039	263.25	1.39	53	2.72	63	57.79	58	37.87	59	-0.01	56	-0.17	55	0.12	60
29	65117535	263.00	-0.66	50	6.21	55	36.74	50	69.98	52	0.16	47	0.04	46	0.03	54
30	15217732	260.43	1.73	54	4.05	62	28.12	60	77.89	61	0.19	58	0.02	57	-0.09	62
31	22115033	258.76	1.02	55	11.12	61	37.15	56	46.06	57	0.03	54	0.04	53	-0.01	58
32	62113085	258.08	-0.32	55	1.86	60	33.35	54	81.27	56	0.02	52	0.20	51	0.08	57
33	11117986	255.53	2.06	52	5.38	59	14.04	53	91.26	55	0.09	50	0.38	50	0.03	56
34	62112079	254.53	-0.92	48	-1.29	54	46.86	48	67.33	49	0.05	45	0.00	44	-0.05	51
35	15216221	253.98	2.28	48	9.61	56	29.02	50	53.93	51	0.04	47	0.06	46	-0.05	53
36	15215510	253.79	1.68	52	5.11	58	11.85	52	95.42	54	0.24	49	0.15	49	-0.01	56
37	13213745	252.95	1.12	51	-2.06	58	20.90	52	101.41	54	0.10	50	0.25	49	-0.08	55
38	11118991*	251.19	2.99	50	6.47	57	8.64	51	89.56	52	0.05	15	0.17	15	0.01	15
39	65118598	250.88	1.39	53	0.40	58	36.44	53	67.25	54	0.12	50	0.12	49	-0.07	21
40	15217735	250.18	1.35	54	6.30	64	18.52	59	79.76	58	0.26	57	0.08	54	-0.16	59
41	15412151	249.31	0.77	52	1.24	64	50.59	59	43.53	60	0.04	57	-0.21	56	-0.12	60
42	65117546	249.10	1.60	50	-0.15	10	34.14	51	70.05	53	0.13	48	0.04	48	0.08	54
43	11118963	248.38	2.23	55	5.83	61	23.03	56	68.82	56	0.46	53	-0.10	51	0.03	16
44	11118970	248.25	4.00	51	3.28	58	19.95	53	73.45	53	0.46	49	-0.09	47	-0.04	5
45	41413144	247.88	-1.60	54	1.20	65	30.99	60	82.88	61	0.11	58	0.07	57	0.00	61
46	15412175	247.43	-0.52	55	2.26	64	58.47	60	31.67	59	-0.03	58	-0.13	56	-0.05	60
47	22118087	246.99	0.11	8	2.12	38	37.35	58	62.83	57	-0.06	55	0.20	52	0.16	31
48	41413143	246.80	0.52	55	3.89	64	24.57	60	76.80	61	0.15	58	0.00	57	-0.02	62
49	37117680	246.79	4.02	52	5.60	59	15.02	53	73.84	55	0.20	51	0.13	50	-0.13	56
50	14116423	246.45	1.12	50	1.33	58	63.96	53	18.10	55	0.04	21	-0.01	21	0.23	54

＊ 表示该牛已经不在群，但有库存冻精。

表 4-1-2 西门塔尔牛 TPI 前 50 名

序号	牛号	CBI	TPI	体型外貌评分		初生重		6月龄重		18月龄重		6~12月龄日增重		12~18月龄日增重		18~24月龄日增重		4%乳脂率校正奶量	
				EBV	r^2(%)	EBV	r^2(%)	EBV	r^2(%)	EBV	r^2(%)	EBV	r^2(%)	EBV	r^2(%)	EBV	r^2(%)	EBV	r^2(%)
1	65118596	303.63	241.40	1.74	50	6.51	57	48.76	52	76.16	53	0.11	49	0.08	48	-0.01	12	524.97	8
2	62114095	299.26	233.46	-0.74	52	-2.39	58	48.08	52	106.70	54	0.00	50	0.26	49	0.01	56	379.57	9
3	65118599	283.22	230.74	2.03	49	0.32	56	44.53	50	80.37	52	0.15	47	0.11	46	0.04	8	568.22	6
4	15617973 22217703	294.36	228.34	-0.52	53	1.18	58	49.87	53	89.24	55	-0.09	50	0.11	50	-0.02	22	320.11	10
5	65118598	250.88	226.50	1.39	53	0.40	58	36.44	53	67.25	54	0.12	50	0.12	49	-0.07	21	982.38	18
6	15212418	267.69	220.14	1.45	54	7.84	59	4.07	53	113.63	55	0.21	51	0.30	50	-0.08	56	449.80	56
7	65118574	242.73	219.17	1.04	54	4.37	26	30.04	54	61.23	56	0.05	51	0.15	51	-0.04	57	915.70	20
8	15617969 22217629	283.50	218.71	0.49	53	7.06	60	55.46	54	51.31	53	-0.06	52	0.13	51	0.11	56	235.04	11
9	65116523	227.27	218.25	2.93	52	2.59	58	14.47	52	69.86	54	0.09	50	0.19	49	0.08	56	1143.96	58
10	65117535	263.00	217.05	-0.66	50	6.21	55	36.74	50	69.98	52	0.16	47	0.04	46	0.03	54	525.60	7
11	65118575	234.32	216.28	1.63	53	3.06	24	24.34	53	64.12	55	0.05	50	0.19	50	-0.03	56	974.54	19
12	62115099	281.37	213.46	-1.17	52	4.88	58	43.71	52	80.43	54	-0.03	50	0.18	49	-0.11	55	126.79	9
13	41114204	272.79	210.47	2.59	53	4.26	24	16.91	52	102.67	54	0.26	49	0.05	49	0.05	55	185.54	11
14	65118597	236.25	202.98	1.23	51	3.71	58	35.58	53	47.74	53	0.07	49	0.08	48	-0.04	13	579.72	11
15	36116302	265.97	202.87	-0.12	50	3.30	57	18.01	51	108.07	53	0.05	48	0.37	47	0.01	53	89.88	7
16	65118581	229.28	201.84	1.20	56	1.23	32	32.03	56	53.96	58	0.02	54	0.14	53	-0.04	59	662.74	24
17	65117548	246.01	200.78	0.90	52	2.00	11	35.06	52	62.90	54	0.11	20	0.08	55	0.08	55	359.64	7
18	15217669	244.86	200.67	0.13	52	2.24	58	26.74	52	77.53	54	0.10	50	0.14	49	-0.07	55	375.66	9
19	62114093	244.41	200.54	-0.77	52	-0.64	57	38.46	52	69.60	54	-0.06	50	0.27	49	0.07	55	379.57	9
20	65116518	221.54	200.47	1.65	53	12.25	59	17.39	53	39.60	55	0.05	51	0.16	50	0.04	56	752.15	58
21	62113085	258.08	199.46	-0.32	55	1.86	60	33.35	54	81.27	56	0.02	52	0.20	51	0.08	57	125.93	14
22	51114003	241.18	198.77	-0.08	56	3.37	61	13.15	56	93.80	58	0.22	54	0.13	53	-0.09	59	384.04	18
23	65117546	249.10	197.95	1.60	50	-0.15	10	34.14	51	70.05	53	0.13	48	0.04	48	0.08	54	231.86	7
24	15516X06	282.71	197.91	1.21	55	2.02	61	25.77	56	108.53	57	0.00	54	0.43	53	-0.15	58	-319.98	21
25	37114662	229.46	197.37	-0.61	54	0.42	59	21.43	54	80.21	56	0.08	51	0.18	50	0.00	56	537.93	57
26	11117986	255.53	196.41	2.06	52	5.38	59	14.04	53	91.26	55	0.09	50	0.38	50	0.03	56	84.40	8

（续）

序号	牛号	CBI	TPI	体型外貌评分		初生重		6月龄重		18月龄重		6~12月龄日增重		12~18月龄日增重		18~24月龄日增重		4%乳脂率校正奶量	
				EBV	r^2(%)	EBV	r^2(%)	EBV	r^2(%)	EBV	r^2(%)	EBV	r^2(%)	EBV	r^2(%)	EBV	r^2(%)	EBV	r^2(%)
27	15213119*	231.13	195.82	0.16	55	6.31	59	3.31	54	91.98	56	0.19	50	0.30	49	-0.05	57	468.03	58
28	13213745	252.95	194.98	1.12	51	-2.06	58	20.90	52	101.41	54	0.10	50	0.25	49	-0.08	55	87.64	55
29	51115020	214.47	194.64	1.66	52	5.80	58	9.55	52	62.99	54	0.23	50	-0.05	49	0.01	22	709.01	17
30	41112240	244.17	194.26	1.42	55	5.40	59	4.55	53	98.90	55	0.25	51	0.17	50	0.07	56	101.82	16
31	65117530	213.93	194.18	1.35	53	1.63	24	28.93	54	43.85	55	0.06	50	-0.02	50	0.11	56	704.97	7
32	65116519	188.49	192.02	3.43	53	7.16	58	9.57	52	29.74	54	0.04	50	0.10	49	0.08	56	1063.08	58
33	37114416	205.05	191.68	-0.09	54	3.08	59	4.43	54	76.94	56	0.16	52	0.21	51	-0.03	57	782.46	56
34	65117552	240.98	191.53	-1.94	53	8.01	59	30.96	54	65.30	55	0.18	50	0.04	50	0.05	56	189.46	12
35	22218005	232.81	191.41	-0.85	23	1.87	27	33.33	28	61.27	27	-0.02	26	0.10	25	-0.06	25	320.11	10
36	65116524	210.34	190.75	2.10	53	2.18	59	12.11	53	63.17	55	0.07	51	0.21	50	0.08	57	670.29	59
37	13213119	222.57	189.89	-0.04	51	-1.90	56	15.91	51	86.94	53	0.04	48	0.29	47	-0.04	54	446.38	56
38	65117543	216.17	189.32	1.48	52	1.28	12	29.31	52	45.63	54	0.12	49	-0.06	49	0.01	56	535.59	11
39	65117544	229.72	188.95	0.86	16	0.32	9	30.37	51	60.76	53	0.10	48	0.02	48	0.04	55	303.61	7
40	15215511	236.06	187.90	2.54	50	0.54	56	6.47	50	97.28	52	0.34	47	0.20	46	-0.07	53	170.89	56
41	37114627	217.65	187.69	0.28	56	5.48	61	11.75	56	68.47	58	0.20	54	0.30	54	-0.10	59	466.98	55
42	22218119	225.26	187.55	0.04	18	4.34	58	44.69	52	26.53	18	-0.06	18	0.07	17	-0.04	16	338.51	10
43	15618322	226.36	187.54	-0.08	53	0.16	24	48.90	53	32.32	18	-0.09	50	0.06	17	-0.04	16	320.11	10
	22218322																		
44	13213759	229.15	186.84	0.40	50	0.17	56	18.13	51	81.95	53	0.07	48	0.23	47	-0.14	54	255.39	56
45	51114008	235.91	186.68	0.35	55	3.39	60	24.64	55	69.12	57	0.04	53	0.20	53	-0.10	58	140.26	14
46	15216631	220.44	186.16	1.53	52	2.93	58	17.46	52	63.72	54	0.09	50	0.14	49	-0.01	56	379.57	9
47	53115334	231.63	185.47	1.20	54	5.86	61	16.80	56	68.06	58	0.01	53	0.29	53	-0.01	57	177.31	12
48	14116128	201.12	185.15	1.05	52	7.37	57	-1.30	51	66.83	54	0.16	49	0.02	48	-0.03	18	668.52	52
49	15212310*	228.49	184.44	1.34	52	2.72	57	7.83	51	87.39	53	0.36	49	0.10	48	-0.06	54	200.57	55
50	37114663	204.14	184.38	0.96	53	0.27	59	20.02	53	54.64	54	0.09	50	0.25	49	-0.01	55	597.82	56

* 表示该牛已经不在群，但有库存冻精。

表4-1-3　西门塔尔后测牛估计育种值

序号	牛号	CBI	TPI	后裔测定头数	体型外貌评分 EBV	r²(%)	初生重 EBV	r²(%)	6月龄重 EBV	r²(%)	18月龄重 EBV	r²(%)	6~12月龄日增重 EBV	r²(%)	12~18月龄日增重 EBV	r²(%)	18~24月龄日增重 EBV	r²(%)	4%乳脂率校正奶量 EBV	r²(%)
1	53114303	271.51		18	0.58	54	2.42	62	56.75	57	50.74	57	-0.13	53	-0.02	52	-0.06	57		
	22114007																			
2	41413143	246.80		32	0.52	55	3.89	64	24.57	60	76.80	61	0.15	58	0.00	57	-0.02	62		
3	37117681	239.59	184.28	8	3.39	51	5.19	59	10.39	53	78.44	54	0.21	50	0.15	49	-0.17	56	14.23	54
4	37115676	229.88	155.94	6	2.20	53	12.39	61	16.09	55	70.29	57	0.19	52	0.26	52	-0.11	58	-600.30	58
5	15216111	229.77		4	2.92	57	0.84	64	18.16	59	70.85	60	0.00	56	0.31	55	-0.15	59		
6	37114662	229.46	197.37	8	-0.61	54	0.42	59	21.43	54	80.21	55	0.08	51	0.18	50	0.00	56	537.93	57
7	15216234	229.15		39	1.47	53	4.16	63	40.29	58	31.87	58	-0.26	55	0.21	53	0.06	58		
8	15216113	227.89		1	3.42	58	-0.75	64	11.89	60	81.46	60	0.09	57	0.24	55	-0.14	60		
9	41413140	223.25		13	-0.56	56	2.72	65	14.68	61	79.30	61	0.12	59	0.12	57	0.09	61		
10	37117678	222.61	160.56	8	2.60	52	4.96	60	10.27	55	67.47	56	0.15	52	0.10	52	-0.09	57	-355.20	54
11	37117677	221.99	174.84	1	2.83	53	5.19	59	15.36	53	57.32	55	0.07	50	0.21	50	-0.08	56	44.90	53
12	37115670	221.56	157.25	10	0.50	58	3.02	63	20.65	59	63.37	60	0.10	57	0.20	56	0.05	61	-428.19	60
13	53114305	218.56		5	-0.57	50	6.60	58	47.26	52	13.01	54	-0.18	49	0.00	49	-0.05	55		
	22114015																			
14	15215736	217.42		11	1.83	55	6.09	65	11.83	58	60.47	61	0.12	56	0.00	57	0.00	62		
15	41417124	215.86		10	1.52	54	2.38	62	14.13	56	66.50	57	0.17	54	0.08	53	0.03	58		
16	65117502	215.45		2	0.93	49	2.22	13	19.78	50	59.84	52	0.11	47	0.03	46	0.02	53		
17	15215734	214.70		10	-1.16	55	5.57	64	21.81	60	55.25	61	0.11	58	0.00	57	0.03	62		
18	15217112	206.42		5	1.36	58	1.05	62	13.29	60	63.74	60	0.12	56	0.19	56	-0.15	59		
19	37114663	204.14	184.38	22	0.96	53	0.27	59	20.02	53	54.64	54	0.09	50	0.25	49	-0.01	55	597.82	56
20	22116067	196.66		38	0.10	53	2.70	63	11.22	59	59.03	59	0.00	57	0.21	55	-0.35	60		
21	37114661	191.02	131.95	10	0.42	51	1.27	59	4.16	53	67.90	55	0.18	50	0.11	49	-0.03	56	-618.85	57
22	65115505	183.08		1	0.24	51	4.33	57	9.83	50	44.54	53	0.06	47	0.06	47	-0.15	54		
23	15614999	175.56		9	0.55	53	-0.99	63	28.44	58	21.17	34	0.05	33	0.03	32	0.03	34		
	22214339																			
24	53114309	172.96		22	1.53	53	6.77	59	18.20	25	10.85	55	-0.04	24	-0.06	51	-0.12	57		
	22114031																			

（续）

序号	牛号	CBI	TPI	后裔测定头数	体型外貌评分		初生重		6月龄重		18月龄重		6~12月龄日增重		12~18月龄日增重		18~24月龄日增重		4%乳脂率校正奶量	
					EBV	r²(%)	EBV	r²(%)	EBV	r²(%)	EBV	r²(%)	EBV	r²(%)	EBV	r²(%)	EBV	r²(%)	EBV	r²(%)
25	41416121	162.60		8	1.29	50	5.12	58	3.17	52	31.08	53	0.09	49	0.13	48	-0.14	54		
26	11117939*	160.24		2	0.96	56	0.85	63	-4.60	58	53.98	59	0.33	55	0.06	55	0.35	59		
27	11117951*	158.80		10	1.68	57	2.04	63	-4.23	59	46.15	60	0.24	56	0.09	56	0.45	60		
28	53115344	157.50		5	0.94	50	2.05	59	-7.53	54	53.15	55	0.17	51	0.23	50	0.06	56		
29	65116517	157.35		43	0.68	52	0.98	61	6.17	55	35.01	54	0.10	51	0.12	48	0.06	55		
30	37114617	154.59		26	0.04	57	4.69	62	-4.51	57	42.33	59	0.10	55	0.08	54	0.01	60		
31	65115503	150.84	178.88	4	1.52	50	3.99	56	8.98	50	13.63	52	0.04	47	-0.06	47	-0.12	54	1321.15	57
32	53115353	148.80		6	-0.77	52	3.61	60	-2.68	55	40.35	55	0.03	52	0.08	50	-0.06	56		
33	22212117*	148.17		34	-0.52	55	2.90	61	19.46	56	5.41	30	-0.04	30	-0.03	29	0.00	30		
34	65116520	147.64		9	-1.25	51	-0.56	57	3.62	51	42.21	53	0.09	48	0.05	47	0.15	54		
35	22214331	147.03		5	-0.13	54	1.32	59	16.40	53	11.97	54	-0.15	50	0.05	49	0.00	56		
36	65115504	146.71	183.80	4	2.42	50	3.66	57	6.88	51	10.71	52	0.01	48	-0.02	46	-0.05	53	1523.07	58
37	15213427	146.55	119.31	10	0.52	54	1.16	60	9.13	54	21.01	54	0.04	51	0.04	49	0.10	56	-235.22	9
38	22217029	145.83		10	1.63	64	2.70	66	6.15	62	16.72	62	-0.20	60	0.29	59	-0.13	62		
39	65116513	145.21		35	-0.21	58	-0.12	65	12.89	61	20.10	61	0.18	59	-0.10	57	0.23	62		
40	11117952*	144.55		2	1.51	56	-0.20	63	-9.39	58	48.53	59	0.32	56	0.05	55	0.30	60		
41	41217469	143.75		7	1.51	53	2.51	59	28.14	54	-19.18	55	-0.10	51	-0.01	50	0.05	56		
42	22217027	141.05		16	1.33	64	-1.93	66	8.21	62	22.70	62	-0.16	60	0.26	59	-0.17	62		
43	65116511	137.05		23	-0.85	58	-1.07	65	6.90	61	27.54	60	0.21	58	-0.08	56	0.18	61		
44	22117019*	133.03		9	-0.07	55	5.81	63	11.97	58	-5.33	59	-0.04	56	-0.06	55	-0.29	60		
45	22215511	132.41		7	-0.31	53	3.01	58	18.32	54	-7.68	56	-0.11	51	-0.01	51	-0.05	57		
46	41215411	130.32	105.14	29	-0.16	48	5.87	58	2.00	52	8.40	51	0.10	48	-0.09	45	-0.07	51	-356.48	44
47	15213505*	129.74		2	-2.44	51	7.34	58	-6.79	52	26.90	53	0.11	48	0.03	48	0.03	55		
48	15215731*	127.77		9	0.52	19	4.76	63	-11.53	59	28.01	59	0.35	56	-0.08	55	-0.02	60		
49	41115274	127.76		2	-0.09	49	1.57	58	-3.57	52	26.14	54	0.03	49	0.07	49	0.14	55		
50	11116921*	126.13		33	-1.89	58	0.55	65	17.28	60	1.18	60	0.20	58	-0.19	56	0.23	61		
51	11116911*	125.68		33	-1.99	50	-0.27	59	15.56	54	6.11	52	0.14	50	-0.07	46	0.20	53		
52	41415156	125.44		4	-0.61	48	2.28	54	-2.82	48	23.05	50	0.10	45	0.06	44	0.09	52		

（续）

序号	牛号	CBI	TPI	后裔测定头数	体型外貌评分 EBV	r²(%)	初生重 EBV	r²(%)	6月龄重 EBV	r²(%)	18月龄重 EBV	r²(%)	6~12月龄日增重 EBV	r²(%)	12~18月龄日增重 EBV	r²(%)	18~24月龄日增重 EBV	r²(%)	4%乳脂率校正奶量 EBV	r²(%)
53	15215509	124.74	113.48	32	0.44	53	0.90	61	-0.01	55	17.53	55	0.11	52	0.04	50	-0.01	56	-37.35	14
54	41213429* 64113429	121.56	111.37	9	1.82	53	-0.96	58	8.00	53	1.52	55	-0.01	50	-0.01	50	-0.10	56	-42.72	16
55	15611345 22211145	119.27		14	1.62	50	-2.27	59	-8.65	53	30.33	52	0.16	48	0.05	47	0.18	53		
56	41217462	118.76		2	0.97	51	3.61	56	-13.52	50	24.62	52	-0.09	47	0.00	47	0.14	54		
57	37115675	118.17		4	1.73	51	-3.73	59	-10.58	53	35.87	54	0.11	50	0.12	49	-0.01	55		
58	15215324	117.95		31	-0.09	56	2.55	64	6.87	60	-1.66	61	0.01	58	-0.02	57	-0.06	62		
59	22116019	117.85		32	0.75	53	6.09	62	14.71	57	-26.91	58	0.02	55	-0.16	53	0.49	59		
60	41414150	117.18		30	0.14	54	3.05	60	-3.02	54	11.22	56	0.08	51	0.00	51	0.05	57		
61	41117224*	115.88		2	-0.99	67	-0.18	64	0.94	59	16.71	60	0.09	56	0.00	55	-0.04	34		
62	41114264	115.29		8	0.60	51	2.15	63	0.50	58	4.51	59	0.06	56	-0.07	55	-0.08	60		
63	41114232	114.92		8	1.16	53	-0.38	63	-9.85	58	25.20	59	-0.01	55	0.14	54	-0.04	60		
64	11116912*	113.15		35	-1.90	58	-0.32	65	16.36	61	-6.33	61	0.17	58	-0.19	57	0.27	61		
65	41114250	112.04		8	1.32	53	0.37	63	-13.27	57	25.57	59	0.00	55	0.11	54	-0.07	60		
66	41215403 64115314	111.44	114.58	5	0.10	55	1.58	60	0.37	55	4.86	56	0.03	53	0.00	52	0.04	58	210.77	18
67	41213428* 64113428	105.82	101.99	1	2.15	53	-0.50	58	7.02	53	-13.17	54	-0.07	50	0.00	50	-0.02	56	-41.16	16
68	41415154	103.00		6	-0.70	55	0.32	61	-9.56	55	19.75	57	0.07	53	0.08	52	0.08	58		
69	41115278	101.18		24	-0.41	54	0.65	63	-4.00	59	7.28	58	0.05	56	0.00	54	-0.13	59		
70	22117027	100.14		2	-0.60	55	1.93	64	21.41	59	-36.81	60	-0.06	57	-0.21	56	0.22	61		
71	22211106	94.23		5	1.57	54	0.63	57	-15.81	51	12.37	53	0.16	48	-0.01	47	0.11	54		
72	41115288	87.03		19	0.48	54	-0.70	64	-10.99	60	6.16	60	0.04	57	0.01	55	-0.07	60		
73	65114501	86.76	111.64	24	0.45	53	0.70	59	2.17	53	-18.66	55	0.02	50	-0.07	50	0.04	56	534.96	58
74	15611344 22211144	84.71		26	1.61	50	-0.99	57	-20.82	51	16.20	52	0.17	47	0.02	46	0.13	53		
75	41115276	77.57	92.59	6	0.29	50	0.86	61	-22.23	55	12.45	57	0.09	52	0.02	51	0.07	57	165.23	5

（续）

序号	牛号	CBI	TPI	后裔测定头数	体型外貌评分		初生重		6月龄重		18月龄重		6～12月龄日增重		12～18月龄日增重		18～24月龄日增重		4%乳脂率校正奶量	
					EBV	r^2(%)	EBV	r^2(%)	EBV	r^2(%)	EBV	r^2(%)	EBV	r^2(%)	EBV	r^2(%)	EBV	r^2(%)	EBV	r^2(%)
76	15213327	77.53		10	-0.91	55	3.60	62	-6.56	57	-15.15	58	-0.05	54	-0.01	53	0.24	59		
77	41213426	76.57	78.48	14	0.87	54	-2.12	59	-7.05	54	-7.02	56	0.05	52	0.00	51	0.05	57	-203.72	17
	64113426																			
78	41116220	76.21		28	-0.06	53	-2.21	64	-12.59	59	5.38	59	0.11	56	-0.09	55	0.21	57		
79	41114212	75.18		12	1.26	55	0.29	67	-25.88	63	13.90	54	0.16	56	0.06	49	0.18	56		
80	65113594	70.82	118.43	4	0.08	54	3.09	59	0.93	54	-35.48	56	-0.11	51	0.04	51	-0.24	57	981.44	59

* 表示该牛已经不在群，但有库存冻精。

（续）

表4-1-4 西门塔尔牛估计育种值

序号	牛号	CBI	TPI	体型外貌评分 EBV	r²(%)	初生重 EBV	r²(%)	6月龄重 EBV	r²(%)	18月龄重 EBV	r²(%)	6~12月龄日增重 EBV	r²(%)	12~18月龄日增重 EBV	r²(%)	18~24月龄日增重 EBV	r²(%)	4%乳脂率校正奶量 EBV	r²(%)
1	65118596	303.63	241.40	1.74	50	6.51	57	48.76	52	76.16	53	0.11	49	0.08	48	-0.01	12	524.97	8
2	11118973	301.05		3.71	54	5.96	60	21.50	55	111.19	56	0.57	52	-0.04	51	0.05	16		
3	62114095	299.26	233.46	-0.74	52	-2.39	58	48.08	52	106.70	54	0.00	50	0.26	49	0.01	56	379.57	9
4	11118967	298.91		4.71	52	7.22	60	31.83	55	85.56	54	0.50	50	-0.13	49	-0.03	12		
5	15412116	295.83		1.05	53	1.22	64	62.94	59	63.46	60	0.06	57	-0.19	56	-0.12	61		
6	15617973 22217703	294.36	228.34	-0.52	53	1.18	58	49.87	53	89.24	55	-0.09	50	0.11	50	-0.02	22	320.11	10
7	14116045	291.00		1.50	54	5.74	64	60.69	60	49.09	61	-0.04	58	-0.02	57	0.17	62		
8	15412127	290.34		1.26	52	2.75	63	62.45	59	54.54	60	-0.03	56	-0.19	56	-0.08	60		
9	11117957	288.78		-0.22	52	0.38	61	36.53	56	106.57	57	0.18	53	0.16	52	-0.06	58		
10	15617969 22217629	283.50	218.71	0.49	53	7.06	60	55.46	54	51.31	56	-0.06	52	0.13	51	0.11	56	235.04	11
11	11116926	283.37		-0.20	53	1.10	62	45.19	57	86.07	57	0.12	54	-0.04	53	0.04	57		
12	15618415 22218415	283.31		-0.84	46	2.05	52	57.33	46	66.62	48	0.08	43	0.03	42	0.05	48		
13	65118599	283.22	230.74	2.03	49	0.32	56	44.53	50	80.37	52	0.15	47	0.11	46	0.04	8	568.22	6
14	15516X06	282.71	197.91	1.21	55	2.02	61	25.77	56	108.53	57	0.00	54	0.43	53	-0.15	58	-319.98	21
15	62115099	281.37	213.46	-1.17	52	4.88	58	43.71	52	80.43	54	-0.03	50	0.18	49	-0.11	55	126.79	9
16	11118966	278.72		4.80	55	3.03	61	26.58	55	87.05	56	0.63	52	-0.18	51	0.04	8		
17	22114057	276.04		0.89	50	9.74	58	42.07	52	57.48	54	-0.04	49	0.10	49	-0.03	55		
18	11118972	275.03		4.72	54	4.50	60	15.18	55	98.42	56	0.53	52	-0.04	51	0.05	16		
19	41114204	272.79	210.47	2.59	53	4.26	24	16.91	52	102.67	54	0.26	49	0.05	49	0.05	55	185.54	11
20	53114303 22114007	271.51		0.58	54	2.42	62	56.75	57	50.74	57	-0.13	53	-0.02	52	-0.06	57		
21	15412115	270.54		0.30	54	5.78	64	57.31	59	41.15	58	-0.04	57	-0.31	54	-0.10	59		
22	15516X50	268.62		1.59	52	1.72	62	23.83	57	98.61	58	0.15	54	0.15	54	0.40	58		
23	15212418	267.69	220.14	1.45	54	7.84	59	4.07	53	113.63	55	0.21	51	0.30	50	-0.08	56	449.80	56
24	62113083	267.40		-0.64	48	4.63	55	36.43	48	78.43	50	0.06	45	0.09	45	0.20	52		

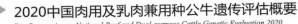

（续）

序号	牛号	CBI	TPI	体型外貌评分		初生重		6月龄重		18月龄重		6~12月龄日增重		12~18月龄日增重		18~24月龄日增重		4%乳脂率校正奶量	
				EBV	r²(%)	EBV	r²(%)	EBV	r²(%)	EBV	r²(%)	EBV	r²(%)	EBV	r²(%)	EBV	r²(%)	EBV	r²(%)
25	22315041	266.84		-0.17	56	9.88	64	49.75	58	40.99	59	0.02	56	-0.05	55	-0.08	60		
26	36116302	265.97	202.87	-0.12	50	3.30	57	18.01	51	108.07	52	0.05	48	0.37	47	0.01	53	89.88	7
27	65118538	264.07		2.84	55	3.75	61	24.80	55	82.84	57	0.22	53	0.07	52	0.29	55		
28	14116039	263.25		1.39	53	2.72	63	57.79	58	37.87	59	-0.01	56	-0.17	55	0.12	60		
29	65117535	263.00	217.05	-0.66	50	6.21	55	36.74	50	69.98	52	0.16	47	0.04	46	0.03	54	525.60	7
30	15217732	260.43		1.73	54	4.05	62	28.12	60	77.89	61	0.19	58	0.02	57	-0.09	62		
31	22115033	258.76		1.02	55	11.12	61	37.15	56	46.06	57	0.03	54	0.04	53	-0.01	58		
32	62113085	258.08	199.46	-0.32	55	1.86	60	33.35	54	81.27	56	0.02	52	0.20	51	0.08	57	125.93	14
33	11117986	255.53	196.41	2.06	52	5.38	59	14.04	53	91.26	55	0.09	50	0.38	50	0.03	56	84.40	8
34	62112079	254.53		-0.92	48	-1.29	54	46.86	48	67.33	49	0.05	45	0.00	44	-0.05	51		
35	15216221	253.98		2.28	48	9.61	56	29.02	50	53.93	51	0.04	47	0.06	46	-0.05	53		
36	15215510	253.79	183.28	1.68	52	5.11	58	11.85	52	95.42	54	0.24	49	0.15	49	-0.01	56	-245.49	56
37	13213745	252.95	194.98	1.12	51	-2.06	58	20.90	52	101.41	54	0.10	50	0.25	49	-0.08	55	87.64	55
38	11118991*	251.19		2.99	50	6.47	57	8.64	51	89.56	52	0.05	15	0.17	15	0.01	15		
39	65118598	250.88	226.50	1.39	53	0.40	58	36.44	53	67.25	54	0.12	50	0.12	49	-0.07	21	982.38	18
40	15217735	250.18		1.35	54	6.30	64	18.52	59	79.76	58	0.26	57	0.08	54	-0.16	59		
41	15412151	249.31		0.77	52	1.24	64	50.59	59	43.53	60	0.04	57	-0.21	56	-0.12	60		
42	65117546	249.10	197.95	1.60	50	-0.15	10	34.14	51	70.05	53	0.13	48	0.04	48	0.08	54	231.86	7
43	11118963	248.38		2.23	55	5.83	61	23.03	56	68.82	56	0.46	53	-0.10	51	0.03	16		
44	11118970	248.25		4.00	51	3.28	58	19.95	53	73.45	53	0.46	49	-0.09	47	-0.04	5		
45	41413144	247.88		-1.60	54	1.20	65	30.99	60	82.88	61	0.11	58	0.07	57	0.00	61		
46	15412175	247.43		-0.52	55	2.26	64	58.47	60	31.67	59	-0.03	58	-0.13	56	-0.05	60		
47	22118087	246.99		0.11	8	2.12	38	37.35	58	62.83	57	-0.06	55	0.20	52	0.16	31		
48	41413143	246.80		0.52	55	3.89	64	24.57	60	76.80	61	0.15	58	0.00	57	-0.02	62		
49	37117680	246.79	169.46	4.02	52	5.60	59	15.02	53	73.84	55	0.20	51	0.13	50	-0.13	56	-508.36	53
50	14116423	246.45		1.12	50	1.33	58	63.96	53	18.10	55	0.04	21	-0.01	21	0.23	54		
51	65117548	246.01	200.78	0.90	52	2.00	11	35.06	52	62.90	54	0.11	20	0.00	49	0.08	55	359.64	7
52	15516X05	245.03	175.30	0.82	54	-0.16	60	25.29	55	83.65	56	-0.04	52	0.33	52	-0.09	57	-319.98	21

（续）

序号	牛号	CBI	TPI	体型外貌评分		初生重		6月龄重		18月龄重		6~12月龄日增重		12~18月龄日增重		18~24月龄日增重		4%乳脂率校正奶量	
				EBV	r^2(%)	EBV	r^2(%)	EBV	r^2(%)	EBV	r^2(%)	EBV	r^2(%)	EBV	r^2(%)	EBV	r^2(%)	EBV	r^2(%)
53	65118541	245.03		0.11	56	5.85	62	31.44	57	60.70	58	0.18	54	0.02	53	0.14	59		
54	22118027	244.94		0.19	14	6.75	62	37.23	56	48.67	57	-0.07	53	0.10	52	0.04	58		
55	15217669	244.86	200.67	0.13	52	2.24	58	26.74	52	77.53	54	0.10	50	0.14	49	-0.07	56	375.66	9
56	15218712	244.57		-0.76	55	5.68	64	30.85	59	65.07	58	0.10	57	0.01	54	0.08	59		
57	62114093	244.41	200.54	-0.77	52	-0.64	57	38.46	52	69.60	54	-0.06	50	0.27	49	0.07	55	379.57	9
58	41112240	244.17	194.26	1.42	55	5.40	59	4.55	53	98.90	55	0.25	51	0.17	50	0.07	56	101.82	16
59	42113093	243.39		0.09	55	2.25	63	38.33	60	57.90	61	0.10	58	-0.04	57	0.01	61		
60	15516X08	243.14	174.17	0.82	55	2.02	61	14.55	56	93.34	57	0.16	54	0.30	53	-0.14	58	-319.98	21
61	65118574	242.73	219.17	1.04	54	4.37	26	30.04	54	61.23	56	0.05	51	0.15	51	-0.04	57	915.70	20
62	15217229	241.83		2.23	54	4.60	60	34.46	55	48.13	56	-0.02	52	0.05	52	-0.08	57		
63	51114003	241.18	198.77	-0.08	56	3.37	61	13.15	56	93.80	58	0.22	53	0.15	53	-0.09	59	384.04	18
64	11111909	241.16		0.30	59	1.67	63	39.72	59	54.43	57	-0.09	57	0.00	53	-0.34	58		
65	65117552	240.98	191.53	-1.94	53	6.08	59	30.96	53	65.30	55	0.18	50	0.04	50	0.05	56	189.46	12
66	62110045	240.27	165.59	-0.39	54	5.82	60	30.65	55	59.81	56	0.23	52	-0.12	52	0.22	57	-507.26	16
67	11118968	240.22		4.50	55	-0.61	61	17.10	55	79.35	56	0.62	52	-0.16	51	0.04	8		
68	37117679	240.04	174.33	4.15	50	4.92	57	12.86	51	72.70	53	0.20	48	0.12	48	-0.06	54	-264.75	54
69	37117681	239.59	184.28	3.39	51	5.19	59	10.39	53	78.44	54	0.21	50	0.15	49	-0.17	56	14.23	54
70	15216114	239.18		2.43	58	2.39	64	15.76	60	80.70	60	0.09	57	0.25	56	-0.15	60		
71	15217738	238.03		1.66	56	2.48	63	23.08	57	70.80	60	0.13	55	0.04	55	-0.04	60		
72	22215031	237.44		0.52	19	7.80	59	21.75	23	62.76	54	-0.04	21	0.30	49	-0.06	56		
73	15516X13	237.36	170.70	0.58	55	0.56	61	14.96	56	92.44	57	0.03	54	0.36	53	-0.16	58	-319.98	21
74	65118597	236.25	202.98	1.23	51	3.71	58	35.58	53	47.74	53	0.07	50	0.09	48	-0.04	13	579.72	11
75	15216112	236.24		3.42	58	-2.21	64	16.87	60	84.66	60	0.09	57	0.22	55	-0.19	60		
76	15215511	236.06	187.90	2.54	50	0.54	56	6.47	50	97.28	52	0.34	47	0.20	46	-0.07	53	170.89	56
77	51114008	235.91	186.68	0.35	55	3.39	60	24.64	55	69.12	57	0.04	53	0.20	53	-0.10	58	140.26	14
78	13209X75	235.53		-0.50	48	-0.25	8	49.19	48	42.62	50	0.00	45	-0.05	44	-0.37	51		
79	15518X10	235.31		-1.33	51	5.82	58	20.54	53	75.26	54	0.17	49	0.08	49	-0.02	55		
80	65118540	235.14		-0.20	56	1.85	62	29.93	57	66.25	58	0.21	54	0.02	53	0.15	59		

（续）

序号	牛号	CBI	TPI	体型外貌评分 EBV	r²(%)	初生重 EBV	r²(%)	6月龄重 EBV	r²(%)	18月龄重 EBV	r²(%)	6~12月龄日增重 EBV	r²(%)	12~18月龄日增重 EBV	r²(%)	18~24月龄日增重 EBV	r²(%)	4%乳脂率校正奶量 EBV	r²(%)
81	65118575	234.32	216.28	1.63	53	3.06	24	24.34	53	64.12	55	0.05	50	0.19	50	-0.03	56	974.54	19
82	36116305	233.92	183.64	-1.02	51	2.07	58	17.91	52	86.96	53	0.07	49	0.27	48	0.10	54	89.88	7
83	51115024	233.32	180.78	0.46	54	6.12	62	25.31	57	58.15	56	-0.10	54	0.31	51	0.32	57	21.42	11
84	36116301	233.30	183.81	0.97	49	0.55	57	17.61	51	83.18	53	0.05	48	0.25	47	0.09	53	104.58	4
85	62113089	233.19	183.53	-0.44	53	1.12	59	30.86	53	65.92	55	0.10	51	0.05	50	-0.01	56	98.87	12
86	15217111	233.18		3.39	59	0.19	64	11.75	60	83.91	60	0.16	57	0.23	55	-0.24	60		
87	36115211	233.02	183.64	1.76	51	-0.07	57	15.19	52	85.35	53	0.13	48	0.22	48	0.11	54	104.58	4
88	22218005	232.81	191.41	-0.85	23	1.87	27	33.33	28	61.27	27	-0.02	26	0.10	25	-0.06	25	320.11	10
89	53115334	231.63	185.47	1.20	54	5.86	61	16.80	56	68.06	58	0.01	53	0.29	53	-0.01	57	177.31	12
90	15213119˙	231.13	195.82	0.16	55	6.31	59	3.31	54	91.98	56	0.19	50	0.30	49	-0.05	57	468.03	58
91	15516X04	230.91	169.49	0.63	49	1.29	56	16.35	50	82.45	52	-0.01	47	0.33	47	-0.22	53	-247.25	9
92	15214127	230.82	177.23	-2.18	52	-1.58	58	29.18	52	80.46	54	0.13	49	0.13	49	-0.02	55	-34.61	12
93	62113087	230.20	182.73	0.37	54	2.31	59	33.51	54	52.78	55	-0.04	52	0.11	51	0.09	57	125.93	14
94	15216226	230.15		1.87	52	4.72	59	30.49	53	45.33	54	-0.04	49	0.07	48	-0.06	55		
95	65118542	230.14		2.00	58	3.38	64	26.15	59	55.28	60	0.11	57	0.09	56	0.21	61		
96	42119034	229.99		-3.23	31	3.52	63	15.75	58	91.79	57	0.28	55	0.32	53	-0.03	33		
97	37115676	229.88	155.94	2.20	53	12.39	61	16.09	55	70.29	57	0.19	52	0.26	52	-0.11	58	-600.30	58
98	15216111	229.77		2.92	57	0.84	64	18.16	59	70.85	60	0.00	56	0.31	55	-0.15	59		
99	65117544	229.72	188.95	0.86	16	0.32	9	30.37	51	60.76	53	0.10	48	0.02	48	0.04	55	303.61	7
100	37115667	229.51	162.03	0.50	58	2.77	39	12.11	59	84.59	60	0.11	57	0.18	56	0.04	61	-428.19	60
101	37114662	229.46	197.37	-0.61	54	0.42	59	21.43	54	80.21	55	0.08	51	0.18	50	0.00	56	537.93	57
102	65118581	229.28	201.84	1.20	56	1.23	32	32.03	56	53.96	58	0.02	54	0.14	53	-0.04	59	662.74	24
103	13213759	229.15	186.84	0.40	50	0.17	56	18.13	51	81.95	53	0.07	48	0.23	47	-0.14	54	255.39	56
104	15216234	229.15		1.47	53	4.16	63	40.29	58	31.87	58	-0.26	55	0.21	53	0.06	58		
105	15517F03	228.61	173.82	1.62	51	2.16	56	19.81	52	68.76	53	0.09	48	0.13	48	-0.08	54	-91.45	4
106	53114302	228.55		0.40	50	0.55	57	43.75	51	39.57	53	-0.10	48	0.09	48	-0.07	55		
	22114003																		
107	15212310˙	228.49	184.44	1.34	52	2.72	57	7.83	51	87.39	53	0.36	49	0.10	48	-0.06	54	200.57	55

（续）

序号	牛号	CBI	TPI	体型外貌评分		初生重		6月龄重		18月龄重		6~12月龄日增重		12~18月龄日增重		18~24月龄日增重		4%乳脂率校正奶量	
				EBV	r²(%)	EBV	r²(%)	EBV	r²(%)	EBV	r²(%)	EBV	r²(%)	EBV	r²(%)	EBV	r²(%)	EBV	r²(%)
108	53115343	228.41	171.76	1.97	53	4.16	60	15.49	55	68.83	56	0.09	52	0.18	52	0.04	58	-144.35	18
109	62111067	228.28		-0.57	49	2.96	55	37.48	49	46.71	51	-0.01	46	0.01	45	0.30	52		
110	65118536	228.25		1.23	56	1.42	63	26.41	58	61.41	59	0.19	56	0.04	55	0.11	60		
111	15217663	228.15	175.91	1.67	52	1.18	58	20.85	52	69.11	54	0.12	49	0.13	49	-0.07	55	-26.80	12
112	15216113	227.89		3.42	58	-0.75	64	11.89	60	81.46	60	0.09	57	0.24	55	-0.14	60		
113	15213128*	227.89	175.75	-1.30	52	-2.16	58	25.92	52	81.25	54	0.18	52	0.10	48	-0.02	55	-26.80	12
114	37115668	227.76	169.96	0.45	56	0.31	62	16.39	57	82.95	59	0.14	55	0.13	54	0.04	60	-182.89	60
115	65116523	227.27	218.25	2.93	52	2.59	58	14.47	52	69.86	54	0.09	52	0.19	52	0.08	56	1143.96	58
116	15618322 22218322	226.36	187.54	-0.08	53	0.16	24	48.90	53	32.32	18	-0.09	50	0.06	17	-0.04	16	320.11	10
117	53114308 22114019	225.59		0.30	53	10.74	60	45.13	54	8.17	55	-0.14	51	-0.02	50	-0.01	56		
118	53115338	225.37	184.15	0.31	56	1.67	62	26.31	57	62.00	59	-0.02	55	0.18	54	0.01	60	243.63	15
119	22218119	225.26	187.55	0.04	18	4.34	58	44.69	52	26.53	18	-0.06	18	0.07	17	-0.04	16	338.51	10
120	11118990	225.25		2.76	50	4.47	57	8.52	51	73.26	53	0.11	48	0.22	47	-0.15	54		
121	14117325	225.09	150.91	-2.39	49	7.07	57	29.30	50	53.17	53	0.01	47	0.00	47	-0.16	53	-659.37	48
122	22114023*	224.93		1.09	47	7.64	59	24.46	52	45.66	53	-0.03	49	0.13	47	-0.07	54		
123	11118965	224.87		3.73	55	-0.81	60	21.06	55	63.12	56	0.37	52	-0.11	52	0.31	25		
124	15216748	223.70		1.60	55	1.33	62	12.86	57	77.84	59	0.16	54	0.05	55	-0.05	60		
125	11118961	223.38		3.62	54	6.04	61	-6.53	56	88.13	57	0.33	53	0.15	52	-0.11	22		
126	41413140	223.25		-0.56	56	2.72	65	14.68	61	79.30	61	0.12	59	0.12	57	0.09	61		
127	11118995	223.21		1.71	48	4.75	55	43.37	49	19.25	6	0.36	45	0.03	6	0.01	1		
128	37117678	222.61	160.56	2.60	52	4.96	60	10.27	55	67.47	56	0.15	52	0.10	52	-0.09	57	-355.20	54
129	13213119	222.57	189.89	-0.04	51	-1.90	56	15.91	51	86.94	53	0.04	48	0.29	47	-0.04	54	446.38	56
130	15216115*	222.38		2.54	58	-0.40	64	10.25	60	81.73	60	0.10	57	0.27	56	-0.17	60		
131	42113090	222.33		0.07	57	4.73	65	23.99	60	55.84	61	0.10	57	0.03	57	-0.01	62		
132	37117677	221.99	174.84	2.83	53	5.19	59	15.36	53	57.32	55	0.07	50	0.21	50	-0.08	56	44.90	53
133	37115670	221.56	157.25	0.50	58	3.02	63	20.65	59	63.37	60	0.10	57	0.20	56	0.05	61	-428.19	60

（续）

序号	牛号	CBI	TPI	体型外貌评分		初生重		6月龄重		18月龄重		6~12月龄日增重		12~18月龄日增重		18~24月龄日增重		4%乳脂率校正奶量	
				EBV	r²(%)	EBV	r²(%)	EBV	r²(%)	EBV	r²(%)	EBV	r²(%)	EBV	r²(%)	EBV	r²(%)	EBV	r²(%)
134	65116518	221.54	200.47	1.65	53	12.25	59	17.38	53	39.60	55	0.05	51	0.16	50	0.04	56	752.15	58
135	15212516*	221.46		-0.44	12	11.11	58	22.57	52	42.44	52	0.03	48	0.09	46	0.02	53		
136	22116023	221.43		1.16	56	3.15	64	36.20	59	35.50	60	0.00	57	-0.04	56	0.01	60		
137	15217139	220.67		2.61	60	1.04	64	14.14	60	69.98	59	0.18	57	0.14	55	-0.13	57		
138	15216631	220.44	186.16	1.53	52	2.93	58	17.46	52	63.72	54	0.09	50	0.14	49	-0.01	56	379.57	9
139	11119976	220.07		3.93	49	6.08	58	20.29	53	41.15	11	0.22	48	0.02	11	-0.05	5		
140	41113270	219.44		1.07	53	4.24	66	28.02	64	44.29	60	-0.02	60	0.24	56	-0.09	60		
141	22118035	218.61		-0.36	24	1.91	58	32.35	58	48.41	58	-0.06	55	0.12	53	0.04	59		
142	53114305	218.56		-0.57	50	6.60	58	47.26	52	13.01	54	-0.18	49	0.00	49	-0.05	55		
	22114015																		
143	37115674	218.01		1.72	57	7.45	63	19.89	59	44.97	60	0.05	56	0.06	56	0.00	61		
144	15217244	217.84		1.98	56	3.18	61	25.12	57	46.77	58	-0.02	54	0.11	54	-0.05	59		
145	37114627	217.65	187.69	0.28	56	5.48	61	11.75	56	68.47	58	0.20	54	0.30	54	-0.10	59	466.98	55
146	15215736	217.42		1.83	55	6.09	65	11.83	58	60.47	61	0.12	56	0.00	57	0.00	62		
147	62107028	216.56	149.38	-1.45	49	6.59	57	20.75	51	56.99	53	0.14	47	-0.02	47	-0.26	54	-561.39	10
148	51114004	216.41	176.80	-3.97	53	5.76	59	11.83	54	83.68	56	0.24	50	0.09	49	-0.02	57	189.99	15
149	15216224	216.38		1.94	51	5.09	58	21.14	52	46.96	53	0.03	49	0.09	48	-0.03	55		
150	65117532	216.33	175.12	-0.97	49	2.49	10	37.31	50	39.33	51	0.09	46	-0.06	45	0.04	52	145.52	5
151	15618703	216.23	181.46	-0.25	52	0.57	24	22.20	53	65.64	54	-0.01	50	0.05	49	-0.01	52	320.11	10
152	65117543	216.17	189.32	1.48	52	1.28	12	29.31	52	45.63	54	0.12	49	-0.06	49	0.01	56	535.59	11
153	41417124	215.86		1.52	54	2.38	62	14.13	56	66.50	57	0.17	54	0.08	53	0.03	58		
154	37110647*	215.66	163.15	2.58	29	8.10	62	17.31	57	41.95	58	0.10	54	0.06	54	-0.19	60	-170.52	56
155	51114001	215.53	170.23	-0.66	53	6.03	59	0.55	53	86.68	55	0.24	50	0.19	49	-0.14	56	24.85	15
156	53115337	215.47	169.53	2.48	55	2.62	60	16.31	54	58.29	56	0.08	52	0.16	51	-0.01	57	6.69	17
157	65117502	215.45		0.93	49	2.22	13	19.78	50	59.84	52	0.11	47	0.03	46	0.02	53		
158	15618201	215.35		1.20	52	3.47	59	52.43	54	3.31	22	0.01	51	0.00	22	0.02	22		
	22218201																		
159	41112922	215.16	121.16	1.19	54	5.50	60	19.56	54	50.24	56	0.02	52	0.22	51	0.01	57	-1309.08	57

（续）

序号	牛号	CBI	TPI	体型外貌评分		初生重		6月龄重		18月龄重		6~12月龄日增重		12~18月龄日增重		18~24月龄日增重		4%乳脂率校正奶量	
				EBV	r^2(%)	EBV	r^2(%)	EBV	r^2(%)	EBV	r^2(%)	EBV	r^2(%)	EBV	r^2(%)	EBV	r^2(%)	EBV	r^2(%)
160	15215734	214.70		-1.16	55	5.57	64	21.81	60	55.25	61	0.11	58	0.00	57	0.03	62		
161	15618937	214.69		-1.06	50	5.74	61	44.32	57	18.48	30	-0.15	54	0.07	28	0.02	28		
	22118023																		
162	51115020	214.47	194.64	1.66	52	5.80	58	9.55	52	62.99	54	0.23	50	-0.05	49	0.01	22	709.01	17
163	15516X09	214.33	156.88	-0.16	55	0.20	61	13.05	56	79.19	57	0.06	54	0.33	53	-0.13	58	-319.98	21
164	65117530	213.93	194.18	1.35	53	1.63	24	28.93	54	43.85	55	0.06	50	-0.02	50	0.11	56	704.97	7
165	22114009	213.59		0.58	56	2.86	64	29.36	59	42.62	60	-0.04	57	0.06	56	0.01	60		
166	51114015	212.97	178.29	-0.85	51	5.95	57	9.23	51	71.56	53	0.22	49	0.00	48	0.03	55	286.90	7
167	15517F01	212.55	164.18	-0.22	51	2.27	23	13.57	52	71.56	53	0.04	48	0.23	48	-0.09	54	-91.45	4
168	15217684	212.24	167.27	2.10	54	0.87	60	17.84	54	59.14	56	0.10	52	0.10	51	0.02	57	-2.14	13
169	15611233	212.19		-0.54	51	3.33	59	25.03	54	51.43	55	0.00	51	0.09	49	-0.02	56		
	22111013																		
170	37114629	211.96		0.84	51	7.14	59	12.42	54	55.87	53	0.10	49	0.08	48	0.00	54		
171	51113196	211.82	143.44	1.50	50	8.43	56	10.45	49	52.87	52	0.13	47	0.10	46	-0.06	53	-645.86	9
172	11119996	211.68		2.27	47	0.56	55	45.77	49	14.27	7	0.12	46	0.02	6	0.00	2		
173	53115341	211.42	177.26	0.08	53	2.90	59	20.80	54	56.22	56	0.05	51	0.12	51	0.04	57	284.28	21
174	11116928	211.39		-0.37	55	1.00	62	32.05	57	45.01	58	0.08	55	-0.13	53	0.24	58		
175	15518X11	211.38		-1.39	51	4.00	58	22.41	53	56.42	54	0.14	49	0.02	49	0.06	55		
176	22218017	211.21		-0.72	14	1.69	18	40.97	17	30.18	11	0.02	14	0.06	10	-0.10	6		
177	22115071*	211.18		0.67	52	0.05	61	32.19	57	43.07	58	-0.05	54	0.09	53	-0.14	59		
178	22110029	211.03		1.07	51	3.98	59	15.28	54	57.94	55	0.02	51	0.11	50	-0.02	56		
179	15611237	210.82		0.66	53	3.65	61	25.16	56	44.50	57	0.05	54	0.04	53	-0.07	58		
	22112043																		
180	22118077	210.80		0.07	19	1.18	34	28.84	57	47.41	57	-0.16	53	0.23	52	0.04	31		
181	15215212	210.78		1.89	52	4.12	40	32.68	60	26.42	61	-0.16	58	0.12	56	0.01	62		
182	41116242	210.52	163.59	-0.12	51	1.21	62	27.10	57	50.64	58	-0.03	54	0.15	53	-0.09	57	-74.42	5
183	65116524	210.34	190.75	2.10	53	2.18	59	12.11	53	63.17	55	0.07	51	0.21	50	0.08	57	670.29	59
184	53115335	210.33	163.66	-2.17	56	1.92	61	25.00	56	59.95	58	-0.01	54	0.21	53	-0.02	59	-69.20	12

（续）

序号	牛号	CBI	TPI	体型外貌评分		初生重		6月龄重		18月龄重		6~12月龄日增重		12~18月龄日增重		18~24月龄日增重		4%乳脂率校正奶量	
				EBV	r²(%)	EBV	r²(%)	EBV	r²(%)	EBV	r²(%)	EBV	r²(%)	EBV	r²(%)	EBV	r²(%)	EBV	r²(%)
185	51115027	210.27	172.18	0.64	32	5.47	62	19.85	57	47.76	58	0.11	54	-0.03	54	0.11	60	164.33	32
186	15217191	210.19		-7.83	68	6.83	60	32.18	56	57.47	58	-0.02	53	0.13	53	-0.04	56		
187	15218714	210.17		2.33	49	4.49	62	12.22	56	55.83	58	0.12	53	0.09	53	0.07	57		
188	15412022	210.09		0.97	53	3.02	64	46.52	60	10.25	60	-0.14	58	-0.11	56	-0.03	56		
189	36116303	209.95	164.99	0.46	52	0.04	59	11.28	53	76.21	54	0.15	50	0.17	49	0.04	55	-26.80	12
190	51113197	209.95	143.60	1.50	56	9.27	61	10.46	56	48.99	57	0.02	54	0.20	53	-0.06	59	-610.83	23
191	15217113	209.87		3.43	62	1.20	38	16.00	60	53.98	58	0.06	55	0.18	53	-0.14	57		
192	62111173	209.76		0.54	59	2.36	63	25.27	59	47.27	57	0.02	57	-0.04	53	0.03	58		
193	15217561	209.71	153.11	0.29	49	1.13	55	20.04	50	59.77	52	0.08	47	0.12	46	-0.05	53	-347.05	6
194	22115015	209.15		1.38	56	3.78	64	29.84	59	32.38	60	-0.02	57	0.00	56	0.08	60		
195	14117227	208.74	142.05	-1.92	50	6.88	57	21.76	51	49.61	53	0.10	48	0.00	48	-0.24	54	-633.28	49
196	22115069*	208.42		-0.47	53	8.44	59	28.40	54	28.95	56	-0.02	52	0.02	51	0.00	57		
197	15216220	208.15		1.47	52	7.29	59	18.12	54	40.57	56	0.00	52	0.08	51	-0.07	57		
198	65117547	208.13	177.66	1.57	52	1.79	12	23.23	53	46.58	55	0.15	49	-0.06	49	0.06	56	349.03	11
199	15414007	208.10		-1.90	53	-0.04	64	28.78	60	56.09	61	0.06	58	0.05	57	-0.04	61		
200	41413142	208.00		-0.35	54	2.55	64	18.25	60	59.88	61	0.08	58	0.03	57	-0.07	62		
201	14116513	207.99		-3.90	49	5.99	56	38.50	49	32.35	51	0.01	47	0.01	46	-0.07	53		
202	15212251	207.94		-0.07	50	7.46	58	26.26	52	32.98	53	0.03	49	0.01	47	0.07	54		
203	15212253*	207.66		-1.25	52	7.22	58	28.39	51	34.57	51	0.04	47	0.01	45	0.01	52		
204	15217259	207.39		2.31	52	7.33	58	15.80	53	40.26	54	0.03	50	0.08	49	-0.05	56		
205	15218710	207.32		-0.19	55	4.59	63	15.65	60	57.40	61	0.10	58	0.05	57	-0.14	61		
206	15213918*	206.86	172.32	0.56	24	2.61	60	13.58	55	62.67	57	0.09	52	0.16	52	-0.03	58	223.88	18
207	15218717	206.59		0.98	58	0.63	65	15.89	60	62.32	61	0.15	58	0.03	57	-0.17	62		
208	15217112	206.42		1.36	58	1.05	62	13.29	60	63.74	60	0.12	56	0.19	56	-0.15	59		
209	37110051*	206.30	157.53	2.58	29	8.10	62	22.64	57	25.26	58	0.10	54	-0.03	54	0.00	60	-170.52	56
210	15618939	206.22		-0.61	50	4.92	59	33.94	54	28.07	25	-0.16	51	0.08	24	-0.14	24		
	22118025																		
211	53118377	205.80		1.36	49	1.88	61	20.50	55	49.52	54	0.02	52	0.10	49	-0.01	12		

（续）

序号	牛号	CBI	TPI	体型外貌评分		初生重		6 月龄重		18 月龄重		6~12 月龄日增重		12~18 月龄日增重		18~24 月龄日增重		4%乳脂率校正奶量	
				EBV	r²(%)	EBV	r²(%)	EBV	r²(%)	EBV	r²(%)	EBV	r²(%)	EBV	r²(%)	EBV	r²(%)	EBV	r²(%)
212	62115103	205.77		-0.52	47	4.12	54	7.01	47	72.38	49	0.06	44	0.23	44	-0.06	51		
213	62111169	205.45		-0.24	49	4.06	65	24.89	61	42.65	60	0.00	59	-0.09	56	0.06	60		
214	15415311	205.37	153.66	1.37	54	2.15	60	13.54	54	59.47	56	0.20	52	0.10	51	-0.10	57	-261.23	17
215	65118576	205.30	183.80	1.13	56	1.55	32	20.73	56	50.46	58	0.01	54	0.17	53	-0.05	59	562.96	25
216	37114416	205.05	191.68	-0.09	54	3.08	59	4.43	54	76.94	56	0.16	52	0.21	51	-0.03	57	782.46	56
217	15212612	205.03	158.50	0.94	55	5.22	60	10.94	56	56.86	57	0.16	54	0.12	53	0.18	58	211.38	16
218	51114006	204.80	161.31	1.11	26	6.54	29	5.99	29	60.40	26	0.16	52	0.10	25	0.00	26	-42.93	15
219	65111562	204.52		-0.56	51	0.10	58	15.34	52	68.82	54	0.11	54	0.13	49	0.10	54		
220	11118975	204.36		2.24	55	5.10	61	15.51	56	44.21	30	0.49	53	-0.01	28	0.03	16		
221	37114663	204.14	184.38	0.96	53	0.27	59	20.02	53	54.64	54	0.09	50	0.25	49	-0.01	55	597.82	56
222	11118969	203.72		4.50	55	-0.97	61	9.60	55	60.38	56	0.64	52	-0.22	51	0.04	8		
223	14116320	203.54		1.21	56	0.06	65	38.95	61	23.48	61	-0.04	59	-0.10	57	0.18	61		
224	15618225	203.49		0.19	49	1.61	13	41.19	50	19.77	7	-0.12	46	0.03	6	-0.02	2		
	22218225																		
225	11118971	203.45		4.00	51	2.57	58	9.26	53	53.22	53	0.47	49	-0.14	47	-0.04	5		
226	51114002	203.28	164.68	-1.04	55	3.68	60	12.28	55	64.98	57	0.23	54	-0.02	54	-0.01	58	74.12	13
227	41110292	203.13		0.91	49	8.66	56	26.52	50	21.38	52	0.06	47	-0.02	47	0.01	54		
228	15619035	203.04	173.55	0.76	52	-0.83	56	35.73	53	32.32	18	-0.02	50	0.06	17	-0.04	16	320.11	10
229	15216733	202.92		1.66	54	4.71	65	3.21	60	65.88	61	0.37	58	-0.08	57	-0.03	62		
230	36116304	202.89	164.33	-0.51	51	-0.22	57	15.05	51	68.51	53	0.07	48	0.19	48	0.13	54	70.79	1
231	22218601	202.86		-0.20	14	-0.24	17	38.90	16	29.29	12	0.08	14	0.00	11	0.00	7		
232	51115018	202.26	167.37	0.69	56	5.10	62	15.23	57	48.86	58	0.10	54	0.01	54	-0.06	60	164.33	32
233	15217141	202.14		2.77	64	0.14	66	17.56	62	50.06	62	0.00	60	0.22	59	-0.14	62		
234	15611235	202.09		-0.06	50	6.95	58	17.76	53	42.76	54	0.07	50	0.06	49	0.05	55		
	22111015																		
235	51115019	201.32	151.04	0.84	58	4.90	63	20.26	59	39.97	60	0.04	57	0.03	56	0.05	38	-266.18	32
236	14116128	201.12	185.15	1.05	52	7.37	57	-1.30	51	66.83	54	0.16	49	0.02	48	-0.03	18	668.52	52
237	36115201	201.01	158.90	0.51	52	0.28	58	14.80	52	61.94	54	0.16	49	0.10	49	0.11	55	-46.43	13

（续）

序号	牛号	CBI	TPI	体型外貌评分		初生重		6月龄重		18月龄重		6~12月龄日增重		12~18月龄日增重		18~24月龄日增重		4%乳脂率校正奶量	
				EBV	r²(%)	EBV	r²(%)	EBV	r²(%)	EBV	r²(%)	EBV	r²(%)	EBV	r²(%)	EBV	r²(%)	EBV	r²(%)
238	37110635*	200.65	154.15	2.58	29	7.74	62	11.90	57	38.42	58	0.10	54	0.07	54	-0.15	60	-170.52	56
239	51112158	200.53		0.52	47	6.04	54	25.42	47	29.31	49	-0.15	44	0.22	44	0.08	51		
240	65117551	200.45	182.79	-1.97	52	2.05	58	28.91	53	43.92	54	0.12	49	0.01	49	0.03	55	614.95	9
241	15518X06	200.34		-1.76	48	4.78	55	27.64	48	37.84	50	0.13	45	-0.11	44	0.08	51		
242	37114616	199.98	126.01	1.18	56	3.73	60	4.96	55	64.97	56	0.15	52	0.18	52	-0.05	58	-927.82	59
243	22112009	199.96		0.71	47	3.62	55	12.58	48	54.94	50	0.00	45	0.13	44	-0.19	51		
244	11119979	199.88		3.14	54	4.43	61	19.52	58	32.18	26	0.08	55	0.18	25	-0.13	23		
245	65117534	199.71	159.60	-1.19	53	0.29	23	26.33	53	49.01	55	0.08	50	-0.02	50	0.09	56	-6.10	7
246	11117937	199.21		-0.27	56	3.40	63	22.52	58	42.83	59	0.07	55	0.06	55	0.26	59		
247	11116932	198.74		-0.60	50	1.10	59	21.25	53	51.85	55	0.20	50	0.02	50	0.15	53		
248	15217171	198.45		-3.62	68	3.62	62	20.05	60	58.64	60	-0.04	57	0.23	56	-0.01	59		
249	65117529	197.12	179.18	0.57	55	-0.35	30	15.65	56	58.61	57	0.09	53	0.12	53	-0.01	58	570.91	22
250	22116067	196.66		0.10	55	2.70	63	11.22	59	59.03	59	0.00	57	0.21	55	-0.35	60		
251	41118932	196.61	153.04	-1.09	54	8.87	60	13.73	55	43.29	56	0.13	51	0.23	51	0.12	24	-134.35	10
252	15217922	196.48		1.99	54	3.50	59	8.15	54	54.26	56	0.11	54	0.17	50	-0.09	56		
253	14117309	196.47	126.28	-1.65	54	6.45	60	28.98	54	27.44	56	0.01	51	-0.02	51	-0.13	57	-862.79	51
254	65117533	196.41	170.69	1.12	49	0.46	10	17.16	49	51.28	51	0.02	10	0.05	45	0.04	52	350.57	8
255	15516X20	196.26		1.30	52	0.47	63	-9.17	58	92.43	58	-0.28	55	0.18	54	0.09	59		
256	22119033	196.15		-0.69	22	5.25	35	34.07	57	18.48	30	-0.11	54	0.07	28	0.02	28		
257	62111061	196.12		-2.08	48	3.04	55	40.85	48	18.92	50	-0.22	45	0.08	45	0.11	52		
258	22217315	195.91	168.06	1.36	66	1.70	21	33.19	53	21.09	55	-0.12	50	0.11	50	-0.02	21	287.12	7
259	51115017	195.89	173.05	1.27	52	4.12	58	13.18	52	46.91	54	0.17	49	-0.09	49	-0.04	55	423.66	11
260	37110652*	195.54	161.83	1.70	28	6.86	61	16.26	56	32.76	58	0.06	54	0.02	53	-0.14	59	123.16	21
261	15216116	195.23		3.66	64	-3.59	64	3.73	60	72.50	60	0.11	57	0.24	55	-0.14	60		
262	41418182	195.00	172.19	0.80	20	2.59	59	17.97	53	44.39	55	0.06	50	0.07	50	0.23	56	414.92	15
263	11118989	194.78	154.98	1.45	50	0.62	56	1.63	49	72.93	51	0.24	46	0.13	46	-0.03	53	-51.51	6
264	13213107	194.77	158.01	0.42	51	0.51	57	11.76	51	61.11	53	0.03	48	0.17	48	-0.01	54	31.17	56
265	15517F02	194.70	162.05	-0.46	48	2.57	57	13.18	50	56.74	52	0.03	47	0.16	46	-0.05	52	142.84	2

（续）

序号	牛号	CBI	TPI	体型外貌评分 EBV	r^2 (%)	初生重 EBV	r^2 (%)	6月龄重 EBV	r^2 (%)	18月龄重 EBV	r^2 (%)	6~12月龄日增重 EBV	r^2 (%)	12~18月龄日增重 EBV	r^2 (%)	18~24月龄日增重 EBV	r^2 (%)	4%乳脂率校正奶量 EBV	r^2 (%)
266	42113091	194.67		-1.01	56	1.84	63	8.16	60	68.78	61	0.12	58	0.11	57	-0.21	62		
267	15415308	194.29	178.13	-0.52	52	4.32	58	21.72	52	38.39	54	0.06	49	0.03	48	-0.11	55	588.71	16
268	15217182	194.04		-2.43	54	3.80	60	24.44	56	42.63	57	-0.05	53	0.17	52	-0.07	56		
269	15415310	193.82	165.21	1.12	50	5.61	56	5.05	50	54.73	52	0.18	47	0.09	47	-0.08	54	243.60	8
270	42118487	193.56		-1.33	31	2.86	53	12.66	58	59.21	59	0.23	55	0.00	54	0.00	34		
271	13213117	193.29	157.55	1.11	51	-0.93	58	30.45	52	31.09	54	0.03	50	0.00	49	-0.29	55	42.91	56
272	65118580	193.09	180.20	1.45	55	0.25	61	19.79	55	43.49	57	-0.01	53	0.18	52	-0.05	58	664.84	21
273	15611709 22117009	192.99		0.08	51	11.11	61	19.60	57	20.29	57	-0.01	54	0.04	53	-0.18	58		
274	15217582	192.98		1.60	54	-0.09	62	12.57	57	55.23	57	0.13	54	0.09	53	-0.02	58		
275	15217923	192.84		2.31	53	0.87	60	17.14	54	42.50	56	0.16	52	0.07	50	-0.06	57		
276	62111172	192.31		0.30	52	3.83	64	18.36	59	40.08	58	-0.02	57	-0.05	54	-0.02	58		
277	41118296	192.09		-0.52	53	4.78	57	7.10	51	58.54	52	0.13	47	0.11	47	-0.01	13		
278	22417135	191.35		-1.21	49	5.62	20	25.42	19	29.12	14	0.03	15	0.03	13	0.03	13		
279	41111920·	191.11	143.91	0.37	14	2.89	16	26.62	50	28.08	52	-0.03	48	0.14	47	0.10	54	-293.80	6
280	21218029	191.02		1.60	54	2.67	62	7.48	57	54.30	58	0.18	54	0.10	53	0.03	55		
281	37114661	191.02	131.95	0.42	51	1.27	59	4.16	53	67.90	55	0.18	50	0.11	49	-0.03	56	-618.85	57
282	41117266	190.96		-0.21	58	0.39	36	32.23	60	27.89	60	0.01	56	0.03	56	-0.06	59		
283	37115669	190.61	138.69	0.19	58	0.84	63	11.16	59	58.44	60	0.08	57	0.11	56	0.15	61	-428.19	60
284	41117910	190.37	170.32	1.35	53	0.67	60	3.50	54	66.36	56	0.14	52	0.15	51	0.04	58	439.60	18
285	51115023	190.16	160.59	0.50	28	3.60	61	17.54	55	39.33	57	-0.02	53	0.18	53	-0.02	29	177.31	12
286	15518X22	190.14		-0.34	32	3.82	62	23.28	57	32.86	58	0.13	54	-0.03	54	0.22	34		
287	15518X23	189.82		2.36	28	1.68	63	20.55	58	32.07	58	0.19	55	-0.08	54	-0.04	28		
288	15415301	189.81	161.13	-1.50	55	1.28	60	19.45	55	49.94	57	0.06	53	0.09	52	-0.13	58	197.75	12
289	41413188	189.78		-0.48	55	1.54	64	19.63	60	44.99	61	0.10	58	-0.02	57	-0.03	62		
290	15218716	189.74		0.02	53	1.11	64	21.60	57	40.96	59	0.08	55	-0.08	55	-0.24	60		
291	51112164	189.68		0.56	46	1.49	52	29.30	45	25.51	48	-0.12	42	0.14	42	0.11	49		
292	36115209	189.63	146.67	-0.34	54	0.63	29	9.05	54	63.56	55	0.15	51	0.11	51	0.07	56	-194.24	17

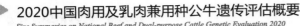

（续）

序号	牛号	CBI	TPI	体型外貌评分 EBV	r²(%)	初生重 EBV	r²(%)	6月龄重 EBV	r²(%)	18月龄重 EBV	r²(%)	6~12月龄日增重 EBV	r²(%)	12~18月龄日增重 EBV	r²(%)	18~24月龄日增重 EBV	r²(%)	4%乳脂率校正奶量 EBV	r²(%)
293	15218661	189.41	138.43	1.34	49	-2.85	55	26.89	49	37.57	51	-0.15	46	0.23	45	-0.07	8	-415.62	4
294	65117528	189.05	173.43	1.55	50	0.68	15	18.85	50	39.92	52	0.07	14	-0.01	47	-0.05	54	546.34	12
295	22218013	188.84		2.16	14	2.74	15	25.75	14	20.91	11	0.05	11	0.05	6	0.12	6		
296	22115009	188.57		1.65	51	1.31	61	20.48	56	34.84	57	0.00	53	0.10	52	-0.07	58		
297	21115735	188.55		1.64	55	2.77	30	19.95	30	31.84	57	-0.06	29	0.04	53	0.13	58		
298	65116519	188.49	192.02	3.43	53	7.16	58	9.57	52	29.74	54	0.04	50	0.10	49	0.08	56	1063.08	58
299	13317105	188.48		2.84	41	2.17	50	8.01	53	47.75	33	0.05	48	0.18	32	-0.17	30		
300	22114013	188.42		0.57	53	5.01	63	22.50	58	25.92	59	-0.09	55	0.06	55	0.02	59		
301	42113076	188.26		-1.20	49	-3.00	56	5.53	50	80.94	51	0.06	47	0.33	46	-0.26	53		
302	13213779	188.22	162.51	0.36	51	0.60	55	5.04	49	66.09	51	0.04	46	0.25	46	-0.15	53	261.57	56
303	15613301	188.02		-0.05	52	-0.45	58	47.12	52	3.17	18	-0.12	17	0.00	16	0.07	18		
	22213101																		
304	15414009	188.00		-1.35	57	1.44	64	25.40	59	37.86	60	0.08	57	-0.07	56	-0.08	61		
305	43110057	187.91		-0.57	50	3.50	56	13.31	50	48.57	52	0.13	47	0.06	46	0.07	53		
306	22218605	187.79		0.44	6	2.09	18	30.60	51	20.66	9	-0.01	14	0.05	8	-0.02	9		
307	11118959	187.49		2.93	57	0.35	61	27.00	55	21.03	55	-0.13	51	0.18	50	0.28	56		
308	22111029	187.37		-0.01	51	-1.56	61	27.04	56	37.38	57	-0.03	53	0.06	52	0.12	58		
309	37117682	187.36	136.56	2.71	54	5.31	61	7.54	56	39.68	57	0.13	54	0.09	52	-0.02	58	-432.97	53
310	15217181	187.13		-8.37	67	3.93	60	30.60	56	49.59	57	-0.06	53	0.19	53	-0.07	56		
311	41413192	186.92		-0.58	50	-0.38	56	14.01	49	56.90	52	0.23	45	-0.06	47	-0.06	54		
312	13213727	186.89	160.07	0.28	51	3.63	58	21.27	52	31.32	54	0.04	50	-0.04	49	-0.31	55	216.77	56
313	43106037	186.79	115.11	-1.50	48	-1.47	56	21.16	50	51.88	52	0.08	47	0.08	47	-0.32	53	-1009.53	9
314	43106038	186.78	149.59	-1.55	50	0.41	57	21.42	51	46.64	53	0.04	49	0.07	48	-0.07	55	-67.63	6
315	37114660	186.77	145.09	-0.70	51	1.96	26	4.23	53	66.65	55	0.17	50	0.09	50	-0.01	56	-190.39	57
316	22115031	186.63		0.79	55	4.69	64	21.06	60	26.61	60	-0.02	57	0.02	56	-0.08	61		
317	41117234	186.45		-0.62	53	-0.09	64	12.16	59	58.82	60	0.14	57	0.08	56	-0.07	61		
318	65111561	186.35		-0.05	50	0.61	57	4.36	51	67.11	53	0.06	48	0.26	48	0.11	54		
319	15218718	186.33		-0.30	52	0.51	64	14.14	59	52.72	59	0.09	57	0.04	55	-0.24	60		

（续）

序号	牛号	CBI	TPI	体型外貌评分		初生重		6月龄重		18月龄重		6~12月龄日增重		12~18月龄日增重		18~24月龄日增重		4%乳脂率校正奶量	
				EBV	r^2(%)	EBV	r^2(%)	EBV	r^2(%)	EBV	r^2(%)	EBV	r^2(%)	EBV	r^2(%)	EBV	r^2(%)	EBV	r^2(%)
320	11116931	186.30		0.90	51	0.89	59	17.06	53	42.32	55	0.43	50	-0.10	49	0.17	53		
321	62114097	186.27	163.44	0.35	55	3.16	59	6.32	54	55.58	56	0.14	52	0.10	51	-0.05	56	318.93	13
322	15414005	186.21		-1.39	54	0.91	64	22.93	59	41.79	60	0.03	57	-0.01	56	-0.08	61		
323	15217232	186.20		1.98	51	0.01	59	15.83	53	42.33	55	0.02	51	0.09	50	-0.05	56		
324	15416312	186.03	157.15	1.65	53	4.73	60	7.38	54	44.45	56	0.01	52	0.18	51	-0.07	57	151.19	11
325	15216242	185.89		1.80	56	4.48	64	24.86	60	16.55	61	-0.19	58	0.17	57	0.06	62		
326	53115339	185.67	158.20	-2.22	55	0.28	60	17.48	55	54.90	57	0.01	53	0.17	52	-0.01	58	185.69	8
327	14116321	185.64		0.74	52	-1.05	57	42.08	51	7.63	54	0.03	48	-0.26	48	0.23	55		
328	15415306	185.61	152.15	1.44	54	1.91	62	6.19	57	54.28	56	-0.08	54	0.36	52	-0.12	57	21.42	11
329	22313003	185.43		0.54	53	2.74	59	36.95	54	6.37	56	-0.02	52	-0.12	51	0.01	57		
330	15618521 22218521	185.23	162.72	-0.64	51	0.28	19	32.74	52	24.04	17	-0.19	48	0.05	16	-0.04	16	316.21	10
331	37110642*	185.08	140.39	1.74	33	5.08	63	24.23	58	15.48	60	-0.02	56	-0.01	56	-0.06	61	-290.98	55
332	41118238	185.07		-0.08	51	1.48	61	0.74	55	69.57	56	0.14	52	0.17	51	-0.06	27		
333	15615599 22215543	185.01		0.31	54	0.54	62	23.84	57	33.62	30	-0.09	31	-0.03	29	-0.02	27		
334	22114027*	184.81		0.42	54	1.76	61	22.30	57	32.26	58	-0.03	55	0.06	54	0.01	59		
335	11118962	184.79		4.49	55	-1.33	61	-11.04	55	77.72	56	0.54	52	-0.01	51	0.04	8		
336	15618935 22118019	184.76		-0.79	53	1.30	37	26.40	36	31.62	33	0.01	34	0.06	31	0.07	33		
337	51114014	184.45	149.31	1.47	52	6.89	57	3.80	51	43.77	53	0.10	48	0.13	47	0.08	54	-37.25	10
338	11117950	184.19		1.87	52	3.83	59	16.98	53	29.09	55	0.04	51	0.07	50	0.36	56		
339	15617934 22217334	183.95	160.88	-4.33	66	1.24	20	34.76	52	31.53	54	-0.09	50	0.15	49	0.05	55	287.12	7
340	41109258*	183.88	131.87	-0.65	21	8.46	59	32.23	54	2.07	55	-0.11	51	-0.03	51	0.12	57	-504.11	16
341	62115105	183.84	145.66	0.09	54	5.15	59	1.45	54	56.99	55	0.12	52	0.14	50	-0.14	56	-126.85	12
342	13213127	183.80	172.36	0.62	51	-0.93	57	34.00	51	19.05	53	-0.01	48	-0.07	48	0.09	54	602.93	56
343	15217715	183.72		0.91	47	1.64	53	15.04	46	41.28	48	0.07	43	0.00	42	-0.04	50		

（续）

序号	牛号	CBI	TPI	体型外貌评分		初生重		6月龄重		18月龄重		6~12月龄日增重		12~18月龄日增重		18~24月龄日增重		4%乳脂率校正奶量	
				EBV	r²(%)	EBV	r²(%)	EBV	r²(%)	EBV	r²(%)	EBV	r²(%)	EBV	r²(%)	EBV	r²(%)	EBV	r²(%)
344	65115505	183.08		0.24	51	4.33	57	9.83	50	44.54	53	0.06	47	0.06	47	-0.15	54		
345	43110059	183.03		-0.53	50	0.48	56	13.62	50	51.64	52	0.15	47	0.06	46	0.06	53		
346	22218003	182.95		1.19	12	5.95	28	13.45	26	30.66	22	-0.02	25	0.09	21	0.02	23		
347	41106212*	182.91		-0.96	47	1.50	55	32.63	48	20.17	50	-0.12	45	0.04	44	0.06	52		
348	53114304*	182.86		-1.27	53	7.56	60	33.01	55	4.69	50	-0.15	48	-0.03	45	-0.11	52		
	22114011																		
349	22119039	182.71		0.87	23	4.52	39	11.88	59	37.96	35	0.24	56	0.09	32	-0.04	35		
350	15209137*	182.69	131.04	-2.69	53	4.95	53	52.78	53	-14.51	55	-0.28	50	-0.04	50	0.02	56	-507.26	16
351	22115035	182.55		1.59	51	2.58	60	14.59	55	35.85	56	0.03	52	0.07	51	-0.15	57		
352	51112167	182.53		0.77	47	5.12	54	18.61	47	25.89	49	-0.14	44	0.23	44	0.10	51		
353	41113254*	182.43	167.67	1.02	56	1.32	64	9.09	59	50.05	60	0.09	57	0.12	56	0.02	61	497.40	56
354	41118294	182.43		0.21	53	-0.48	64	23.48	60	35.07	60	0.13	57	-0.02	56	-0.03	58		
355	15414006	182.28		-1.66	53	0.25	63	15.55	58	52.92	59	0.10	56	0.07	55	-0.05	60		
356	15217001	182.18		1.88	53	-2.25	60	12.25	55	50.90	56	0.16	52	0.05	51	0.01	57		
357	15218707	182.18		1.33	51	2.57	33	12.45	56	39.97	58	0.08	54	0.05	53	-0.09	55		
358	11117953	182.15		0.77	57	3.50	63	13.49	59	38.02	60	0.08	56	0.09	56	0.38	60		
359	15611517	181.96		-0.37	51	2.84	61	19.69	55	34.16	56	-0.02	52	0.07	52	-0.03	57		
	22115017																		
360	15215309	181.63	163.78	-0.70	55	1.61	59	14.88	54	46.10	56	0.11	52	0.04	51	-0.06	57	404.23	10
361	11118988	181.54	149.65	0.37	55	3.72	60	4.60	55	52.64	56	0.12	52	0.19	52	-0.23	57	19.77	10
362	11117985	181.52	151.94	0.06	51	2.64	59	3.59	54	58.31	53	0.08	50	0.26	48	-0.25	55	82.81	8
363	21217017	181.44		-0.61	56	1.05	61	16.97	56	43.73	57	0.22	53	-0.04	53	0.11	58		
364	36111106	181.40	142.61	0.13	48	3.30	55	29.56	49	14.76	50	-0.23	45	0.33	44	-0.16	51	-170.15	7
365	15619323	181.19		0.30	52	0.34	60	26.00	55	27.44	28	0.04	53	0.03	26	0.07	27		
366	65117557	181.15	159.48	-1.64	52	3.33	59	27.33	53	24.91	55	0.00	50	0.04	50	0.07	56	294.64	8
367	22111023*	180.82		-0.86	46	0.11	55	14.43	48	50.67	50	0.05	45	0.10	44	0.01	51		
368	53115342	180.77	150.12	0.14	57	3.62	62	12.33	57	40.77	58	0.07	54	0.09	54	0.05	59	45.44	22
369	15217137	180.74		2.03	51	6.03	57	8.66	51	32.84	53	0.02	48	0.13	47	-0.01	54		

（续）

序号	牛号	CBI	TPI	体型外貌评分		初生重		6月龄重		18月龄重		6~12月龄日增重		12~18月龄日增重		18~24月龄日增重		4%乳脂率校正奶量	
				EBV	r^2(%)	EBV	r^2(%)	EBV	r^2(%)	EBV	r^2(%)	EBV	r^2(%)	EBV	r^2(%)	EBV	r^2(%)	EBV	r^2(%)
370	65116509	180.64	158.01	2.56	49	3.29	59	11.77	53	33.00	52	0.07	50	0.01	46	0.06	53	262.95	59
371	36114107	180.36	152.05	-1.12	51	0.74	58	12.50	53	52.69	54	0.09	50	0.11	49	0.16	55	104.58	4
372	41112232	180.34		0.92	49	4.02	57	20.38	50	23.52	53	-0.02	48	0.05	47	0.07	54		
373	15414010	180.06		-1.04	55	2.27	64	23.33	59	30.82	60	0.05	57	-0.07	56	-0.06	61		
374	22217233	179.76		0.08	46	5.70	53	18.13	46	25.39	48	-0.22	43	0.16	42				
375	53112279	179.70		0.14	49	0.44	59	28.10	53	23.13	54	-0.04	50	-0.02	49	-0.15	55		
376	15516X03	179.69	138.76	0.08	49	0.26	56	7.11	50	57.29	51	0.05	46	0.14	46	-0.10	52	-247.25	9
377	15217932·	179.60		2.27	54	3.59	60	8.16	55	38.21	55	0.15	52	0.00	51	-0.03	56		
378	15216721	179.46		1.97	53	3.85	63	-7.23	58	63.10	60	0.12	56	0.23	55	-0.03	60		
379	15217737	179.35		1.92	50	3.64	63	0.52	57	51.36	57	0.21	55	0.09	52	0.01	57		
380	41117268	179.29		-2.15	56	6.14	62	30.31	58	13.11	59	-0.08	55	0.05	54	0.09	58		
381	65111563	179.05		-1.26	58	0.59	70	10.98	66	54.92	65	0.07	63	0.15	61	0.09	65		
382	22117109	179.01		1.04	26	1.94	36	39.98	58	-3.90	58	-0.21	55	-0.05	54	0.02	59		
383	65116521	178.96	164.52	0.25	53	5.97	57	14.83	54	28.59	54	0.02	51	0.05	49	-0.03	55	468.17	58
384	15216632	178.74	162.05	1.39	55	3.47	60	19.09	55	23.76	56	-0.06	52	-0.01	52	0.55	58	404.23	10
385	15612321	178.71		-2.09	49	1.01	56	12.51	51	54.34	53	0.01	48	0.02	47	-0.25	53		
	22212921																		
386	11119980	178.56		3.08	59	-0.34	62	13.48	57	36.05	22	0.10	53	0.17	21	-0.12	17		
387	22115061	178.50		0.63	52	4.22	63	17.20	58	27.56	58	0.00	56	0.04	54	0.02	59		
388	65117553	178.32	158.03	-2.09	53	2.67	59	16.72	53	42.86	55	0.13	50	-0.05	50	-0.01	56	301.50	12
389	21218021	178.31		3.47	52	-0.52	58	3.60	52	50.52	54	0.22	49	0.04	49	0.16	54		
390	41112238	177.76	149.92	2.32	50	2.60	57	2.33	51	48.32	53	0.11	48	0.11	48	-0.04	55	89.05	6
391	11117983	177.62	159.70	-0.06	55	3.80	60	4.53	55	50.79	57	0.11	53	0.13	52	0.02	58	358.61	17
392	41118912	177.48	157.75	-0.27	52	0.31	61	19.05	56	37.57	57	0.19	52	-0.06	52	-0.22	58	307.64	13
393	15218713	177.27		0.73	48	2.56	57	9.47	51	42.80	53	0.13	48	0.00	47	0.04	54		
394	15213915	177.23	156.46	1.96	54	-1.04	60	6.05	55	52.98	56	0.09	52	0.15	52	-0.03	58	276.38	15
395	51114009	177.05	153.97	1.23	47	0.31	54	11.87	47	42.76	49	0.09	44	0.05	44	0.00	51	-123.47	1
396	21217016	176.75		-0.31	56	1.41	61	15.47	56	39.87	57	0.21	53	-0.04	53	0.08	58		

（续）

序号	牛号	CBI	TPI	体型外貌评分 EBV	r²(%)	初生重 EBV	r²(%)	6月龄重 EBV	r²(%)	18月龄重 EBV	r²(%)	6~12月龄日增重 EBV	r²(%)	12~18月龄日增重 EBV	r²(%)	18~24月龄日增重 EBV	r²(%)	4%乳脂率校正奶量 EBV	r²(%)
397	22109017*	176.75		-0.40	12	4.42	18	19.91	18	25.20	13	0.00	14	0.02	12	0.00	13		
398	41108255*	176.67	110.52	-0.57	54	6.28	61	31.57	55	2.26	57	-0.11	53	-0.02	53	0.06	58	-968.97	56
399	15517F04	176.33	151.03	0.40	48	0.39	56	8.54	50	50.51	52	0.10	47	0.08	46	-0.06	52	142.84	2
400	15616031	176.09		-0.42	53	6.95	59	32.71	54	-2.42	25	-0.03	25	-0.04	24	0.11	24		
	22216631																		
401	15611625	175.92		0.72	56	2.66	60	30.02	55	8.62	56	-0.02	53	-0.12	52	-0.05	57		
	22116025																		
402	15614999	175.56		0.55	53	-0.99	63	28.44	58	21.17	34	0.05	33	0.03	32	0.03	34		
	22214339																		
403	53118378	175.51		0.40	50	-1.12	61	20.47	54	34.76	55	0.03	51	0.01	50	-0.13	21		
404	41110266*	175.46	129.02	-0.38	22	5.18	60	30.90	55	4.44	57	-0.14	52	-0.01	52	0.09	58	-443.97	16
405	15415303	175.39	142.00	0.66	53	4.75	60	3.72	54	44.77	56	-0.09	52	0.40	51	-0.19	57	-88.19	13
406	22115027*	175.11		-0.70	55	-0.08	63	25.25	58	28.30	59	-0.02	56	0.04	55	0.08	60		
407	15214521*	174.65	132.18	1.11	30	7.60	61	0.54	56	39.90	57	0.18	53	0.16	52	0.07	28	-344.38	17
408	21116717	174.61		-0.31	54	5.79	29	29.03	54	4.76	56	-0.10	52	0.03	52	-0.02	57		
	22116017																		
409	41113268	174.60	142.79	0.91	54	1.48	70	11.84	65	38.82	66	0.05	63	0.10	62	-0.08	67	-53.66	56
410	15218719	174.59		1.23	52	1.13	63	12.00	57	38.26	57	0.08	55	0.01	52	0.05	54		
411	15216241	173.78		1.80	55	1.07	64	31.14	59	4.99	60	-0.29	57	0.16	56	0.08	61		
412	41418133	173.74		-0.40	9	-1.41	58	11.14	51	51.95	53	0.16	48	0.04	48	0.24	53		
413	15414012	173.42		-2.05	53	-0.69	64	13.17	59	53.02	60	0.10	57	0.04	56	-0.09	61		
414	11111903	173.32		-0.24	51	-2.50	64	32.37	59	20.01	60	-0.23	57	0.17	56	-0.28	55		
415	62111167	173.23		0.07	50	2.62	64	13.87	59	34.67	60	0.05	57	-0.06	56	0.05	60		
416	15617057	172.98		0.00	51	1.18	57	16.44	52	34.44	52	0.03	47	0.01	47	-0.04	52		
417	53114309	172.96		1.53	53	6.77	59	18.20	25	10.85	55	-0.04	24	-0.06	51	-0.12	57		
	22114031																		
418	62116109	172.73	148.28	-0.89	52	4.13	58	1.69	52	53.41	54	0.10	49	0.14	49	0.01	22	126.79	9
419	43107041	172.68		-0.27	48	2.20	56	19.84	50	27.12	52	-0.01	47	0.01	47	-0.10	53		

（续）

序号	牛号	CBI	TPI	体型外貌评分		初生重		6月龄重		18月龄重		6~12月龄日增重		12~18月龄日增重		18~24月龄日增重		4%乳脂率校正奶量	
				EBV	r²(%)	EBV	r²(%)	EBV	r²(%)	EBV	r²(%)	EBV	r²(%)	EBV	r²(%)	EBV	r²(%)	EBV	r²(%)
420	41118940	172.55	151.92	-0.18	52	8.46	59	4.84	54	33.98	55	0.08	50	0.16	50	0.08	22	229.15	9
421	15616667	172.44		0.41	52	4.15	59	19.37	53	19.81	23	-0.08	22	0.02	22	-0.02	23		
	22216613																		
422	15213916*	172.36	145.47	-1.72	53	1.26	60	4.31	55	59.75	56	0.11	52	0.16	52	-0.03	58	56.03	17
423	15618704	172.34		-1.40	55	3.47	34	10.28	58	43.11	58	0.02	55	0.07	54	0.01	57		
424	21216020	172.00		-0.30	51	0.78	57	22.66	52	25.88	54	0.21	49	-0.19	49	-0.01	54		
425	15216118	171.70		3.48	53	-2.76	59	-0.81	55	57.69	54	0.03	50	0.33	49	-0.08	55		
426	22115079	171.20		0.69	52	3.91	61	14.48	57	26.09	58	-0.05	54	0.02	53	-0.14	59		
427	62111171	170.98		0.54	54	0.53	65	10.09	60	42.45	60	0.04	58	-0.01	56	0.16	60		
428	15414019	170.26		-1.48	52	-1.23	61	16.53	58	44.09	59	0.01	56	0.04	55	-0.15	59		
429	65117549	170.21	149.04	-1.69	52	3.22	58	15.05	52	35.41	54	0.16	49	-0.09	49	0.01	55	188.84	10
430	36115207	170.15	144.68	-0.27	50	-0.38	57	8.65	51	49.59	52	0.14	48	0.06	47	0.14	53	70.79	1
431	22114053	170.14		0.14	56	1.15	64	18.43	60	28.30	61	0.00	58	0.08	57	-0.03	61		
432	65112588	170.08	168.85	-0.27	55	2.34	61	15.69	56	31.08	58	-0.06	53	0.16	53	-0.16	59	732.04	60
433	15215518	169.79	153.41	1.83	52	0.40	58	14.07	52	30.36	54	0.01	50	0.04	49	-0.20	55	315.16	10
434	14116036	169.74		1.05	53	1.79	62	28.36	57	6.90	57	-0.04	54	-0.10	52	0.23	57		
435	41111218*	169.67	141.10	-0.38	52	5.25	60	23.38	54	11.20	56	-0.13	52	0.15	51	0.05	57	-19.19	6
436	41106235*	169.52		-0.54	47	0.66	55	26.88	48	18.25	50	-0.10	45	0.06	45	0.01	52		
437	15215225	169.48	146.93	0.33	52	1.58	60	15.45	54	30.60	55	0.08	51	-0.02	50	-0.17	56	143.12	10
438	62111059	169.39		0.21	47	0.17	54	23.30	47	22.25	49	-0.04	44	0.02	43	-0.01	50		
439	21218026	169.21		3.31	51	0.79	57	4.75	51	37.91	53	0.23	48	-0.02	48	0.09	52		
440	15218662	169.19	135.24	2.46	50	1.49	57	6.78	50	36.12	52	0.00	47	0.14	47	-0.07	12	-171.29	6
441	13317106	169.11		1.81	46	-0.13	54	19.53	56	22.55	43	-0.06	54	0.22	41	-0.14	40		
442	63109241	169.09	123.66	1.26	52	3.52	57	14.75	52	22.65	54	-0.02	22	-0.01	22	0.01	22	-485.72	16
443	41114244	168.80		1.49	53	6.71	58	5.98	53	26.99	55	0.16	51	0.00	50	0.26	56		
444	37114665	168.58		1.88	51	-4.61	59	13.11	53	43.92	54	0.08	50	0.08	49	-0.04	55		
445	36114105	168.52	134.00	-1.10	54	1.54	58	10.85	54	42.80	55	0.10	51	0.08	51	0.08	56	-194.24	17
446	65111558	168.47		0.20	52	0.22	65	9.65	60	43.06	61	0.10	58	0.02	57	0.05	61		

（续）

序号	牛号	CBI	TPI	体型外貌评分		初生重		6月龄重		18月龄重		6~12月龄日增重		12~18月龄日增重		18~24月龄日增重		4%乳脂率校正奶量	
				EBV	r²(%)	EBV	r²(%)	EBV	r²(%)	EBV	r²(%)	EBV	r²(%)	EBV	r²(%)	EBV	r²(%)	EBV	r²(%)
447	41418181	168.27	139.45	-0.52	17	-2.90	60	22.44	55	33.55	56	0.04	52	0.04	51	0.22	57	-41.13	7
448	41409110	168.23	142.75	-0.50	55	4.33	60	17.71	55	21.89	56	0.01	52	0.01	52	0.03	58	49.32	6
449	53114306	168.12		-1.26	51	4.02	60	36.77	54	-4.82	55	-0.13	51	0.01	50	-0.03	56		
	22114017																		
450	41111212*	168.11		0.34	50	6.80	56	14.89	50	16.46	52	0.03	47	0.05	47	0.10	54		
451	62116115	168.04	123.56	-0.42	53	2.98	58	5.41	52	44.58	53	0.18	50	0.05	48	0.03	19	-471.60	15
452	22417137	168.02	146.36	-0.27	54	3.80	24	6.50	23	40.09	23	0.11	22	0.05	22	0.01	22	151.45	11
453	41118928	167.97	126.65	-0.99	53	8.13	61	14.91	55	17.93	56	-0.01	52	0.25	51	0.08	25	-385.86	9
454	15214328	167.56	160.54	-0.79	54	2.66	61	4.68	55	47.65	56	0.15	52	0.09	52	0.00	58	546.22	12
455	65111556	167.56		-0.07	51	-0.82	58	-5.84	52	70.80	52	0.09	48	0.28	46	0.08	53		
456	22217423	167.30	151.73	-0.16	52	-0.44	28	16.33	54	34.58	55	0.02	50	0.00	49	-0.08	21	310.02	11
457	51115025	167.26	157.19	1.12	53	1.01	59	14.22	53	29.05	55	0.07	51	-0.01	50	0.09	56	459.85	17
458	11116925	167.25		-0.86	52	-5.01	58	45.51	51	2.80	54	0.12	48	-0.42	48	0.23	55		
459	11119978	167.15		3.08	59	-5.69	62	16.11	57	36.05	22	0.05	53	0.17	21	-0.12	17		
460	15217921	167.11		2.55	53	-1.76	59	7.55	54	41.34	55	0.14	51	0.01	51	-0.05	56		
461	22216677	166.92		0.86	53	1.21	59	23.55	54	14.35	56	-0.09	52	0.03	51	0.24	57		
462	22115057	166.87		0.13	50	-2.25	62	24.21	55	25.29	55	-0.06	51	0.04	50	0.03	56		
463	41110296	166.80		1.06	48	9.73	56	15.53	48	3.68	51	0.08	46	-0.07	46	-0.03	53		
464	22417999	166.75	139.07	0.53	18	-0.07	19	9.07	18	41.99	18	0.10	18	0.10	18	-0.02	18	-26.80	12
465	15214503	166.74	155.72	-1.45	55	1.15	60	5.98	55	51.37	57	0.19	53	0.09	52	-0.06	58	428.25	9
466	22114045	166.64		0.78	50	-0.66	59	9.68	54	41.50	55	-0.05	51	0.12	50	0.01	56		
467	41112236	166.49	143.91	0.75	56	7.46	59	-6.92	53	46.46	55	0.28	51	0.04	50	0.23	56	-40.36	16
468	51114005	166.46		2.56	51	5.34	59	-3.34	53	39.26	55	0.13	50	0.15	49	-0.01	56		
469	11117935*	166.41		2.22	57	0.99	63	8.30	58	33.53	59	0.03	56	0.11	55	0.53	60		
470	11117933*	166.33		1.30	57	-0.46	63	8.96	58	39.85	59	0.07	56	0.10	55	0.48	60		
471	11109005*	166.12		0.14	52	1.83	62	10.37	57	35.85	58	-0.11	54	0.08	53	-0.15	58		
472	15415302	166.00	144.27	-1.56	55	0.77	60	12.27	55	42.19	56	0.08	52	0.08	52	-0.04	57	127.33	10
473	41110288*	165.44		-0.37	48	4.19	56	25.10	49	7.49	52	-0.05	47	0.00	46	-0.03	53		

（续）

序号	牛号	CBI	TPI	体型外貌评分		初生重		6 月龄重		18 月龄重		6～12 月龄日增重		12～18 月龄日增重		18～24 月龄日增重		4%乳脂率校正奶量	
				EBV	r²(%)	EBV	r²(%)	EBV	r²(%)	EBV	r²(%)	EBV	r²(%)	EBV	r²(%)	EBV	r²(%)	EBV	r²(%)
474	15209151*	165.12	120.49	-2.35	53	1.97	23	44.10	53	-9.46	55	-0.21	51	-0.05	50	-0.01	56	-507.26	16
475	41113258	165.03	141.01	0.99	53	0.63	59	7.81	53	38.86	55	0.12	51	0.10	50	0.08	56	54.37	56
476	15414008	165.00		-1.34	52	-1.24	62	18.07	59	36.49	59	-0.01	56	0.07	55	-0.14	60		
477	22215147	164.72	141.55	0.63	49	1.29	59	24.21	53	12.07	13	-0.06	12	0.11	12	-0.11	12	74.25	54
478	41413186	164.55		-1.00	53	3.47	59	27.87	54	6.68	53	-0.08	50	-0.01	48	0.09	54		
479	21216062	164.29		1.53	54	0.16	60	-3.38	54	55.21	56	0.14	51	0.19	51	-0.05	56		
480	11118958	164.10		1.99	56	3.29	62	11.55	56	21.16	59	-0.10	51	0.19	51	0.14	60		
481	11117956	164.09		2.00	57	-0.50	63	12.72	59	29.26	60	0.04	51			0.32	60		
482	41117940	164.04	132.20	-1.11	50	5.75	59	14.35	53	22.18	54	0.22	50	-0.16	49	-0.08	56	-169.87	6
483	65116506	163.86	158.35	0.83	53	3.57	58	12.74	52	22.79	54	0.04	49	0.06	49	-0.10	56	547.05	59
484	22118103	163.75		0.17	16	5.41	33	16.17	57	14.91	56	-0.06	53	0.02	51	-0.01	27		
485	62111154	163.74		1.81	46	1.46	56	10.38	50	28.24	51	0.01	48	-0.01	45	-0.05	50		
486	15618929	163.37		-0.32	53	2.84	63	22.84	58	12.66	35	-0.14	55	0.07	33	0.11	34		
	22118007																		
487	21116720	163.17		-0.77	53	0.38	26	45.93	53	-16.05	55	-0.14	51	-0.13	51	-0.08	56		
	22116065																		
488	36110002	162.86		0.89	46	3.40	52	14.39	45	19.51	48	-0.04	42	0.01	42	-0.43	49		
489	41110260*	162.83	139.92	0.20	24	1.00	61	35.04	56	-4.41	57	-0.09	53	-0.07	53	-0.01	58	60.79	6
490	41416121	162.60		1.29	50	5.12	58	3.17	52	31.08	53	0.09	49	0.13	48	-0.14	54		
491	22217103	162.47		-2.16	38	2.05	38	8.76	41	43.64	39	0.04	37	0.17	36	-0.03	29		
492	11118992	162.46		1.60	48	0.33	56	9.31	49	32.64	49	0.07	45	0.17	43	0.01	1		
493	22117001	162.40		0.38	56	5.62	63	25.58	59	-2.63	59	-0.09	56	-0.02	55	-0.19	60		
494	41113250	162.36		0.67	52	0.30	63	2.99	57	46.31	56	0.10	54	0.10	50	0.06	53		
495	15215308	162.22		-0.21	55	5.06	62	14.31	57	18.97	58	0.02	54	-0.01	54	-0.05	59		
496	21115770	162.10	108.73	0.58	54	5.38	59	7.26	54	26.19	57	0.28	52	0.02	52	-0.06	58	-779.17	17
497	36117000	161.94		0.92	22	3.77	59	5.71	54	31.46	22	0.07	22	0.08	21	-0.05	22		
498	15216223	161.87		2.17	57	5.52	61	28.60	56	-14.61	57	-0.19	53	-0.07	52	0.25	58		
499	15619129	161.86		0.49	55	3.73	61	25.05	57	2.32	58	-0.05	55	0.14	54	-0.09	33		

（续）

序号	牛号	CBI	TPI	体型外貌评分		初生重		6月龄重		18月龄重		6~12月龄日增重		12~18月龄日增重		18~24月龄日增重		4%乳脂率校正奶量	
				EBV	r²(%)	EBV	r²(%)	EBV	r²(%)	EBV	r²(%)	EBV	r²(%)	EBV	r²(%)	EBV	r²(%)	EBV	r²(%)
500	53118374	161.86		-1.33	49	-0.03	63	-9.30	58	74.17	55	0.13	55	0.35	50	-0.13	19		
501	41218481	161.80		0.08	66	1.53	60	15.50	54	24.91	56	0.01	52	0.04	52	-0.11	57		
502	15618069	161.51		0.39	35	2.25	43	6.80	59	35.46	60	-0.01	57	0.12	56	0.06	39		
	22118069																		
503	41418183	160.86	158.09	0.04	24	-3.15	61	13.41	56	40.02	57	-0.04	53	0.22	52	0.09	58	588.97	17
504	53115336	160.81	132.64	0.29	57	2.15	61	7.60	56	34.18	58	0.05	54	0.08	54	0.04	59	-104.89	24
505	65118564	160.80	156.10	-0.73	53	3.47	24	12.20	54	27.33	25	-0.03	51	0.05	23	-0.07	25	535.62	21
506	65116522	160.69	172.84	1.77	53	-0.32	59	2.91	53	42.33	55	0.11	50	0.04	50	0.07	56	994.80	58
507	11111906*	160.52		-0.47	52	0.67	64	22.58	60	16.96	60	-0.08	58	-0.07	56	-0.02	60		
508	41113252	160.46	154.49	0.67	56	1.38	68	2.55	63	42.50	60	0.16	61	0.09	56	0.09	61	497.40	56
509	14116418	160.36		1.15	49	0.98	58	46.81	52	-28.98	53	-0.26	49	-0.06	47	0.26	53		
510	41111208*	160.29		-0.14	49	5.24	57	21.37	51	5.28	53	-0.09	48	0.08	48	0.04	54		
511	36114101	160.24	138.02	0.12	51	1.55	56	10.96	50	30.59	51	0.08	47	0.04	46	0.13	52	51.15	4
512	11117939*	160.24		0.96	56	0.85	63	-4.60	58	53.98	59	0.33	55	0.06	55	0.35	59		
513	11109004*	160.22		0.04	48	-0.11	54	10.50	47	36.04	50	-0.20	44	0.08	44	-0.24	52		
514	15213917	160.10	158.69	-0.10	54	4.67	59	4.02	53	34.16	55	0.06	51	0.08	50	-0.06	56	617.95	19
515	11117982	159.89	126.63	2.05	53	3.61	59	11.09	54	17.10	55	0.15	51	-0.09	51	0.08	57	-253.99	5
516	36114103	159.76	134.34	-1.79	52	0.77	59	10.27	53	40.81	55	0.12	51	0.08	50	0.13	55	-41.49	15
517	14117193	159.63	137.28	0.83	8	6.48	55	9.62	49	16.38	51	0.05	46	-0.01	45	-0.15	52	41.05	4
518	15213103*	159.27	123.15	-0.27	21	6.10	59	19.22	53	6.06	55	-0.08	50	0.00	49	0.18	56	-339.07	6
519	15212134	159.26	128.78	2.49	55	4.31	61	9.21	55	15.95	57	0.09	53	-0.02	52	-0.02	58	-185.12	12
520	15610377	159.23		0.46	49	1.21	10	-9.01	10	61.15	51	0.06	9	-0.01	9	0.00	52		
	22110077																		
521	22418115	159.22		2.09	35	-1.35	40	0.95	39	45.66	37	0.01	36	0.25	35	-0.16	32		
522	62111157	159.21		0.97	50	0.97	57	1.18	51	43.53	53	0.07	48	0.14	47	0.06	54		
523	22118085	159.20		-0.17	27	3.84	41	13.22	58	21.14	59	-0.06	55	0.13	55	0.13	36		
524	65111559	159.01		-0.68	50	0.57	56	2.67	49	48.45	52	0.02	46	0.24	46	0.09	53		
525	21218028	158.96		3.48	52	-0.16	58	2.05	52	35.11	54	0.22	49	-0.02	49	0.25	54		

（续）

（续）

序号	牛号	CBI	TPI	体型外貌评分		初生重		6月龄重		18月龄重		6~12月龄日增重		12~18月龄日增重		18~24月龄日增重		4%乳脂率校正奶量	
				EBV	r²(%)	EBV	r²(%)	EBV	r²(%)	EBV	r²(%)	EBV	r²(%)	EBV	r²(%)	EBV	r²(%)	EBV	r²(%)
526	15619120	158.94		0.91	51	0.73	59	33.65	54	-7.64	54	-0.04	51	0.01	50	0.08	24		
527	41117948	158.93	158.73	0.46	55	-1.98	60	19.77	54	23.41	56	-0.19	52	0.18	51	0.02	57	638.25	18
528	11117951*	158.80		1.68	57	2.04	63	-4.23	59	46.15	60	0.24	56	0.09	56	0.45	60		
529	41112224*	158.79		-1.89	50	3.50	58	22.28	52	13.96	54	-0.15	50	0.08	49	0.06	55		
530	21116719 22116029	158.79		-0.76	54	7.14	59	31.82	54	-15.31	57	-0.13	52	-0.06	52	-0.07	57		
531	22217308	158.69	145.73	-2.36	66	1.24	20	40.32	52	-7.10	54	-0.14	50	-0.07	49	-0.04	20	287.12	7
532	65116514	158.67	160.94	0.75	52	2.07	58	7.66	52	30.66	54	0.02	49	0.15	49	0.10	55	702.90	59
533	21216068	158.48		1.22	54	0.88	60	-6.43	54	54.26	56	0.14	51	0.21	51	-0.04	56		
534	41108253	158.35	94.37	0.42	53	0.59	59	22.12	53	12.52	55	-0.08	51	0.02	50	0.07	56	-1109.70	56
535	22118017	158.18		-0.55	51	6.07	61	20.26	57	4.60	56	-0.17	53	0.05	51	0.06	57		
536	22213002	158.10	134.39	-0.35	54	2.07	60	19.40	55	15.73	56	0.02	52	0.00	51	0.06	57	-12.69	16
537	37110645*	158.03	124.16	1.74	33	3.62	63	12.22	58	14.84	60	0.02	56	0.00	56	-0.08	61	-290.98	55
538	41117916	157.98	154.02	1.03	50	1.81	58	-8.77	52	55.81	53	0.14	49	0.19	48	-0.24	54	525.29	8
539	62111161	157.85		0.70	49	1.27	56	2.05	49	41.20	51	0.07	47	0.09	46	0.05	53		
540	15215417	157.82	151.73	-0.81	53	1.11	60	13.08	54	29.87	56	0.06	52	0.01	51	-0.24	57	465.40	10
541	15414015	157.58		-1.56	56	-1.00	65	11.09	61	41.38	61	0.02	59	0.07	57	0.00	61		
542	42118279	157.51		4.12	27	3.76	59	-4.71	53	31.75	52	0.17	49	0.03	46	-0.03	53		
543	53115344	157.50		0.94	50	2.05	59	-7.53	54	53.15	55	0.17	51	0.23	50	0.06	56		
544	65111557	157.48		-0.72	50	0.37	56	2.17	50	48.58	52	0.05	47	0.20	46	0.03	53		
545	65116517	157.35		0.68	52	0.98	61	6.17	55	35.01	54	0.10	51	0.12	50	0.06	55		
546	15217683	157.33	134.61	-0.99	55	-2.87	61	12.22	56	42.10	57	0.13	53	0.07	52	-0.07	58	5.82	16
547	22118089	157.18		0.13	20	4.23	36	9.02	57	23.88	58	0.02	54	0.12	53	-0.09	31		
548	15215412*	157.13	142.10	-2.96	55	2.80	60	9.57	55	38.84	57	0.05	53	0.10	52	-0.25	58	213.42	12
549	41411105	157.09		0.23	48	2.37	55	6.88	48	31.72	50	0.04	45	0.08	44	0.06	52		
550	62111165	157.06		0.27	51	1.68	63	8.87	59	30.21	60	0.07	57	-0.05	56	-0.05	60		
551	41218483	156.82		-3.04	66	2.26	59	23.04	54	18.78	55	-0.01	51	0.04	51	-0.03	56		
552	21217003	156.75		0.54	51	0.33	57	3.15	52	41.58	54	0.13	49	0.10	48	-0.03	54		

（续）

序号	牛号	CBI	TPI	体型外貌评分		初生重		6月龄重		18月龄重		6～12月龄日增重		12～18月龄日增重		18～24月龄日增重		4%乳脂率校正奶量	
				EBV	r²(%)	EBV	r²(%)	EBV	r²(%)	EBV	r²(%)	EBV	r²(%)	EBV	r²(%)	EBV	r²(%)	EBV	r²(%)
553	15615325	156.67	129.66	-0.83	50	-0.26	58	20.32	52	21.05	13	-0.01	12	0.10	12	0.04	12	-118.64	55
	22215125																		
554	22118099	156.38		-0.10	21	-0.94	39	18.33	58	22.93	58	-0.09	55	0.10	53	0.02	31		
555	36117359	156.23		-0.44	17	0.55	59	25.01	54	9.55	24	-0.18	51	0.02	23	0.21	23		
556	41112938*	156.20	144.74	1.18	55	1.53	62	6.22	56	30.55	58	0.08	53	0.04	53	-0.03	56	300.93	57
557	15415307	156.18	134.82	0.61	51	0.09	58	-6.27	52	56.50	54	0.18	49	0.20	49	-0.07	55	30.28	15
558	13216385	156.09		-0.23	47	2.81	54	-3.62	47	48.27	49	0.07	44	0.21	44	-0.36	51		
559	21117726	156.00		0.07	11	-0.35	59	8.48	53	36.08	55	0.02	51	0.04	51	-0.12	55		
560	41110286*	155.99		0.19	8	3.87	57	22.80	50	1.58	52	-0.06	48	-0.02	47	-0.02	54		
561	22213117	155.98	126.71	0.48	50	1.82	57	23.86	50	4.20	51	-0.08	46	0.05	46	0.12	52	-187.95	7
562	36114109	155.87	136.11	-0.45	51	-0.89	57	10.86	51	35.62	53	0.08	48	0.06	48	0.17	54	70.79	1
563	14117283	155.73	148.41	-2.44	29	5.74	60	7.98	55	30.29	57	0.07	53	0.07	53	-0.03	58	408.94	10
564	53115345	155.61		-0.91	52	3.49	61	3.01	56	38.09	57	0.10	52	0.13	52	0.01	57		
565	22217313	155.58	143.86	-1.70	66	1.74	21	35.36	53	-5.78	55	-0.13	50	-0.07	50	-0.02	21	287.12	7
566	13213743*	155.47	138.65	0.65	52	0.81	24	17.30	53	16.21	55	0.12	51	-0.09	50	-0.30	56	146.55	56
567	41118926	155.40	146.42	-0.42	50	2.83	58	5.20	53	34.26	54	0.00	50	0.13	49	-0.13	20	359.84	8
568	22217101	155.36		-3.40	55	2.14	29	33.88	57	1.97	58	0.01	54	0.14	53	0.05	23		
569	13213115*	155.31	140.71	0.08	51	-0.37	57	25.93	51	7.67	53	0.02	48	-0.10	48	-0.04	54	205.44	56
570	22118113	155.30		0.16	30	4.19	43	21.08	58	2.99	37	-0.04	56	-0.02	36	-0.02	37		
571	15617925	155.12		0.02	52	12.21	60	18.39	55	-13.58	56	-0.14	52	0.00	51	0.03	56		
	22217325																		
572	11116923*	154.88		-1.12	50	-1.75	58	14.07	53	34.52	54	0.18	50	-0.16	49	0.12	55		
573	14116504	154.81		-2.20	47	1.86	54	18.80	47	21.59	49	0.09	44	-0.05	43	-0.15	51		
574	15414004	154.81		-2.04	50	-0.81	56	14.27	49	35.27	52	0.00	45	0.02	46	-0.19	53		
575	41112228	154.75	130.72	1.66	49	0.42	59	5.43	53	31.57	54	0.04	50	0.09	49	-0.05	56	-58.14	5
576	41111220	154.65		0.82	55	2.42	61	9.93	56	22.32	57	-0.06	53	0.14	53	0.14	58		
577	51114011	154.65	128.16	-0.07	56	4.61	60	3.75	55	29.86	57	0.16	52	0.13	51	0.08	57	-126.31	17
578	37114617	154.59		0.04	57	4.69	62	-4.51	57	42.33	59	0.10	55	0.08	54	0.01	60		

（续）

序号	牛号	CBI	TPI	体型外貌评分		初生重		6月龄重		18月龄重		6~12月龄日增重		12~18月龄日增重		18~24月龄日增重		4%乳脂率校正奶量	
				EBV	r²(%)	EBV	r²(%)	EBV	r²(%)	EBV	r²(%)	EBV	r²(%)	EBV	r²(%)	EBV	r²(%)	EBV	r²(%)
579	41415198	154.57	151.38	0.95	56	2.17	61	2.98	56	33.48	57	0.08	53	0.11	53	-0.10	59	508.82	57
580	41116934	154.56	134.78	0.84	51	0.59	57	1.50	51	40.48	54	0.14	48	0.03	48	0.26	55	55.79	9
581	37117683	154.51	122.91	-3.40	64	3.83	60	10.24	54	34.42	54	0.18	51	-0.06	49	-0.04	55	-267.47	53
582	41113954	154.29	157.72	0.74	56	1.55	61	2.18	56	36.97	57	0.14	54	0.07	53	0.10	59	686.86	56
583	41417171	153.86	143.58	0.04	24	-2.90	61	12.52	55	34.62	57	0.04	52	0.06	52	-0.07	58	307.64	13
584	15218551	153.85		-0.52	49	1.45	59	4.42	53	38.22	52	0.05	48	0.17	45	0.01	10		
585	51114010	153.85	139.40	1.67	51	4.75	57	-2.22	51	31.52	53	0.10	49	0.09	48	0.06	55	193.48	11
586	41108215	153.61		1.26	49	0.23	56	7.23	49	29.79	51	0.08	46	-0.06	46	0.16	53		
587	62108001	153.60	111.60	-1.07	49	1.52	57	16.25	51	21.07	53	0.08	47	-0.07	47	0.04	54	-561.39	10
588	65116515	153.40	163.09	1.88	53	5.63	59	4.58	53	17.10	55	0.02	51	0.11	50	0.09	56	847.95	59
589	51114012	153.37		2.07	50	3.48	61	-8.80	51	43.37	53	0.14	48	0.13	48	-0.03	55		
590	53119375	153.36		-0.07	46	2.33	62	25.50	56	0.07	13	-0.19	52	0.06	12	0.08	4		
591	15617115* 22117105	153.34		0.17	27	1.06	63	36.94	59	-15.74	59	-0.17	56	-0.10	55	0.14	60		
592	15216117	153.23		0.36	58	-2.88	63	-1.40	59	54.99	58	0.12	55	0.17	54	-0.03	57		
593	41113266	153.14		1.86	53	1.84	60	1.57	54	31.79	56	0.08	51	0.04	50	0.08	57		
594	41118222	152.89	136.84	-0.83	52	2.36	61	4.09	55	36.69	57	0.02	52	0.08	52	0.01	58	139.38	5
595	15218709	152.79		0.46	51	-0.17	62	-3.73	56	50.76	58	0.17	53	0.07	53	-0.03	57		
596	41415168	152.65		1.92	54	4.00	60	-1.90	54	30.98	56	0.09	51	0.07	51	-0.06	57		
597	11119977	152.53		2.57	59	-6.40	62	10.53	57	36.05	22	0.06	53	0.17	21	-0.12	17		
598	15416315	152.20	141.24	1.47	53	4.25	60	1.93	55	25.55	56	0.00	51	0.16	50	0.14	57	270.74	14
599	14117421	152.14		-1.34	46	7.24	53	5.27	46	23.22	48	0.03	43	0.06	42	-0.09	50		
600	22117051	152.08		-0.17	52	3.11	63	27.62	58	-6.11	58	-0.05	55	-0.13	54	-0.14	59		
601	11117981	151.97		2.00	48	4.29	56	5.48	49	17.50	51	0.10	46	-0.03	46	0.12	52		
602	15208131*	151.60		-3.21	27	0.31	60	11.09	56	39.11	57	0.09	53	0.07	53	0.02	57		
603	15618933 22118013	151.56		-0.87	67	5.99	64	14.57	60	9.35	41	-0.10	58	0.02	39	-0.08	41		
604	41218488	151.47		-0.02	49	2.51	58	7.32	52	26.77	51	0.02	48	0.04	45	0.07	52		

（续）

序号	牛号	CBI	TPI	体型外貌评分		初生重		6月龄重		18月龄重		6~12月龄日增重		12~18月龄日增重		18~24月龄日增重		4%乳脂率校正奶量	
				EBV	r²(%)	EBV	r²(%)	EBV	r²(%)	EBV	r²(%)	EBV	r²(%)	EBV	r²(%)	EBV	r²(%)	EBV	r²(%)
605	43117105	151.33		-2.77	18	5.23	60	6.00	56	32.26	57	0.14	53	-0.02	52	0.02	55		
606	43110056	151.23	132.35	-0.40	53	0.67	58	8.37	53	31.22	54	0.12	50	0.05	49	0.04	56	44.08	14
607	15416313	151.19	134.89	0.47	51	5.79	59	10.29	53	11.17	55	0.09	51	-0.06	50	0.13	56	113.96	9
608	15414003	151.16		-1.51	53	1.99	59	12.72	54	25.06	56	0.01	52	0.05	51	-0.08	57		
609	41407129	151.13		0.85	47	3.46	56	8.05	49	19.35	51	0.05	12	0.02	9	-0.02	51		
610	22114001	151.02		1.41	58	-3.16	62	16.51	58	21.14	58	-0.01	55	0.05	53	0.04	59		
611	13214933	150.89	150.30	-0.04	49	0.43	57	21.29	51	9.52	52	0.07	48	-0.10	47	0.20	53	539.79	54
612	43107042	150.85	139.60	-0.56	52	1.57	58	11.17	51	24.65	53	0.00	49	0.03	48	-0.20	54	248.09	8
613	65115503	150.84	178.88	1.52	50	3.99	56	8.98	50	13.63	52	0.04	47	-0.06	47	-0.12	54	1321.15	57
614	15612333	150.67		-1.03	49	2.43	20	-4.27	51	48.69	53	0.36	48	-0.08	47	-0.07	53		
	22212933																		
615	15218723	150.63		-0.44	49	5.21	86	7.47	84	20.24	80	0.16	83	0.05	77	0.22	52		
616	15416314	150.51	130.43	1.45	53	5.97	60	9.24	55	7.92	56	0.12	51	0.04	50	0.12	57	3.47	8
617	15406229	150.44		-0.82	49	4.24	53	11.47	46	17.76	48	0.09	43	-0.08	42	0.17	50		
618	15214115*	150.40	120.99	-2.21	56	3.03	60	-1.36	55	46.78	56	0.16	52	0.18	51	0.02	57	-252.56	14
619	63110269	150.28		1.17	47	6.09	53	-4.20	47	29.94	49	0.36	44	-0.18	43	-0.03	51		
620	22417133	150.23		-0.08	49	3.62	10	11.24	10	16.71	9	-0.04	9	0.02	9	-0.03	9		
621	15213428	150.20	144.20	1.98	52	-1.91	58	-2.83	52	45.74	54	0.13	49	0.11	49	0.00	55	384.53	11
622	15414014	150.16		-1.58	52	2.23	64	6.05	59	34.44	59	0.04	57	0.13	55	-0.11	59		
623	15215409*	149.80	143.78	-2.85	52	0.96	58	5.84	52	42.78	54	0.08	50	0.10	49	-0.26	56	379.57	9
624	65112591	149.70	175.08	-0.59	53	9.81	59	12.29	53	0.16	55	-0.04	51	0.04	50	-0.14	56	1236.10	59
625	15412064	149.55		0.64	52	-0.12	63	29.33	59	-5.67	59	-0.14	56	-0.08	55	-0.04	55		
626	41108209*	149.50	108.83	-0.67	54	2.51	60	24.37	54	0.37	56	-0.07	52	-0.05	51	0.13	57	-569.85	17
627	41118924	149.42	128.41	-1.09	54	4.72	59	18.87	54	4.87	55	-0.03	51	0.02	50	-0.01	23	-34.09	16
628	15615319	149.41		-0.59	51	1.15	27	31.38	56	-7.60	27	-0.04	24	0.02	22	-0.05	26		
	22215119																		
629	43117107	149.34		0.67	5	7.44	58	-5.56	52	29.68	52	0.20	48	-0.08	47	0.00	54		
630	41108201*	149.26		-0.29	49	3.79	56	15.98	49	8.68	52	-0.02	46	-0.07	46	0.11	53		

（续）

序号	牛号	CBI	TPI	体型外貌评分		初生重		6月龄重		18月龄重		6~12月龄日增重		12~18月龄日增重		18~24月龄日增重		4%乳脂率校正奶量	
				EBV	r^2(%)	EBV	r^2(%)	EBV	r^2(%)	EBV	r^2(%)	EBV	r^2(%)	EBV	r^2(%)	EBV	r^2(%)	EBV	r^2(%)
631	53118380	149.13		0.06	48	1.90	61	10.04	56	21.65	55	0.05	52	-0.05	49	-0.06	11		
632	53115353	148.80		-0.77	52	3.61	60	-2.68	55	40.35	55	0.03	52	0.08	50	-0.06	56		
633	22217131	148.74		-3.06	18	0.25	31	11.46	31	35.62	30	0.01	29	0.12	28	0.08	21		
634	22212117*	148.17		-0.52	55	2.90	61	19.46	56	5.41	30	-0.04	30	-0.03	29	0.00	30		
635	15212136*	148.06	98.39	1.09	53	5.10	60	4.90	54	16.43	56	0.07	52	0.02	51	-0.13	57	-831.24	15
636	65116520	147.64		-1.25	51	-0.56	57	3.62	51	42.21	53	0.09	48	0.05	47	0.15	54		
637	15415305	147.58	129.51	-0.21	55	2.02	60	-8.73	55	51.01	57	-0.08	53	0.37	52	-0.10	58	26.27	16
638	43110055	147.54	120.39	-0.63	48	2.91	55	2.39	48	32.49	50	0.11	45	0.05	45	-0.04	52	-222.10	5
639	41118936	147.35	146.05	-0.32	55	5.40	61	-2.61	55	32.47	57	0.11	52	0.25	52	0.12	28	481.77	18
640	36117102	147.32		-0.32	23	-0.22	59	29.19	54	-3.34	27	-0.15	52	-0.02	25	0.07	27		
641	41418180	147.15	148.72	-0.36	17	-0.36	59	15.01	53	19.62	54	0.01	51	0.05	49	0.14	55	557.92	11
642	22218371	147.04		-0.41	50	-0.12	56	26.22	50	1.21	11	-0.04	10	0.00	10	-0.03	8		
643	22214331	147.03		-0.13	54	1.32	59	16.40	53	11.97	54	-0.15	50	0.05	50	0.00	56		
644	15212131*	146.87	142.45	-0.08	52	1.21	58	8.37	52	24.72	54	0.08	50	-0.01	49	-0.09	56	391.19	17
645	62109009	146.78	109.49	-0.53	52	-0.87	58	24.68	53	5.89	54	0.01	50	-0.11	50	-0.07	56	-507.26	16
646	65115504	146.71	183.80	2.42	50	3.66	57	6.88	51	10.71	52	0.01	48	-0.02	47	-0.05	53	1523.07	58
647	15213427	146.55	119.31	0.52	54	1.16	60	9.13	54	21.01	54	0.04	51	0.04	49	0.10	56	-235.22	9
648	41417172	146.35	108.14	-0.96	17	-0.61	61	7.51	56	33.90	56	0.02	53	0.04	51	0.01	57	-537.16	9
649	41110274*	146.30	129.55	-0.12	25	2.77	62	23.90	56	-4.53	58	-0.07	54	-0.03	53	-0.01	59	48.28	6
650	15218706	146.08		1.02	50	2.10	62	-6.90	56	41.76	58	0.15	54	0.09	53	-0.08	55		
651	13216459	145.98		-0.61	47	2.11	53	-8.30	47	50.22	49	0.08	44	0.24	43	-0.45	51		
652	22217029	145.83		1.63	64	2.70	66	6.15	62	16.72	62	-0.20	60	0.29	59	-0.13	62		
653	22117107	145.73		0.32	29	1.95	63	30.84	59	-15.63	60	-0.13	56	-0.11	55	0.07	60		
654	22215131*	145.71	119.37	0.86	51	-0.15	59	13.77	53	15.02	18	0.05	17	0.07	16	-0.03	17	-220.06	54
655	15618219	145.63		-0.23	51	6.71	32	4.25	54	16.21	56	-0.07	52	0.03	51	0.00	55		
656	41112946*	145.47	146.04	1.28	54	0.69	60	10.93	55	15.48	56	0.08	52	0.02	51	0.12	57	512.19	57
657	41113242*	145.46	130.72	1.67	54	0.09	61	3.88	56	26.81	57	0.08	54	0.07	53	0.06	59	94.14	57
658	15414016	145.44		-1.56	52	0.72	64	11.34	59	25.81	60	0.04	57	0.02	56	-0.11	59		

（续）

序号	牛号	CBI	TPI	体型外貌评分		初生重		6月龄重		18月龄重		6~12月龄日增重		12~18月龄日增重		18~24月龄日增重		4%乳脂率校正奶量	
				EBV	r²(%)	EBV	r²(%)	EBV	r²(%)	EBV	r²(%)	EBV	r²(%)	EBV	r²(%)	EBV	r²(%)	EBV	r²(%)
659	13217083	145.35	134.82	1.36	50	-0.48	57	-2.81	51	40.11	53	0.01	48	0.22	47	0.10	54	207.77	10
660	65112589	145.29	153.98	-0.35	55	-0.93	61	8.38	56	30.06	58	-0.04	53	0.17	53	-0.15	59	732.04	60
661	65116513	145.21		-0.21	58	-0.12	65	12.89	61	20.10	61	0.18	59	-0.10	57	0.23	62		
662	41113264	145.07	132.61	1.73	53	0.90	60	7.03	54	19.05	56	0.08	52	0.06	51	0.06	57	151.91	57
663	62111160	144.66		-0.99	48	1.35	55	1.63	48	36.70	51	0.04	45	0.09	45	-0.09	52		
664	15516X07*	144.58	129.21	0.74	52	0.54	59	-4.97	53	42.56	54	0.07	50	0.14	49	-0.07	56	67.12	7
665	15617957	144.57	140.62	-0.71	55	0.32	21	12.10	55	21.59	57	-0.11	27	0.04	27	0.01	56	378.90	10
	22217615																		
666	11117952*	144.55		1.51	56	-0.20	63	-9.39	58	48.53	59	0.32	56	0.05	55	0.30	60		
667	22218105	144.52	138.06	0.10	24	-0.44	28	8.42	54	26.27	26	0.00	25	0.02	24	-0.08	21	310.02	11
668	22113045*	144.34		-0.90	53	1.35	60	10.07	56	22.64	57	0.02	53	0.01	52	0.13	58		
669	15214812	144.32		1.57	50	1.05	61	12.37	55	10.09	55	0.03	52	-0.08	50	-0.13	56		
670	15415309	144.23	135.29	1.35	56	3.13	61	-8.56	56	38.77	57	0.18	53	0.10	53	0.05	58	238.86	20
671	15618215	144.20	123.79	1.40	52	0.13	22	1.65	51	30.20	53	0.01	47	0.02	45	0.05	54	-74.51	8
672	22217320	144.16	137.01	-1.99	66	1.24	20	28.96	52	-3.11	54	-0.13	50	-0.01	49	-0.04	20	287.12	7
673	15618115	143.80	136.44	-0.24	53	1.91	57	13.32	53	12.90	55	-0.04	50	0.02	50	-0.02	19	277.58	10
	22218115																		
674	41217469	143.75		1.51	53	2.51	59	28.14	54	-19.18	55	-0.10	51	-0.01	50	0.05	56		
675	43107040	143.69	123.70	-1.74	50	-0.31	58	12.80	52	25.38	54	0.00	49	0.01	48	-0.03	55	-68.61	6
676	41412106	143.17		-0.83	55	1.08	61	1.10	55	36.36	57	0.15	53	-0.01	52	0.08	58		
677	15613300	143.16	124.53	-1.25	53	2.50	59	12.88	54	15.43	23	0.07	23	0.03	22	0.04	22	-37.35	14
	22213000																		
678	41112234	143.15	125.21	2.07	51	2.46	61	3.97	54	16.79	56	0.00	52	0.07	51	0.03	57	-18.43	11
679	41118904	143.13	134.38	-0.03	54	1.33	62	1.48	56	31.95	57	0.13	54	0.01	52	-0.07	58	232.22	17
680	41111210*	143.09		-0.71	51	6.82	58	10.10	52	6.24	54	-0.04	49	0.07	49	0.07	55		
681	65116507	143.09	138.30	1.12	55	3.93	60	13.38	56	1.54	57	0.01	53	0.00	53	-0.19	58	339.91	59
682	41117914*	143.06	121.36	0.26	54	0.14	59	-0.63	53	37.25	56	0.09	51	0.06	50	0.05	24	-122.24	11
683	37110031*	143.05		-0.08	1	1.99	53	13.90	46	10.52	49	-0.01	43	0.00	43	0.01	50		

（续）

序号	牛号	CBI	TPI	体型外貌评分		初生重		6月龄重		18月龄重		6~12月龄日增重		12~18月龄日增重		18~24月龄日增重		4%乳脂率校正奶量	
				EBV	r²(%)	EBV	r²(%)	EBV	r²(%)	EBV	r²(%)	EBV	r²(%)	EBV	r²(%)	EBV	r²(%)	EBV	r²(%)
684	63109267	143.02	136.23	0.59	53	4.46	59	4.86	54	15.73	56	-0.03	51	0.22	51	0.11	57	284.42	18
685	41418173	142.84	127.79	0.26	11	-0.66	57	11.26	50	20.23	52	-0.01	47	0.04	46	0.21	53	56.80	4
686	22114041	142.75		0.03	23	2.25	29	14.34	28	8.42	27	-0.05	26	0.03	26	0.01	26		
687	65118573	142.74	133.30	1.70	54	1.28	28	9.53	54	12.13	56	0.00	52	0.04	51	-0.02	57	209.02	22
688	41413193	142.62		0.36	52	-3.41	64	19.13	60	14.40	60	-0.02	58	-0.07	56	0.16	55		
689	41417178	142.59	129.75	-0.08	22	1.02	60	9.00	54	20.49	56	0.05	51	0.07	51	0.16	57	114.60	10
690	62111151	142.54		1.80	48	0.57	53	3.11	46	23.72	48	0.04	43	0.04	42	-0.10	50		
691	22115063*	142.43		0.44	26	3.02	29	17.50	29	-0.54	28	-0.05	28	-0.05	27	0.04	28		
692	22118055	142.37		0.37	29	8.05	63	11.91	59	-4.71	60	0.01	56	-0.10	55	0.04	38		
693	41416120	142.35		0.91	49	3.46	58	-5.05	51	32.36	53	0.09	48	0.18	47	-0.13	53		
694	13217080	142.30	119.40	-0.50	51	2.38	58	-2.17	52	36.08	53	0.04	49	0.25	48	0.23	54	-163.19	6
695	13216469	142.27	96.92	-0.92	51	3.50	57	-4.15	51	37.88	53	0.03	48	0.21	47	-0.41	54	-776.89	11
696	63110381*	142.25		-2.24	46	5.65	52	-1.20	1	32.65	47	0.00	1	0.01	1	0.29	48		
697	21216051	142.24	123.83	0.53	52	1.91	58	3.54	53	24.14	54	0.00	50	0.13	50	-0.18	56	-41.41	55
698	41110272*	142.21	143.50	1.39	31	1.96	62	18.90	57	-3.86	59	-0.07	55	-0.03	54	0.08	60	496.22	17
699	53112284	142.18		0.28	51	-0.58	61	15.98	54	11.83	55	-0.05	51	-0.01	50	-0.08	56		
700	15610331 22210031	141.85		-0.98	54	0.57	55	23.45	49	1.51	5	-0.07	4	0.00	3	-0.04	1		
701	41113262	141.82	147.81	1.96	56	-0.81	59	0.67	54	29.98	55	0.12	51	0.16	51	0.02	57	620.43	58
702	22215311	141.68		-0.32	50	1.92	56	23.36	50	-4.65	51	-0.14	46	-0.05	45	-0.09	52		
703	22213001	141.57		1.85	54	1.36	62	-8.77	58	39.51	56	0.12	55	-0.01	51	-0.17	57		
704	22215529	141.57		0.01	54	2.98	59	6.66	53	17.77	54	-0.10	50	0.02	49	-0.15	56		
705	53113300 22113015	141.38		0.44	51	-0.25	60	28.06	54	-9.63	55	-0.20	51	-0.03	50	-0.02	56		
706	41107231	141.13	120.13	1.42	51	3.18	59	10.11	54	5.87	56	-0.06	51	0.00	51	0.05	57	-124.35	10
707	22218901	141.12		0.43	6	1.50	18	7.09	18	18.98	9	0.01	14	0.04	8	-0.02	9		
708	22217027	141.05		1.33	64	-1.93	66	8.21	62	22.70	62	-0.16	60	0.26	59	-0.17	62		
709	41118916	140.97		-0.21	48	11.25	56	-7.94	49	19.50	50	0.16	46	-0.04	45	-0.23	52		

（续）

序号	牛号	CBI	TPI	体型外貌评分		初生重		6月龄重		18月龄重		6~12月龄日增重		12~18月龄日增重		18~24月龄日增重		4%乳脂率校正奶量	
				EBV	r²(%)	EBV	r²(%)	EBV	r²(%)	EBV	r²(%)	EBV	r²(%)	EBV	r²(%)	EBV	r²(%)	EBV	r²(%)
710	41316238	140.90		0.09	16	0.56	61	19.69	55	2.47	26	-0.05	27	0.05	24	-0.01	22		
	41116238																		
711	41118922	140.88		-0.84	49	3.71	56	2.88	50	24.55	51	0.05	47	0.07	46	-0.27	53		
712	41417175	140.69	134.56	0.04	18	-2.03	58	14.17	52	18.18	54	0.03	49	-0.04	49	0.00	55	277.13	10
713	13208013*	140.56		0.13	47	-0.18	8	-12.67	47	55.63	49	0.01	44	0.34	43	-0.32	51		
714	43117106	140.55		-1.98	18	1.26	60	-8.19	55	52.89	56	0.07	52	0.27	51	0.00	55		
715	15618203	140.52		-2.14	49	4.56	53	15.36	49	7.19	51	0.05	46	0.05	46	0.03	50		
	22218203																		
716	15410916	140.44		0.78	52	1.24	60	-5.33	55	37.52	56	0.13	52	0.06	51	0.05	56		
717	22215301	140.05		-0.31	51	2.63	57	14.74	51	5.71	52	-0.10	47	-0.01	46	0.02	53		
718	41117252	139.80		-4.53	66	2.63	58	14.69	52	22.08	56	-0.12	48	0.13	48	-0.07	57		
719	41312117	139.74	123.33	-0.77	52	2.49	58	2.74	52	26.78	54	0.01	49	0.11	49	-0.01	55	-14.07	14
720	62111149	139.73		0.98	46	2.14	53	1.66	46	22.59	48	0.04	43	0.05	43	0.15	50		
721	15215311*	139.57	128.73	0.03	19	3.41	60	-6.42	54	35.66	56	0.10	51	0.10	50	-0.12	57	136.22	15
722	22117015	139.53		-0.20	56	1.80	64	19.52	60	-0.59	61	-0.01	58	-0.07	57	-0.33	61		
723	37118417	139.24		2.01	65	1.08	59	5.82	53	14.32	55	-0.01	51	0.10	50	0.01	56		
724	13217015	138.79		-0.07	46	1.26	53	-3.44	47	36.33	49	0.04	44	0.17	43	-0.47	50		
725	43110054	138.75	106.18	-0.77	53	2.97	59	-3.69	53	34.89	55	0.15	51	0.05	50	0.03	57	-466.21	14
726	15215403	138.63	127.82	-0.05	52	3.85	57	-4.49	52	30.91	53	0.14	49	0.03	48	-0.02	55	126.79	9
727	22218717	138.58		-0.26	2	0.73	3	12.96	3	12.13	2	0.02	2	0.03	2	0.00	1		
728	15215606	138.40	136.94	-0.20	52	-0.01	58	-1.90	52	37.43	54	0.01	50	0.20	49	-0.15	56	379.57	9
729	15212133	138.34	120.73	2.21	56	3.92	31	-4.12	56	21.07	57	0.14	53	0.04	53	-0.06	59	-62.21	25
730	41415117	138.23	129.31	-0.10	50	2.60	59	1.38	52	24.70	54	0.06	50	0.05	49	-0.06	55	173.96	53
731	41409197	138.18	121.54	-0.22	53	3.24	59	4.70	53	18.13	55	0.09	51	0.05	50	-0.02	56	-37.35	14
732	41117260	138.12		0.50	54	1.60	63	8.31	60	13.89	60	-0.06	57	0.15	56	-0.18	59		
733	22216117	138.08		-0.71	50	7.06	56	6.53	50	6.96	51	-0.06	46	-0.02	45	-0.19	51		
734	15615363	137.99		-1.02	51	1.76	58	17.16	52	5.15	13	-0.07	12	0.05	12	-0.02	10		
	22215303																		

（续）

序号	牛号	CBI	TPI	体型外貌评分		初生重		6月龄重		18月龄重		6~12月龄日增重		12~18月龄日增重		18~24月龄日增重		4%乳脂率校正奶量	
				EBV	r²(%)	EBV	r²(%)	EBV	r²(%)	EBV	r²(%)	EBV	r²(%)	EBV	r²(%)	EBV	r²(%)	EBV	r²(%)
735	15613309	137.99	112.88	-0.68	55	1.43	61	19.16	55	1.50	27	0.04	28	0.01	26	0.02	27	-270.65	17
	22213109																		
736	62111163	137.92		0.95	48	1.47	54	2.23	47	21.98	50	0.02	44	0.02	44	-0.03	51		
737	15616688	137.87		-0.69	52	2.20	25	17.71	54	1.71	24	0.01	23	0.06	23	-0.05	24		
	22216685																		
738	41413102	137.85		-0.10	50	-0.47	57	8.95	50	20.44	53	0.01	48	0.03	47	0.22	54		
739	41418134	137.80		-0.40	9	-0.32	58	-1.33	51	37.54	53	0.20	48	0.00	48	0.11	19		
740	65116508	137.71	138.04	0.76	51	5.42	57	9.61	52	0.32	54	0.04	49	-0.07	49	0.01	55	420.91	58
741	21116790	137.68	97.87	-0.30	56	5.52	59	14.06	55	-2.95	58	0.03	53	-0.03	53	-0.11	59	-675.56	21
742	41113272	137.58		1.71	51	0.53	64	1.03	59	23.12	60	0.07	57	0.02	56	0.06	55		
743	15618613	137.53	133.03	-0.92	54	0.97	20	18.39	54	4.49	55	-0.02	51	0.04	51	-0.06	56	287.12	7
744	41112926*	137.52	118.04	-1.76	54	2.81	60	7.88	55	19.63	56	0.02	52	0.05	52	-0.09	58	-121.99	55
745	15215405*	137.52		-2.94	52	1.01	59	8.20	54	28.51	55	0.12	51	0.06	50	-0.25	56		
746	13213103	137.45	128.19	0.71	53	-3.82	58	0.69	53	38.96	54	0.01	50	0.11	50	0.13	56	156.13	57
747	36111222	137.42	124.24	-0.03	48	0.41	56	2.31	49	28.04	50	-0.35	46	0.65	45	-0.26	52	48.89	1
748	65116511	137.05		-0.85	58	-1.07	65	6.90	61	27.54	60	0.21	58	-0.08	56	0.18	61		
749	65117560	136.77	130.55	-0.06	55	3.71	32	16.16	56	-3.22	57	-0.02	53	0.01	53	0.00	58	231.89	25
750	21217001	136.67		-0.86	49	0.72	55	1.67	49	30.85	51	0.14	46	0.02	45	0.06	52		
751	41409133	136.55	102.45	0.14	49	4.44	56	-1.48	49	22.01	51	0.12	46	0.03	46	-0.06	53	-532.01	9
752	14116289	136.49		-4.72	48	1.06	54	22.01	47	12.39	50	-0.03	44	-0.02	44	0.01	51		
753	11109009	136.48		0.80	46	-1.53	58	2.04	52	29.57	49	-0.14	45	0.19	43	-0.32	50		
754	13214809	136.43	125.88	0.42	48	-0.01	55	18.29	48	1.06	50	0.02	45	-0.07	45	0.19	52	109.86	54
755	41418130	136.38		-0.09	23	-0.51	61	8.91	56	19.28	57	0.18	53	-0.06	52	0.21	58		
756	21116718	136.37		-0.33	52	0.67	26	13.82	53	9.24	55	-0.07	50	0.08	51	-0.07	57		
	22116021																		
757	21212102	136.29	101.89	-2.84	54	3.29	60	18.96	55	3.83	57	-0.03	53	-0.03	52	-0.09	58	-542.99	17
758	15216704	136.19		0.37	47	0.44	53	0.32	46	28.49	49	0.17	43	-0.02	43	0.08	50		
759	41106245*	136.11		-0.27	47	1.03	8	10.89	7	12.50	8	0.02	7	-0.05	7	0.05	8		

（续）

序号	牛号	CBI	TPI	体型外貌评分		初生重		6月龄重		18月龄重		6~12月龄日增重		12~18月龄日增重		18~24月龄日增重		4%乳脂率校正奶量	
				EBV	r²(%)	EBV	r²(%)	EBV	r²(%)	EBV	r²(%)	EBV	r²(%)	EBV	r²(%)	EBV	r²(%)	EBV	r²(%)
760	41116904	135.95	144.20	-0.32	50	3.91	59	-8.50	53	35.86	55	0.05	49	0.13	49	-0.06	56	618.10	6
761	21216066	135.53		0.95	50	0.68	56	-6.77	50	36.31	52	0.15	47	0.11	46	0.04	53		
762	22215317	135.49		-0.48	51	1.50	57	18.93	51	-1.26	52	-0.11	47	-0.04	46	0.06	53		
763	41217476	135.45		1.05	53	2.16	60	21.55	54	-13.20	55	-0.07	52	0.01	50	0.07	56		
764	15617021 22217003	135.43		2.45	59	-3.81	64	-0.60	60	32.48	60	-0.08	57	0.17	56	-0.32	60		
765	62111159	135.38		0.95	47	0.64	54	1.97	47	22.36	49	0.02	44	0.02	44	0.05	51		
766	15619051	135.34		-0.12	9	3.49	63	16.24	57	-3.78	30	0.08	54	-0.02	28	0.11	29		
767	15615555 22215525	135.23		-0.39	54	4.94	60	9.70	55	3.76	28	-0.06	28	0.00	27	0.00	27		
768	14116409	135.14	134.25	0.84	52	-3.36	58	4.10	52	29.78	55	0.02	50	0.20	50	0.12	56	359.63	17
769	37113612	135.10	90.54	-0.38	53	0.48	59	8.23	54	17.77	55	0.08	51	-0.05	50	0.11	57	-833.48	57
770	15615311 22215111	135.07		-0.54	50	4.79	60	0.65	28	19.04	24	-0.03	23	0.16	22	0.15	15		
771	13317104	134.89		-2.66	30	1.81	34	1.90	53	33.05	38	0.00	51	0.11	37	-0.03	33		
772	22212927	134.78		-0.10	53	-0.89	56	-7.59	50	45.27	52	-0.82	47	0.25	47	-0.05	53		
773	41118210	134.59		-0.03	50	0.14	61	-7.47	55	41.90	56	0.14	52	0.02	51	-0.01	55		
774	53117372	134.47		-0.57	51	3.82	61	8.64	55	8.47	56	0.03	52	0.07	51	-0.09	54		
775	51113192	134.41	125.18	1.06	51	3.84	57	-19.57	51	46.95	53	0.05	48	0.29	48	0.05	54	123.75	18
776	14117208	134.39	112.99	0.35	10	8.59	56	1.51	50	3.54	52	-0.03	47	0.05	46	-0.07	14	-208.91	4
777	13217077	134.35	119.24	0.26	52	1.10	58	0.88	53	24.70	54	0.02	50	0.16	49	-0.34	55	-37.35	14
778	63110407	134.33		0.42	46	6.83	52	-7.29	44	21.89	47	0.31	41	-0.16	41	-0.14	48		
779	41312118	134.29	130.24	-0.43	50	2.37	24	1.82	52	22.45	53	0.09	49	0.03	48	0.08	55	263.98	12
780	41118290	134.10		0.08	53	1.10	62	-1.23	57	28.56	57	0.19	54	-0.03	52	-0.12	57		
781	41118934	133.96	122.03	-1.16	51	-0.33	58	17.63	52	6.95	54	-0.08	49	0.17	49	0.07	20	45.13	5
782	15618205 22218205	133.78		-2.91	49	-0.91	55	23.07	49	6.50	51	0.04	46	0.00	46	-0.01	50		
783	21115760	133.77	130.87	0.30	51	8.20	56	-2.32	50	10.33	53	-0.10	48	0.21	48	-0.17	55	289.56	10

（续）

序号	牛号	CBI	TPI	体型外貌评分		初生重		6月龄重		18月龄重		6~12月龄日增重		12~18月龄日增重		18~24月龄日增重		4%乳脂率校正奶量	
				EBV	r²(%)	EBV	r²(%)	EBV	r²(%)	EBV	r²(%)	EBV	r²(%)	EBV	r²(%)	EBV	r²(%)	EBV	r²(%)
784	15217458	133.76		-0.76	47	-0.23	53	7.73	46	20.73	48	-0.12	43	0.17	42	0.08	50		
785	22212111	133.73		-0.51	53	-0.30	59	-5.65	54	41.27	55	0.25	51	-0.03	51	0.10	56		
786	13217076	133.68	119.95	-0.12	51	-0.27	57	-2.89	51	35.21	53	0.04	48	0.16	47	0.10	54	-7.00	11
787	62114091	133.66	139.57	-0.45	55	-1.15	59	-0.24	54	34.59	55	0.12	51	0.09	50	0.09	56	529.11	11
788	22117111	133.57		-0.52	52	0.26	61	31.64	54	-19.79	55	-0.13	51	-0.10	50	0.19	56		
789	41417176	133.50	128.12	-0.06	17	-2.90	61	12.54	55	17.22	56	-0.01	52	0.00	51	0.10	57	218.87	9
790	21216065	133.44		1.10	48	1.23	54	-6.38	48	31.85	50	0.12	45	0.11	45	0.03	52		
791	53115350	133.42		1.20	50	2.53	60	-17.44	54	45.64	55	0.12	51	0.21	50	0.07	56		
792	15218466	133.34	131.57	1.50	50	0.60	57	4.72	50	14.17	12	-0.02	47	0.05	12	-0.04	12	315.89	5
793	15214107	133.26	115.00	-1.91	56	2.15	61	-1.63	56	33.42	58	0.10	54	0.09	54	-0.05	59	-135.35	13
794	22117019*	133.03		-0.07	55	5.81	63	11.97	58	-5.33	59	-0.04	56	-0.06	55	-0.29	60		
795	41416123	133.03		0.34	55	0.77	61	-5.21	55	33.79	57	0.17	53	0.05	52	0.11	58		
796	36117339	132.87		0.15	23	3.40	61	13.28	54	-2.03	26	-0.20	52	0.02	25	0.02	25		
797	22418111	132.82		0.31	18	2.05	16	4.07	16	15.53	13	-0.22	13	0.04	12	-0.06	13		
798	15618311	132.62		2.00	64	0.84	45	-0.61	62	19.44	62	-0.06	60	0.17	58	-0.06	61		
799	65116525	132.61	128.45	1.10	52	2.53	58	1.68	53	14.83	55	0.05	49	0.03	49	0.09	56	242.78	58
800	15616555 22216655	132.53		-0.79	51	3.89	59	12.39	53	1.46	16	-0.07	18	-0.03	15	-0.03	16		
801	15217172	132.52		-5.87	69	4.86	64	2.69	61	34.15	61	-0.12	58	0.36	57	-0.01	60		
802	65111551	132.52		-0.44	49	-0.58	57	-0.07	50	31.77	52	0.05	47	0.12	47	0.13	53		
803	15618615	132.50	133.38	0.97	54	0.32	21	16.24	55	-2.11	56	-0.10	51	0.03	50	-0.02	55	378.90	10
804	22215511	132.41		-0.31	53	3.01	58	18.32	54	-7.68	56	-0.11	51	-0.01	51	-0.05	57		
805	22119035	132.16		0.11	27	2.65	41	2.82	59	16.16	38	0.02	56	0.08	36	-0.20	37		
806	43110058	132.07	106.97	-1.39	51	1.12	58	3.75	52	24.52	54	0.05	49	0.03	48	0.02	55	-335.22	15
807	41113930*	132.04	137.80	1.03	51	4.58	61	-4.57	55	19.15	57	0.00	53	0.10	52	-0.01	57	507.15	55
808	65111553	132.02		-0.69	49	-1.76	54	-6.49	48	45.67	50	0.04	44	0.22	44	0.05	52		
809	15618101	132.00		-0.07	52	1.40	23	7.27	52	12.90	54	0.04	50	-0.09	49	-0.06	19		
810	51115026	131.82	119.31	-0.81	52	3.89	58	6.38	52	10.49	54	0.03	50	-0.06	50	0.05	56	6.06	9

（续）

序号	牛号	CBI	TPI	体型外貌评分		初生重		6月龄重		18月龄重		6~12月龄日增重		12~18月龄日增重		18~24月龄日增重		4%乳脂率校正奶量	
				EBV	r²(%)	EBV	r²(%)	EBV	r²(%)	EBV	r²(%)	EBV	r²(%)	EBV	r²(%)	EBV	r²(%)	EBV	r²(%)
811	15616665	131.75		-0.92	53	-1.71	59	29.14	54	-10.59	25	-0.09	24	-0.04	24	0.06	24		
	22216669																		
812	13214235	131.74	152.47	0.05	50	-0.43	57	17.40	51	0.94	53	0.03	48	-0.11	47	0.19	54	912.92	55
813	41215412	131.64	111.91	-0.42	48	4.67	56	4.07	49	10.44	50	0.05	46	-0.01	44	0.03	51	-193.21	44
814	21216039	131.56	108.51	0.73	53	1.84	59	-0.67	54	20.95	56	0.08	51	0.09	51	-0.02	57	-284.81	56
815	41117210	131.54		-0.14	54	1.61	64	2.31	59	20.17	60	0.08	57	0.05	56	0.08	61		
816	41118282	131.48		0.79	54	0.09	64	4.97	60	16.26	60	0.09	57	0.02	56	-0.11	61		
817	22117059	131.25		0.25	54	6.93	63	15.87	59	-17.32	60	0.00	56	-0.20	55	0.32	60		
818	22110027*	131.21		0.43	11	1.07	14	2.70	14	18.45	13	-0.04	13	0.06	13	0.04	13		
819	41113274	131.20		2.10	51	-0.05	67	4.58	62	11.91	60	-0.06	58	0.09	56	0.11	54		
820	36113007	131.13	134.85	0.15	49	0.12	55	11.43	49	8.09	51	0.05	46	-0.09	46	-0.08	52	441.70	13
821	15218841	131.10	135.18	0.55	54	3.77	61	-3.52	56	20.68	28	0.15	54	0.06	26	-0.06	27	451.22	12
822	51113188	131.02	128.36	-0.37	48	4.40	55	-6.59	48	27.43	50	-0.01	45	0.20	45	-0.11	52	266.25	5
823	15418512	130.91	126.17	-1.56	52	6.05	62	-1.45	56	19.39	29	0.05	54	0.07	27	-0.11	28	208.14	6
824	53115351*	130.81		1.75	51	1.04	62	-10.09	57	33.43	56	0.08	53	0.12	51	-0.05	56		
825	15410886	130.73		1.01	49	1.53	63	0.57	58	17.96	60	0.00	56	0.05	56	-0.04	53		
826	41109246	130.65	118.35	1.59	54	2.38	62	6.29	57	4.24	58	-0.01	55	0.02	54	0.05	60	-1.14	11
827	53115352	130.60		0.19	50	0.04	58	-11.60	52	44.38	54	0.11	49	0.23	49	0.07	55		
828	42113075	130.49		1.15	52	-3.08	58	-3.40	52	35.75	53	0.04	49	0.15	47	-0.11	54		
829	41215411	130.32	105.14	-0.16	48	5.87	58	2.00	52	8.40	51	0.10	48	-0.09	45	-0.07	51	-356.48	44
830	65111555	130.19		-0.08	47	-1.53	60	-7.10	46	42.09	48	0.02	43	0.24	42	0.08	50		
831	41112944	129.89	116.44	2.76	53	2.16	60	2.04	54	6.39	56	0.05	50	0.02	50	0.02	57	-40.73	57
832	13214145	129.80	126.99	0.40	48	-0.93	55	15.62	48	2.03	50	0.03	45	-0.07	45	-0.03	52	248.75	54
833	15213505*	129.74		-2.44	51	7.34	58	-6.79	52	26.90	53	0.11	48	0.03	48	0.03	55		
834	41118298	129.70		-0.03	49	1.89	63	11.74	58	2.36	57	-0.02	55	0.01	52	-0.14	25		
835	42113095	129.66		0.10	55	0.33	64	4.34	60	17.73	61	0.02	58	0.08	57	0.11	56		
836	62115101	129.56		0.11	49	2.55	55	-14.00	49	41.00	50	0.10	45	0.15	45	0.22	52		
837	41117938	129.56	127.18	-0.12	53	1.77	58	-3.96	52	27.93	54	0.14	49	-0.03	49	0.02	56	257.96	12

（续）

序号	牛号	CBI	TPI	体型外貌评分		初生重		6月龄重		18月龄重		6~12月龄日增重		12~18月龄日增重		18~24月龄日增重		4%乳脂率校正奶量	
				EBV	r²(%)	EBV	r²(%)	EBV	r²(%)	EBV	r²(%)	EBV	r²(%)	EBV	r²(%)	EBV	r²(%)	EBV	r²(%)
838	15218720	129.49		0.52	55	-1.32	60	7.98	53	14.51	53	0.09	51	-0.12	47	0.12	49		
839	41117946	129.47	122.84	-0.34	52	0.30	59	9.29	52	11.48	54	0.07	50	-0.06	49	-0.06	55	140.97	10
840	41116908	129.44	112.43	-0.12	53	6.16	61	-10.04	55	25.89	56	0.09	52	0.16	51	0.06	57	-143.04	10
841	41217455	129.33	112.97	1.00	51	2.01	18	-13.80	51	38.40	53	-0.06	48	0.07	48	0.11	54	-126.36	5
842	53118373	129.07		-0.22	52	2.40	60	-3.61	54	25.65	55	-0.02	51	0.21	50	-0.14	21		
843	22215139	129.01		-0.73	51	4.90	60	7.12	55	3.88	55	-0.05	51	0.04	50	-0.24	56		
844	65111564	128.53		-0.96	50	-2.00	55	-8.35	48	47.29	51	-0.02	45	0.29	45	0.07	52		
845	41118946	128.48		0.37	48	-2.31	55	6.21	48	19.66	50	-0.01	45	0.07	44	0.02	7		
846	22217611	128.48	127.25	-0.59	54	1.55	26	30.19	54	-25.09	55	-0.16	51	-0.04	51	-0.02	19	277.58	10
847	37110035*	128.44	116.96	-0.11	17	0.69	21	3.42	52	18.03	54	0.03	50	0.08	49	-0.22	55	-2.75	7
848	65116526	128.41	146.29	0.37	52	-0.59	57	4.67	52	17.50	54	0.06	48	0.06	48	0.07	55	798.72	58
849	15410824	128.37		0.96	50	3.32	55	-7.99	49	24.98	52	0.09	46	0.01	46	0.06	53		
850	15619011	128.31		-0.06	54	2.06	41	15.63	40	-5.43	40	-0.04	39	-0.04	38	0.06	40		
851	22119013	128.28		0.30	24	2.95	63	13.09	60	-5.17	40	0.07	57	0.01	38	-0.03	38		
852	21211104	128.22	120.98	-1.40	52	2.90	59	5.57	53	13.55	54	0.03	50	0.01	49	-0.09	55	110.36	11
853	15206002*	128.08		-2.13	46	2.21	53	3.58	46	21.29	49	0.02	43	0.07	43	-0.09	50		
854	41118280	128.07		-0.34	55	-0.20	64	8.42	59	12.96	60	0.04	57	0.05	56	-0.17	58		
855	22216647*	128.07		0.08	51	0.32	59	12.27	53	3.80	15	-0.02	17	-0.04	14	0.00	15		
856	22218053	128.02		1.88	24	1.94	38	-5.21	37	20.32	34	-0.05	35	0.19	32	-0.11	19		
857	62111150	127.95		1.29	48	0.57	53	-2.00	46	21.08	48	0.06	43	0.05	42	0.02	50		
858	22218627	127.78		-0.15	6	-0.46	6	15.20	6	1.85	5	-0.07	4	0.01	4	0.03	5		
859	15215731*	127.77		0.52	19	4.76	63	-11.53	59	28.01	59	0.35	56	-0.08	55	-0.02	60		
860	41115274	127.76		-0.09	49	1.57	58	-3.57	52	26.14	54	0.03	49	0.07	49	0.14	55		
861	22418123	127.74		0.03	12	1.16	11	6.28	10	11.04	7	0.03	10	-0.02	7	-0.03	7		
862	22118095	127.65		0.14	16	3.10	34	5.41	57	6.76	57	-0.04	54	0.06	52	-0.14	30		
863	15417501	127.53	112.04	0.46	54	0.14	59	-4.71	53	29.42	56	0.13	51	-0.01	50	0.13	55	-122.24	11
864	11109003*	127.44		0.48	50	-1.18	52	4.18	46	18.59	48	-0.14	43	0.01	42	-0.30	50		
865	22316142	127.35	111.21	0.14	1	2.25	53	-10.70	2	34.44	48	0.02	2	0.22	42	-0.11	50	-141.96	1

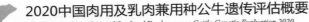

（续）

序号	牛号	CBI	TPI	体型外貌评分		初生重		6月龄重		18月龄重		6～12月龄日增重		12～18月龄日增重		18～24月龄日增重		4%乳脂率校正奶量	
				EBV	r²(%)	EBV	r²(%)	EBV	r²(%)	EBV	r²(%)	EBV	r²(%)	EBV	r²(%)	EBV	r²(%)	EBV	r²(%)
866	21116722	127.24	120.15	0.25	7	0.12	58	-3.87	52	28.70	54	-0.02	49	0.34	49	-0.03	54	103.89	2
867	65111565	127.21		-0.04	52	-2.16	60	-5.89	55	39.06	56	0.06	52	0.16	51	0.10	56		
868	53116354	127.09		0.11	49	2.53	60	-13.77	53	38.52	55	0.08	50	0.17	49	-0.02	55		
869	15617935 22217335	127.01	126.72	-5.05	67	0.97	20	25.61	54	-0.10	56	-0.10	52	0.05	51	0.01	57	287.12	7
870	11116919*	126.98		-1.28	58	-0.90	65	10.08	60	14.89	60	0.25	58	-0.13	56	0.22	61		
871	41217463	126.95		1.04	53	1.04	58	-5.25	52	25.11	54	-0.02	50	-0.07	49	0.20	56		
872	15218842	126.89	118.77	-0.44	51	4.57	61	-4.14	56	19.71	26	0.19	53	-0.01	24	0.04	25	72.08	6
873	63110612	126.89		0.18	46	4.40	52	-1.20	1	13.06	7	0.00	1	0.01	1	0.11	7		
874	62111166	126.88		0.79	57	-1.60	63	1.78	58	21.80	59	0.06	56	-0.04	55	-0.08	59		
875	41409165	126.68		-0.09	46	1.74	53	-2.01	46	22.29	48	0.14	43	-0.01	42	-0.10	50		
876	15216702	126.36	123.79	-0.75	49	0.31	54	-8.18	48	38.16	51	0.09	45	0.15	45	0.05	52	217.81	1
877	41316906 41116906	126.35	110.25	-0.37	52	5.98	59	-7.90	53	21.24	54	0.08	50	0.14	49	0.14	20	-151.89	7
878	14111013	126.34	107.77	-0.71	51	0.40	57	5.07	51	16.62	53	-0.03	48	0.08	47	-0.06	54	-219.38	8
879	15214210*	126.26		-0.38	14	5.90	58	4.64	52	1.39	53	0.02	49	0.00	47	0.19	54		
880	11117987	126.17		0.35	50	3.90	57	-2.02	51	14.41	53	0.11	48	0.30	47	0.06	54		
881	41118906	126.13	122.66	-0.88	53	1.77	61	1.61	55	19.00	56	0.08	52	-0.02	51	-0.13	57	190.58	15
882	11116921*	126.13		-1.89	58	0.55	65	17.28	60	1.18	60	0.20	58	-0.19	56	0.23	61		
883	41112950	125.97	120.52	1.85	52	0.77	58	5.41	52	4.79	54	0.02	49	0.01	49	-0.03	55	134.95	57
884	41217475	125.88		0.45	53	2.13	60	16.31	54	-10.78	55	0.00	52	-0.03	50	0.05	57		
885	11119712	125.71	119.58	-1.70	48	-1.77	55	13.14	48	12.84	8	0.07	45	0.04	8	-0.08	8	113.49	5
886	41409195	125.70	114.06	0.43	54	1.95	59	0.67	54	14.58	55	0.08	51	0.05	50	-0.01	57	-37.35	14
887	11116911*	125.68		-1.99	50	-0.27	59	15.56	54	6.11	52	0.14	50	-0.07	46	0.20	53		
888	51113191	125.47	114.21	-0.26	48	2.85	54	-15.43	48	40.33	50	-0.01	45	0.31	44	0.12	52	-29.39	12
889	41415156	125.44		-0.61	48	2.28	54	-2.82	48	23.05	50	0.10	45	0.06	44	0.09	52		
890	15218468	125.44	126.58	0.60	48	0.77	55	5.81	48	8.58	7	-0.01	45	0.03	7	-0.05	7	308.98	5
891	15215422	125.38	129.34	-1.47	54	1.66	59	4.20	54	16.82	55	-0.04	51	0.08	50	-0.24	56	385.49	11

（续）

序号	牛号	CBI	TPI	体型外貌评分		初生重		6月龄重		18月龄重		6~12月龄日增重		12~18月龄日增重		18~24月龄日增重		4%乳脂率校正奶量	
				EBV	r²(%)	EBV	r²(%)	EBV	r²(%)	EBV	r²(%)	EBV	r²(%)	EBV	r²(%)	EBV	r²(%)	EBV	r²(%)
892	41115286	125.21		-0.16	54	3.10	64	0.80	60	13.18	60	0.06	57	0.07	56	-0.02	61		
893	22218905	125.17		-0.37	11	0.46	10	11.98	9	3.12	5	-0.03	5	0.02	4	0.01	4		
894	15215608	125.15	113.74	-0.60	53	0.84	59	-7.12	53	33.44	55	0.10	51	0.10	50	-0.28	57	-36.89	14
895	15218708	124.90		1.19	50	-3.63	62	-9.33	56	41.59	58	0.14	54	0.13	53	-0.11	54		
896	22217326	124.83	125.41	-4.57	66	1.24	20	26.61	52	-6.21	54	-0.10	50	-0.04	49	-0.04	20	287.12	7
897	13216087	124.82	113.52	0.19	52	1.59	58	-3.99	52	23.10	54	0.02	50	0.18	49	-0.34	55	-37.35	14
898	15215509	124.74	113.48	0.44	53	0.90	61	-0.01	55	17.53	55	0.11	52	0.04	50	-0.01	56	-37.35	14
899	41316924 41116924	124.68	113.39	-0.59	11	0.59	58	-0.62	52	23.30	19	0.03	19	0.02	18	0.00	18	-38.57	5
900	15615329 22215129	124.32	93.37	0.64	50	2.62	60	9.02	54	-2.54	20	0.07	19	-0.01	18	-0.20	20	-579.54	55
901	15214507	124.30	115.13	-3.05	56	0.80	61	3.46	56	25.51	58	0.07	54	0.06	53	-0.04	59	14.97	12
902	11116910*	124.08		-1.75	58	-0.68	65	18.76	61	-0.23	61	0.17	58	-0.17	57	0.25	61		
903	15210417*	124.03		-0.04	10	0.42	13	0.24	12	19.66	11	0.02	12	0.08	9	0.05	9		
904	36117998	123.94		-0.51	24	2.80	59	13.20	54	-5.57	26	-0.16	51	-0.04	24	0.09	26		
905	22216401	123.94		-0.13	51	-0.27	57	34.63	51	-33.09	52	-0.26	52	-0.08	47	0.48	54		
906	15216542	123.92		0.16	52	-2.36	58	18.98	51	-3.75	53	-0.16	48	-0.08	48	-0.12	55		
907	15615355 22215145	123.79		-0.75	51	3.29	60	18.33	55	-14.23	22	-0.07	22	0.03	21	-0.09	21		
908	41108252*	123.77	79.87	-0.60	25	1.91	62	17.47	57	-9.79	58	-0.10	54	-0.05	54	0.02	59	-939.14	56
909	11119715	123.70	110.31	-2.25	48	-0.97	56	19.23	49	1.40	9	0.02	9	0.02	9	-0.02	10	-106.95	5
910	41115290	123.68		-0.48	54	0.79	60	-0.03	55	20.55	56	0.04	53	0.05	52	-0.08	57		
911	36117104	123.67		-0.89	21	-1.09	59	5.74	53	17.90	23	0.00	23	0.04	22	0.02	22		
912	63110733	123.62		1.36	47	5.36	53	-9.36	47	16.06	49	0.12	44	0.02	43	-0.11	51		
913	41217472	123.59		-0.22	53	0.75	25	18.91	54	-10.66	55	-0.01	51	-0.04	50	0.06	56		
914	41409166	123.54		-0.08	47	0.83	53	2.29	46	15.03	48	0.10	43	-0.04	42	0.06	50		
915	15410900	123.50		0.41	52	0.54	57	-14.78	51	41.07	54	0.08	48	0.16	48	0.01	55		
916	65111554	123.46		0.21	50	-1.59	57	-9.90	51	39.69	53	0.02	48	0.27	48	0.11	54		

（续）

序号	牛号	CBI	TPI	体型外貌评分		初生重		6月龄重		18月龄重		6~12月龄日增重		12~18月龄日增重		18~24月龄日增重		4%乳脂率校正奶量	
				EBV	r²(%)	EBV	r²(%)	EBV	r²(%)	EBV	r²(%)	EBV	r²(%)	EBV	r²(%)	EBV	r²(%)	EBV	r²(%)
917	41110262·	123.39	95.48	-1.21	54	1.42	59	10.00	54	5.45	56	0.02	51	-0.02	51	0.09	57	-506.68	16
918	41118278	123.36		-0.29	53	-1.50	62	7.13	56	14.14	56	-0.02	53	0.10	51	-0.07	56		
919	41217464	123.31		1.77	52	2.48	57	-13.02	51	27.67	53	-0.06	49	-0.02	48	0.12	55		
920	41217457	123.18		1.06	52	1.32	57	-6.96	52	23.74	54	-0.01	49	-0.06	49	0.15	55		
921	13207009	123.02		-2.07	47	-0.31	53	-17.23	47	56.47	49	0.02	44	0.32	43	-0.34	51		
922	14117115	123.02		0.41	6	5.87	54	-6.18	48	12.85	50	0.12	45	-0.08	44	-0.07	52		
923	15617930 22217330	122.94	124.28	-5.93	66	1.18	20	28.44	53	-5.31	54	-0.13	50	0.04	50	0.04	56	287.12	7
924	41217461	122.79		1.73	51	0.03	57	-12.88	51	33.63	53	-0.01	48	-0.05	48	0.18	55		
925	41317054	122.71	123.85	1.06	48	1.09	55	-0.57	49	13.75	51	0.00	46	0.11	45	-0.14	52	279.10	6
926	14115303	122.50	118.26	3.30	50	-4.32	56	-11.21	49	36.08	52	0.08	46	0.08	46	-0.02	54	129.91	5
927	15615327 22215127	122.45	127.02	-0.90	51	-0.78	59	13.53	54	3.63	19	0.03	18	0.02	17	-0.04	17	369.93	55
928	41218480	122.42		-1.68	66	0.39	59	16.15	54	-0.64	55	0.06	50	-0.01	48	0.03	56		
929	41410111	122.36	113.50	-0.53	55	4.93	60	12.42	55	-11.27	57	-0.06	53	-0.06	52	-0.04	58	2.34	8
930	37110041	122.13	117.94	0.56	56	7.58	62	17.41	57	-30.69	59	-0.17	55	-0.08	55	-0.08	60	127.14	20
931	15418511	122.09	122.67	-0.29	50	1.62	60	-6.94	53	27.22	23	0.11	50	0.02	20	-0.04	21	257.18	7
932	42106242	121.89		-0.77	52	1.24	25	4.75	24	11.27	24	-0.01	23	-0.01	23	0.05	23		
933	15215421·	121.66		-1.12	51	-0.66	59	6.18	53	15.19	54	0.05	50	-0.11	49	0.00	55		
934	21116723	121.64	123.34	-0.94	15	1.01	59	-4.91	54	27.71	56	0.04	51	0.36	51	0.22	56	282.74	4
935	15617765 22217763	121.60		-1.76	56	2.99	61	7.91	58	5.22	59	0.02	34	0.09	54	-0.08	58		
936	41213429· 64113429	121.56	111.37	1.82	53	-0.96	58	8.00	53	1.52	55	-0.01	50	-0.01	50	-0.10	56	-42.72	16
937	41118262	121.13		-0.05	54	0.68	62	-2.05	56	20.12	30	0.11	53	0.13	27	-0.03	30		
938	41113260	120.73	122.29	2.43	54	0.07	65	-6.52	60	18.84	61	0.12	58	0.11	57	0.03	62	268.91	57
939	22417203	120.69	93.84	-0.79	24	1.92	23	7.77	22	3.69	22	-0.02	22	-0.01	22	0.01	22	-507.26	16
940	15208603·	120.67	116.71	-2.49	48	-1.51	56	8.07	50	18.90	52	-0.08	47	0.15	46	0.04	53	117.56	1

（续）

（续）

序号	牛号	CBI	TPI	体型外貌评分		初生重		6月龄重		18月龄重		6~12月龄日增重		12~18月龄日增重		18~24月龄日增重		4%乳脂率校正奶量	
				EBV	r²(%)	EBV	r²(%)	EBV	r²(%)	EBV	r²(%)	EBV	r²(%)	EBV	r²(%)	EBV	r²(%)	EBV	r²(%)
941	15214516	120.66	107.44	-2.91	56	2.15	61	3.33	56	18.40	58	0.03	54	0.05	54	-0.01	59	-135.35	13
942	15615313	120.56		-0.85	50	3.80	58	-6.66	25	21.85	23	0.00	22	0.16	22	0.30	22		
	22215113																		
943	22217769	120.54		-0.38	52	8.02	58	18.81	52	-31.82	54	-0.30	49	0.05	49	-0.01	54		
944	65111550	120.54		-0.18	50	-0.04	56	-15.62	49	43.66	52	0.03	46	0.24	46	0.11	53		
945	41112940*	120.21	120.94	1.54	49	1.35	57	-0.81	50	9.34	52	0.06	47	0.01	46	0.00	53	240.72	56
946	15216701	120.07	114.21	-0.08	48	2.30	54	-11.14	48	29.51	50	0.08	44	0.14	44	0.04	52	59.11	1
947	11109006*	119.98		0.75	47	-0.66	58	-10.19	52	32.53	49	-0.07	45	0.08	43	-0.23	51		
948	53117370	119.72		0.55	53	-0.77	62	-0.73	57	18.30	56	0.12	52	-0.03	51	-0.08	57		
949	53112278	119.60		0.22	49	2.30	60	2.64	54	5.98	55	-0.03	51	0.04	50	-0.21	56		
950	13208012*	119.54		-1.43	47	-0.68	53	-15.72	47	49.51	49	0.00	44	0.31	43	-0.32	51		
951	65116510	119.52		-0.71	46	-0.56	56	3.42	49	15.88	48	0.04	46	-0.01	42	0.13	50		
952	65116527	119.39	152.24	1.21	52	-2.39	57	2.73	52	14.19	54	0.07	49	-0.01		0.10	55	1108.80	58
953	15214813	119.30		0.77	47	0.91	54	-1.53	47	13.92	49	0.07	44	0.01	43	-0.13	51		
954	15611345	119.27		1.62	50	-2.27	59	-8.65	53	30.33	52	0.16	48	0.05	47	0.18	53		
	22211145																		
955	22115051*	119.23		0.56	17	1.35	25	6.89	24	0.06	21	-0.03	21	0.01	20	0.02	21		
956	41413189	119.21		-1.21	53	1.35	50	4.49	41	10.76	44	-0.09	37	0.03	37	-0.07	46		
957	41108248*	119.17	90.18	1.29	23	1.77	61	5.22	56	-1.30	58	-0.06	53	0.02	53	0.00	59	-582.24	54
958	15216703	119.06	113.73	-0.96	48	0.54	6	-2.96	48	23.69	50	0.06	44	0.09	44	0.10	52	62.57	1
959	62116111	118.90	123.02	0.47	55	2.37	59	-8.33	54	21.70	56	0.03	52	0.12	51	0.02	27	318.93	13
960	11116922*	118.84		-1.58	58	1.28	65	14.88	60	-4.48	60	0.18	58	-0.18	56	0.22	61		
961	41217462	118.76		0.97	51	3.61	56	-13.52	50	24.62	52	-0.09	47	0.00	47	0.14	54		
962	15208129*	118.70		0.19	5	0.91	6	1.72	5	10.48	5	0.07	5	-0.02	5	0.03	5		
963	22117075	118.70		-0.02	53	0.68	62	29.53	58	-32.46	58	-0.15	55	-0.21	54	0.11	59		
964	41413103	118.54		0.36	54	1.06	60	-1.43	54	14.25	56	0.05	51	0.05	51	0.00	57		
965	36113005	118.49	113.03	-0.69	48	-0.01	54	9.12	47	4.32	49	0.07	44	-0.09	44	-0.10	51	52.83	6
966	41109238	118.47	122.87	1.48	54	0.21	60	1.34	55	7.68	56	0.04	52	0.06	52	0.14	58	321.96	16

（续）

序号	牛号	CBI	TPI	体型外貌评分		初生重		6月龄重		18月龄重		6~12月龄日增重		12~18月龄日增重		18~24月龄日增重		4%乳脂率校正奶量	
				EBV	r²(%)	EBV	r²(%)	EBV	r²(%)	EBV	r²(%)	EBV	r²(%)	EBV	r²(%)	EBV	r²(%)	EBV	r²(%)
967	41415196	118.47	137.95	0.37	50	3.30	57	-1.69	50	8.66	52	0.06	47	0.02	47	-0.06	54	733.75	55
968	15206005*	118.43		-1.11	49	-0.92	56	22.32	50	-12.71	52	-0.17	47	-0.05	46	-0.07	53		
969	41116912	118.41	114.72	0.15	51	5.52	60	-11.64	54	19.44	56	0.05	51	0.06	51	-0.10	57	100.34	9
970	41409175*	118.35		-0.02	52	2.27	54	-1.64	47	12.72	49	0.22	44	-0.10	43	0.11	51		
971	41118268	118.23	119.97	-1.48	51	-0.68	62	-0.47	57	24.24	28	0.12	54	0.08	25	-0.06	28	246.56	5
972	37115675	118.17		1.73	51	-3.73	59	-10.58	53	35.87	54	0.11	50	0.12	49	-0.01	55		
973	13205007*	118.14		-1.41	46	-0.17	53	-22.07	47	57.04	49	0.02	44	0.36	43	-0.36	50		
974	22418147	118.11	109.50	-0.32	20	0.62	22	7.16	22	4.03	20	0.06	21	0.01	20	0.02	20	-37.35	14
975	41110906*	117.96	112.87	0.00	54	3.21	60	16.02	54	-18.36	56	-0.04	52	-0.12	51	0.17	57	57.09	6
976	15215324	117.95		-0.09	56	2.55	64	6.87	60	-1.66	61	0.01	58	-0.02	57	-0.06	62		
977	21113727	117.92		0.59	51	-1.01	39	1.70	38	13.32	37	0.01	37	0.02	36	-0.15	18		
978	22116019	117.85		0.75	53	6.09	62	14.71	57	-26.91	58	0.02	55	-0.16	53	0.49	59		
979	41212448 64112448	117.84	102.03	2.31	52	2.56	59	-8.29	53	13.03	55	0.17	50	0.06	50	-0.17	56	-236.80	18
980	22418125	117.72		-0.29	12	1.23	18	5.84	17	4.03	9	-0.01	11	-0.03	8	-0.01	9		
981	63110329	117.68		-1.46	46	6.63	52	-2.68	4	7.84	5	0.10	4	-0.05	4	-0.04	5		
982	21211105	117.66	92.70	-2.27	54	-0.23	61	17.58	55	-3.16	57	-0.07	53	-0.04	53	-0.05	57	-488.63	17
983	43118108	117.41		-0.09	24	5.77	60	-17.79	55	28.65	54	0.04	52	0.04	52	0.01	57		
984	41107209	117.37		0.26	48	2.17	57	7.37	50	-3.35	52	-0.09	47	-0.02	47	0.16	54		
985	36113001	117.32	147.68	-0.96	47	-0.49	54	8.78	48	6.19	49	0.05	44	-0.07	44	-0.10	51	1018.21	41
986	41414150	117.18		0.14	54	3.05	60	-3.02	54	11.22	56	0.08	51	0.00	51	0.05	57		
987	36117331	117.15		-1.17	16	1.01	59	-9.01	54	31.23	22	-0.12	51	0.08	21	0.06	18		
988	21216091	117.04	108.49	-1.09	53	0.68	58	1.60	52	14.79	49	-0.04	49	0.14	49	-0.18	55	-47.26	56
989	21214018	117.03		-1.35	52	1.99	60	-3.79	54	20.93	56	0.06	52	0.13	51	0.05	57		
990	41413149	117.02	116.41	-0.88	50	0.44	56	3.71	52	11.25	52	0.01	47	-0.01	46	0.09	53	169.27	7
991	65116516	117.02	150.45	0.94	53	-2.23	58	0.31	53	16.64	56	0.05	50	0.05	50	0.16	56	1098.94	58
992	41110294	117.01		1.66	47	2.23	54	1.08	48	0.78	49	0.15	45	-0.09	43	-0.02	51		
993	36117111	116.92		-0.51	24	-0.28	59	14.47	54	-5.57	26	-0.20	51	-0.04	24	0.09	26		

（续）

序号	牛号	CBI	TPI	体型外貌评分		初生重		6月龄重		18月龄重		6~12月龄日增重		12~18月龄日增重		18~24月龄日增重		4%乳脂率校正奶量	
				EBV	r^2(%)	EBV	r^2(%)	EBV	r^2(%)	EBV	r^2(%)	EBV	r^2(%)	EBV	r^2(%)	EBV	r^2(%)	EBV	r^2(%)
994	15618941	116.78		-0.56	48	4.65	59	10.13	56	-11.61	27	-0.05	53	0.03	25	-0.01	25		
	22218941																		
995	41418184	116.72	90.42	-0.77	26	1.12	60	7.33	55	2.96	56	0.07	53	-0.05	52	0.24	58	-535.58	18
996	41105226*	116.42		0.52	47	0.62	56	11.91	49	-8.31	51	-0.14	47	0.00	46	0.15	53		
997	41312116	116.41	73.70	-1.11	54	2.71	59	-6.77	54	22.29	56	0.07	52	0.06	51	0.10	57	-987.05	18
998	15215803*	116.36		-1.71	52	-0.72	60	2.83	55	18.38	56	0.07	51	0.02	51	-0.16	57		
999	15210101	116.29		1.53	47	10.43	54	9.66	47	-34.78	49	-0.07	44	-0.14	43	0.21	51		
1000	41409172	116.29		-0.70	46	0.97	53	-2.58	46	18.50	48	0.19	43	-0.02	42	0.00	50		
1001	15410827	116.24		0.43	48	2.40	52	-11.91	44	25.13	47	0.11	41	0.05	41	0.01	49		
1002	22217333	116.21		-0.30	52	5.50	23	13.82	53	-21.27	54	-0.03	21	-0.12	49	0.05	55		
1003	65111549	116.12		-1.24	51	-1.40	57	-2.97	50	27.36	53	0.06	47	0.16	47	0.12	53		
1004	41217467	116.08		1.51	51	2.10	57	-11.06	51	20.23	53	-0.02	48	-0.06	48	0.17	54		
1005	22211136	116.04		0.81	47	-0.91	53	-10.08	46	29.37	49	0.16	43	0.07	42	0.22	50		
1006	41117270	116.03		-1.32	52	0.94	59	11.59	53	-1.84	55	-0.11	50	-0.01	50	0.29	55		
1007	41215415	116.00	110.07	-0.17	47	1.95	54	-0.62	47	10.47	50	0.02	44	0.07	44	-0.03	51	12.80	46
1008	22117087	115.97		-0.67	56	10.68	64	13.22	58	-32.78	59	0.05	56	-0.23	56	0.39	60		
1009	41117224*	115.88		-0.99	67	-0.18	64	0.94	59	16.71	60	0.09	56	0.00	55	-0.04	34		
1010	15217517	115.84	108.76	2.04	49	-2.84	58	-8.23	52	26.53	54	0.11	49	0.03	48	-0.08	55	-20.18	8
1011	36109927	115.65		0.54	46	-0.30	53	15.33	46	-12.11	48	0.05	42	-0.22	42	-0.02	49		
1012	41117902	115.64	112.48	0.64	50	0.49	16	-12.20	50	29.34	52	0.20	47	-0.01	46	-0.12	54	84.52	1
1013	13214247*	115.59	122.90	-0.30	50	0.89	57	8.91	51	-1.78	53	0.08	48	-0.13	47	0.15	54	369.84	55
1014	41409178*	115.56		0.36	47	0.68	53	-4.02	47	16.79	49	0.15	43	-0.01	43	-0.14	51		
1015	15215609	115.30		-0.53	50	-0.58	59	3.79	53	10.94	53	0.02	49	0.00	48	-0.27	54		
1016	41114264	115.29		0.60	51	2.15	63	0.50	58	4.51	59	0.06	56	-0.07	55	-0.08	60		
1017	41118938	115.28	105.28	-1.12	51	2.05	60	0.39	53	11.69	55	0.07	49	-0.04	48	-0.02	21	-106.12	9
1018	21116724	115.18	109.19	-0.15	13	0.23	56	-7.88	50	25.79	52	0.02	47	0.15	47	-0.06	53	2.28	5
1019	22218109	115.02	85.55	-1.27	13	-2.43	14	13.70	12	2.65	13	-0.05	12	-0.01	12	0.00	13	-640.71	7
1020	41212450	115.01	108.04	2.27	52	-0.82	58	-5.15	53	14.64	54	0.14	50	0.01	49	-0.15	56	-26.46	16

（续）

序号	牛号	CBI	TPI	体型外貌评分 EBV	r²(%)	初生重 EBV	r²(%)	6月龄重 EBV	r²(%)	18月龄重 EBV	r²(%)	6~12月龄日增重 EBV	r²(%)	12~18月龄日增重 EBV	r²(%)	18~24月龄日增重 EBV	r²(%)	4%乳脂率校正奶量 EBV	r²(%)
	64112450																		
1021	21117730	115.00		0.11	15	-4.24	59	10.74	54	6.76	56	-0.02	52	0.07	51	-0.07	56		
1022	22218127	114.99		0.00	10	0.66	24	9.48	23	-3.76	17	0.02	21	0.01	14	-0.01	16		
1023	13213101	114.96	115.51	0.33	53	1.02	58	-2.65	53	13.30	54	0.04	50	0.02	50	0.09	56	178.55	57
1024	41114232	114.92		1.16	53	-0.38	63	-9.85	58	25.20	59	-0.01	55	0.14	54	-0.04	60		
1025	41217474	114.83		1.22	50	0.07	59	7.45	53	-3.85	53	0.02	50	-0.04	47	0.06	54		
1026	51111132	114.82		1.29	47	8.51	53	3.98	46	-20.95	49	-0.05	43	0.01	43	0.25	50		
1027	15410858	114.64		-0.18	48	3.29	55	-11.87	48	23.72	50	0.12	45	0.04	44	0.04	50		
1028	15212132	114.61	124.92	2.09	52	-0.30	58	-0.95	52	6.93	54	0.02	49	0.02	49	-0.02	55	441.17	12
1029	65111548	114.53		-1.06	48	-2.55	54	-8.75	47	37.54	50	-0.01	44	0.23	44	0.06	51		
1030	63110889	114.44	108.67	-1.89	48	5.00	49	-1.96	1	9.86	2	-0.01	1	0.02	1	0.08	2	0.00	11
1031	41215406	114.42	103.55	-0.29	55	-1.36	60	2.35	55	13.58	56	0.10	53	0.03	52	0.07	57	-139.21	18
	64115318																		
1032	15618943	114.37		1.02	51	0.09	61	4.64	57	0.95	29	-0.17	30	0.06	27	-0.11	27		
	22118051																		
1033	41118226	114.29	113.79	-0.48	51	2.03	60	-8.21	54	22.11	56	0.09	52	0.01	51	-0.06	57	142.50	5
1034	41112952	114.07	135.49	2.13	52	0.36	61	-1.34	55	5.18	56	-0.02	52	0.06	52	0.03	58	738.72	55
1035	15618075	114.00		-0.39	22	-1.24	37	1.10	58	15.28	58	0.08	55	0.04	53	0.03	33		
	22118075																		
1036	41112936*	113.84	120.40	-1.77	55	1.99	62	11.79	57	-5.08	58	0.02	54	-0.04	53	0.03	59	330.20	58
1037	22417139	113.78		-0.89	48	1.41	8	1.31	8	9.68	8	0.01	7	0.03	7	-0.07	8		
1038	15417509	113.69	117.50	-0.91	52	2.45	59	-13.79	54	31.02	23	0.15	49	0.06	18	0.01	23	253.72	10
1039	22216521	113.66		0.38	48	3.24	58	-2.35	53	5.63	7	-0.03	49	-0.02	7	-0.03	7		
1040	21113725	113.51	135.83	1.58	53	2.16	24	6.69	23	-10.73	55	0.01	22	-0.02	50	0.02	56	757.01	45
1041	37110631	113.44	94.51	1.49	56	-1.58	62	11.43	57	-8.13	59	-0.01	55	-0.08	55	0.06	60	-369.99	55
1042	22217343	113.31		-0.37	46	0.14	53	26.36	46	-29.34	48	-0.22	43	-0.08	42				
1043	41115298	113.24		0.30	54	2.21	68	-5.00	61	12.53	60	0.08	56	0.00	55	0.17	60		
1044	15218665	113.21	112.13	1.80	50	1.54	57	-11.85	50	19.33	13	0.16	47	0.00	12	-0.09	13	114.74	6

（续）

序号 牛号	CBI	TPI	体型外貌评分		初生重		6月龄重		18月龄重		6~12月龄日增重		12~18月龄日增重		18~24月龄日增重		4%乳脂率校正奶量	
			EBV	r²(%)	EBV	r²(%)	EBV	r²(%)	EBV	r²(%)	EBV	r²(%)	EBV	r²(%)	EBV	r²(%)	EBV	r²(%)
1045 22217115	113.20		0.23	9	0.74	9	5.82	9	-0.60	9	-0.01	9	-0.03	9	0.07	8		
1046 63110433	113.16		-0.38	45	5.92	51	-7.05	44	8.57	47	-0.03	41	0.11	41	-0.24	49		
1047 15417505	113.15	128.48	-1.47	52	1.91	59	-4.02	54	18.57	55	0.09	50	0.00	50	-0.05	22	562.27	13
1048 11116912*	113.15		-1.90	58	-0.32	65	16.36	61	-6.33	61	0.17	58	-0.19	57	0.27	61		
1049 11116915*	113.12		-2.58	58	-1.41	65	13.96	61	3.00	61	0.29	58	-0.24	57	0.24	61		
1050 15616633 22216641	113.10		-1.36	53	5.67	60	4.43	54	-5.34	26	0.01	25	-0.02	25	0.12	25		
1051 15214123	113.06		-1.38	55	1.52	64	9.87	56	-2.97	58	-0.05	54	-0.03	53	0.03	59		
1052 11116918*	113.05		0.09	53	1.10	59	11.91	54	-10.83	55	0.11	51	-0.15	50	0.20	56		
1053 41112942*	112.94	-12.14	-0.25	18	3.17	58	2.20	52	0.36	54	0.01	49	0.00	49	-0.13	19	-3274.45	56
1054 41312113	112.79	106.73	-0.84	52	4.45	58	-4.00	52	9.06	54	0.01	49	0.05	49	0.24	55	-25.70	14
1055 41217459	112.77		1.27	51	-1.18	57	-12.26	51	28.90	53	-0.04	48	0.00	48	0.12	55		
1056 41110276	112.70	122.83	1.46	55	0.49	61	3.78	58	-1.94	57	-0.09	53	0.06	53	0.00	59	415.38	16
1057 36108781	112.66		-0.45	46	0.45	52	19.53	45	-19.54	47	0.01	42	-0.18	41	0.09	49		
1058 41317031	112.57	120.81	0.95	47	-0.90	54	-6.62	48	20.24	50	0.21	45	-0.02	45	-0.05	52	362.37	4
1059 15410867	112.56		1.18	49	0.01	52	-15.37	46	30.85	48	0.13	43	0.07	43	0.01	50		
1060 22117095	112.36		-0.69	53	3.43	64	21.70	58	-30.21	59	-0.04	55	-0.20	55	0.25	59		
1061 41116916	112.34	88.06	0.24	50	-0.96	59	-4.88	53	20.15	55	0.06	51	0.04	50	0.02	56	-528.12	7
1062 13214813*	112.28	107.27	-0.21	48	0.48	54	8.52	47	-3.33	50	0.07	44	-0.12	44	-0.15	51	-2.69	54
1063 41215413*	112.27	95.97	-0.37	51	2.93	59	-0.90	53	5.82	55	0.05	50	-0.10	50	-0.02	56	-311.01	48
1064 22118065	112.08		0.45	17	-0.92	60	1.16	56	9.40	57	-0.07	53	0.02	52	-0.03	29		
1065 22212019*	112.05		-0.29	27	0.17	57	1.39	51	8.99	1	-0.03	7			-0.02	1		
1066 41114250	112.04		1.32	53	0.37	63	-13.27	57	25.57	59	0.00	55	0.11	54	-0.07	60		
1067 13205006*	111.89		-0.75	44	-1.59	52	-14.43	45	40.54	48	-0.07	42	0.30	42	-0.27	49		
1068 41212440 64112440	111.71	123.15	0.83	62	4.00	59	-15.61	53	21.29	55	0.24	51	0.03	50	0.14	56	440.32	26
1069 41217468	111.57		1.58	51	1.23	57	-9.96	51	16.56	53	-0.03	48	-0.10	48	0.19	54		
1070 41215403	111.44	114.58	0.10	55	1.58	60	0.37	55	4.86	56	0.03	53	0.04	52	0.04	58	210.77	18

（续）

序号	牛号	CBI	TPI	体型外貌评分		初生重		6月龄重		18月龄重		6~12月龄日增重		12~18月龄日增重		18~24月龄日增重		4%乳脂率校正奶量	
				EBV	r²(%)	EBV	r²(%)	EBV	r²(%)	EBV	r²(%)	EBV	r²(%)	EBV	r²(%)	EBV	r²(%)	EBV	r²(%)
	64115314																		
1071	22112059*	111.39		0.68	11	2.46	22	-12.39	20	20.55	19	-0.04	18	0.03	18	-0.01	19		
1072	14115816	110.99	93.79	3.42	53	1.62	60	-15.27	54	16.30	57	0.32	52	-0.01	52	-0.28	58	-349.46	52
1073	41415158	110.98	111.95	-1.12	50	0.80	56	3.07	50	6.91	52	-0.03	47	0.02	46	-0.06	53	146.35	7
1074	41110910*	110.76	125.22	0.71	25	1.07	61	18.92	55	-26.37	57	-0.10	52	-0.06	53	0.26	58	512.44	19
1075	36113003	110.40	105.52	-0.82	51	-0.97	57	6.95	51	3.76	52	0.02	48	-0.04	47	-0.06	54	-19.68	45
1076	63110968	110.17		-0.16	45	5.88	51	-9.63	44	9.28	47	-0.03	41	0.12	41	-0.02	48		
1077	41109222	110.17	100.90	0.85	51	-0.07	59	-5.04	53	13.81	55	0.05	51	0.06	50	0.00	57	-141.91	7
1078	41213427*	110.16	72.74	-0.56	51	2.57	58	2.42	52	0.38	54	-0.03	49	0.03	49	-0.07	55	-910.82	13
	64113427																		
1079	15406224	109.97		-0.33	46	-0.45	53	3.95	46	4.88	48	0.10	43	-0.11	42	0.07	50		
1080	41115266	109.88		0.07	51	-0.02	61	-9.09	55	22.91	57	0.07	52	0.06	52	-0.01	57		
1081	21117729	109.83		-0.52	14	0.86	59	-5.80	54	17.58	56	0.01	52	0.18	51	-0.11	56		
1082	63109273*	109.77	120.13	0.22	21	0.14	22	8.81	52	-6.72	54	-0.13	49	0.16	49	0.04	55	389.71	16
1083	41217466	109.71		0.43	52	0.71	57	-6.39	52	15.12	54	-0.02	49	-0.07	49	0.15	55		
1084	51113185	109.59		0.74	47	4.98	54	-13.46	47	13.76	49	-0.02	44	0.17	44	-0.32	51		
1085	41118272	109.50		-0.28	52	0.41	61	4.12	55	1.75	29	0.07	53	-0.02	26	-0.08	29		
1086	14115311	109.43		2.04	50	-4.89	56	-3.35	50	18.58	53	0.00	47	0.06	47	-0.02	54		
1087	22215553	109.14		0.36	52	2.98	58	-1.32	53	0.80	54	-0.05	50	0.10	49	0.06	55		
1088	41115206	109.08		0.69	54	-0.69	66	10.02	62	-8.93	58	0.03	57	-0.03	53	-0.25	58		
1089	22316163	108.94	112.89	0.27	2	0.77	53	-19.28	46	35.47	48	0.16	43	0.21	43	-0.14	50	205.55	1
1090	11116913*	108.83		-3.43	50	-1.73	59	11.65	54	7.08	52	0.17	50	-0.07	46	0.17	53		
1091	41312115	108.83	117.00	-0.74	50	4.75	57	-7.63	51	10.21	53	0.04	49	0.03	48	0.19	54	319.69	12
1092	15418515	108.76		-1.46	50	0.41	32	-0.61	30	13.23	30	0.12	28	-0.03	28	-0.09	24		
1093	15218464	108.61	112.97	0.71	50	1.79	57	1.20	51	-1.89	15	-0.02	48	0.02	14	-0.02	15	213.16	11
1094	41217454	108.58		0.93	51	2.03	56	-8.28	51	11.72	53	-0.02	48	-0.11	48	0.10	54		
1095	42111161	108.42		-0.41	45	-3.00	56	7.28	50	5.27	51	-0.06	45	0.05	45	-0.04	49		
1096	15417503	108.07		-0.93	56	-2.07	64	18.47	58	-13.26	59	-0.24	55	0.10	54	0.10	60		

（续）

序号	牛号	CBI	TPI	体型外貌评分 EBV	r²(%)	初生重 EBV	r²(%)	6月龄重 EBV	r²(%)	18月龄重 EBV	r²(%)	6~12月龄日增重 EBV	r²(%)	12~18月龄日增重 EBV	r²(%)	18~24月龄日增重 EBV	r²(%)	4%乳脂率校正奶量 EBV	r²(%)
	41117228																		
1097	15213919*	108.05	103.44	-0.79	21	1.77	59	-10.41	53	22.01	54	0.08	50	0.09	49	-0.10	56	-37.99	14
1098	53112280	107.97		-0.69	47	0.83	54	1.36	48	5.29	50	0.02	44	0.04	44	-0.22	51		
1099	15617415	107.96		-0.61	52	-1.06	60	4.92	55	4.30	57	0.00	53	0.01	52	0.06	57		
1100	22417201	107.95	106.58	0.22	22	0.88	21	7.03	20	-7.43	20	-0.02	20	-0.03	19	0.02	20	49.32	6
1101	15410828	107.85		0.52	47	2.03	53	-13.56	46	21.06	48	0.10	43	0.05	43	-0.01	50		
1102	51111138	107.81		1.04	47	4.29	53	12.68	46	-28.82	49	-0.09	43	-0.07	43	0.50	50		
1103	22117093	107.69		-0.29	56	2.05	64	18.15	59	-26.51	60	-0.01	57	-0.21	56	0.30	60		
1104	42118241	107.61		1.70	21	-0.20	57	-8.56	51	14.20	54	0.07	47	0.01	46	0.00	55		
1105	15410825	107.52		0.49	54	2.35	56	-10.55	50	15.25	53	0.08	48	0.03	47	0.00	54		
1106	15212135*	107.50	98.78	-1.41	53	3.22	58	0.62	52	2.56	54	-0.01	49	0.02	48	-0.03	55	-156.30	8
1107	65112593	107.47	169.40	-0.93	53	6.32	60	6.46	54	-16.88	55	-0.14	50	0.10	50	-0.30	56	1772.65	60
1108	13213105*	107.42	109.62	0.76	53	-3.56	58	5.11	53	4.81	54	0.01	50	-0.03	50	-0.26	56	141.19	56
1109	41117208*	107.41		-0.65	56	0.47	64	3.51	59	2.18	60	0.14	57	-0.08	56	0.03	36		
1110	15619085	107.24		-1.26	55	0.77	60	16.52	55	-17.15	56	-0.03	52	0.13	50	0.23	29		
1111	22218707	107.20		0.15	11	0.40	12	1.72	12	1.88	11	-0.03	11	0.00	9	-0.06	11		
1112	41216452	106.67		1.40	52	3.60	57	-16.39	51	16.98	53	-0.07	49	-0.01	48	0.02	55		
1113	41217460	106.60		1.14	52	1.43	57	-11.16	51	15.34	53	-0.05	48	-0.05	48	0.21	55		
1114	41414152	106.55		0.00	52	1.60	59	-10.78	54	18.67	56	0.10	51	0.04	50	0.04	57		
1115	15215616	106.50	99.66	-1.41	51	0.87	59	-5.91	54	18.31	54	-0.03	50	0.14	49	-0.27	55	-115.66	1
1116	15414002	106.35		-1.44	49	-1.11	53	-0.51	45	14.91	48	0.01	42	0.07	42	-0.09	50		
1117	37110053	106.32	85.69	1.12	54	4.69	60	6.28	55	-21.28	57	0.00	53	-0.11	52	-0.08	58	-494.32	15
1118	14116701	106.22		-1.06	48	2.96	54	-20.30	47	34.12	50	0.32	44	-0.03	44	-0.23	52		
1119	15617211	106.18	100.98	0.11	53	-0.91	56	8.51	52	-6.20	54	0.01	19	0.01	18	0.03	55	-74.51	8
	22217215																		
1120	15213105*	106.00	87.82	0.55	31	0.61	62	3.07	57	-3.42	59	-0.04	55	0.00	54	0.20	60	-431.08	20
1121	41213428*	105.82	101.99	2.15	53	-0.50	58	7.02	53	-13.17	54	-0.07	50	0.00	50	-0.02	56	-41.16	16
	64113428																		

（续）

序号	牛号	CBI	TPI	体型外貌评分		初生重		6月龄重		18月龄重		6~12月龄日增重		12~18月龄日增重		18~24月龄日增重		4%乳脂率校正奶量	
				EBV	r²(%)	EBV	r²(%)	EBV	r²(%)	EBV	r²(%)	EBV	r²(%)	EBV	r²(%)	EBV	r²(%)	EBV	r²(%)
1122	41217470	105.63		0.18	53	0.60	60	17.53	54	-25.34	55	-0.07	52	-0.01	50	0.03	56		
1123	22117037	105.63		-0.26	52	3.44	62	8.18	57	-16.21	57	0.09	55	-0.18	52	0.17	58		
1124	37107625*	105.53	152.65	-0.26	38	3.76	64	3.38	60	-9.50	61	-0.03	58	-0.07	58	0.05	62	1347.01	58
1125	41409177	105.32		-0.32	51	0.61	54	-4.11	47	10.87	50	0.20	44	-0.06	44	0.09	51		
1126	41115268	104.87		0.18	50	1.38	59	-10.73	53	16.99	55	0.07	50	0.04	49	0.05	55		
1127	53113290*	104.81		-1.10	51	1.65	61	1.70	56	1.42	57	0.03	52	0.04	52	0.13	57		
1128	15617937 22217341	104.78		0.30	51	0.33	57	-17.81	51	30.54	53	0.04	48	0.00	47	0.04	54		
1129	14116407	104.77	126.63	1.73	53	-3.87	59	-15.59	54	32.51	56	0.11	51	0.22	51	0.19	57	649.14	18
1130	41212439 64112439	104.61	96.40	0.04	55	2.26	61	-19.97	55	29.75	57	0.26	53	0.03	52	0.08	58	-173.74	18
1131	22117101	104.59		-1.07	51	-0.23	61	17.47	56	-19.04	57	-0.06	53	-0.13	52	-0.08	58		
1132	41212441 64112441	104.53	119.29	1.31	53	0.84	60	-8.63	55	10.40	56	0.21	51	-0.03	50	0.08	57	452.67	16
1133	22217825	104.45		-0.68	7	0.22	7	3.48	7	0.43	7	0.02	7	-0.03	7	0.05	7		
1134	14116201	104.40	110.60	-1.75	49	2.34	55	-17.46	49	32.32	51	0.30	46	-0.04	45	-0.10	52	217.45	8
1135	41109236	104.18	106.65	0.57	53	0.00	61	1.88	56	-1.58	58	0.06	54	-0.03	53	0.10	59	113.00	20
1136	41118908	104.10	111.64	0.25	54	1.30	60	-10.97	54	16.64	56	0.07	52	0.04	51	-0.12	57	250.70	16
1137	15210422*	104.04		0.45	4	0.16	5	-3.61	4	7.12	5	0.06	4	0.01	3	0.11	5		
1138	11104566*	103.70		2.00	56	-3.31	71	-20.62	67	37.10	66	-0.10	62	0.21	60	-0.20	66		
1139	63110606	103.37		-1.41	45	2.45	4	-2.41	1	5.80	2	-0.01	1	0.03	1	0.03	2		
1140	22116005	103.29		-0.44	53	-2.28	61	2.98	55	5.85	56	-0.05	53	0.03	52	0.10	57		
1141	41415154	103.00		-0.70	55	0.32	61	-9.56	55	19.75	57	0.07	53	0.08	52	0.08	58		
1142	21215006	102.92		-2.32	54	-0.61	59	-20.38	54	45.72	55	0.20	51	0.16	51	-0.02	57		
1143	41116922	102.79	128.72	0.20	51	1.31	60	-13.15	54	19.17	55	0.03	49	0.05	49	0.02	56	738.66	56
1144	53213149	102.76	94.23	-1.09	52	1.23	59	14.13	53	-19.11	55	-0.21	51	0.04	50	-0.06	56	-202.86	6
1145	11119713	102.73	91.08	-2.40	48	-2.46	56	12.33	49	-1.39	9	0.02	9	0.03	9	-0.11	9	-288.33	9
1146	41412109	102.63		-1.03	55	-0.37	61	1.24	55	5.36	57	0.05	53	-0.01	52	0.14	58		

（续）

序号	牛号	CBI	TPI	体型外貌评分		初生重		6月龄重		18月龄重		6~12月龄日增重		12~18月龄日增重		18~24月龄日增重		4%乳脂率校正奶量	
				EBV	r²(%)	EBV	r²(%)	EBV	r²(%)	EBV	r²(%)	EBV	r²(%)	EBV	r²(%)	EBV	r²(%)	EBV	r²(%)
1147	15617923	102.61		-0.12	52	1.01	60	19.71	55	-31.37	56	-0.20	52	-0.13	51	0.13	56		
	22217323																		
1148	15619041	102.54	100.84	-1.11	49	2.29	16	11.07	49	-17.17	50	0.00	46	0.11	45	0.02	15		
1149	15210403*	102.33		0.11	8	0.56	9	-6.37	8	10.28	8	0.09	7	-0.02	7	0.05	8		
1150	15218465	102.23	92.51	0.73	49	0.00	55	-3.21	49	4.21	11	0.06	46	0.02	10	-0.05	11	-241.07	5
1151	41217458	102.23		0.24	51	-0.35	56	-7.10	51	13.27	53	-0.02	48	-0.18	47	0.18	54		
1152	41116218	102.03		0.41	49	5.63	59	-9.94	53	1.13	55	0.00	50	0.08	50	0.03	56		
1153	43117102	101.82		-8.83	51	-0.38	30	-0.57	56	37.96	57	0.14	53	0.08	52	0.04	55		
1154	22218929	101.72		0.29	8	0.58	22	-4.25	21	5.63	7	-0.09	18	-0.02	7	-0.03	7		
1155	53114326*	101.68		-0.25	16	0.80	58	-9.34	53	15.23	54	0.13	50	0.05	48	-0.08	55		
	41114240																		
1156	41213425*	101.60	70.68	1.07	52	0.81	58	-1.15	52	-3.08	54	0.00	49	0.02	49	-0.06	55	-826.97	13
	64113425																		
1157	14116218	101.58		-0.56	49	2.39	54	-21.84	48	32.05	50	0.27	45	0.01	45	-0.08	52		
1158	53119381	101.58		0.18	46	3.83	62	-1.51	56	-7.04	14	-0.10	52	-0.04	13	0.02	14		
1159	41218484	101.46		-3.66	65	-2.30	59	9.45	53	6.58	54	-0.03	50	0.05	49	0.01	55		
1160	41418187	101.33	103.51	-0.43	17	-2.30	60	2.52	54	4.91	56	-0.09	52	0.08	51	0.22	57	74.18	7
1161	41218482	101.30		-1.76	66	-7.03	59	11.00	53	9.09	55	0.04	51	-0.01	50	0.01	55		
1162	15216011	101.29	91.94	2.10	50	-3.16	56	-16.78	49	28.05	52	0.16	47	0.06	46	0.00	53	-241.07	5
1163	62111170	101.27		0.99	47	-1.25	63	-17.19	58	27.98	58	0.14	56	-0.04	53	0.05	58		
1164	21117727	101.24		0.19	18	1.53	60	-9.81	56	11.95	56	0.08	52	0.06	57	-0.13	57		
1165	15618073	101.21		-0.13	18	0.90	38	0.89	58	-2.24	57	0.10	54	-0.10	52	0.02	30		
	22118073																		
1166	41117934	101.21	95.54	-0.77	51	2.49	58	-13.19	52	18.52	54	0.04	47	0.06	47	0.03	55	-141.61	10
1167	22418121	101.20		-0.12	9	0.22	1	1.76	1	-1.86	1	-0.01	1	-0.01	1	0.00	1		
1168	41115278	101.18		-0.41	54	0.65	63	-4.00	59	7.28	58	0.05	56	0.00	57	-0.13	59		
1169	13214843	101.15	126.81	0.18	49	1.03	55	3.42	49	-7.87	51	0.08	46	-0.13	45	-0.06	52	713.26	55
1170	51115016	101.14		0.77	56	0.81	64	-20.27	59	28.17	61	0.11	57	0.16	57	0.03	62		

（续）

序号	牛号	CBI	TPI	体型外貌评分		初生重		6月龄重		18月龄重		6~12月龄日增重		12~18月龄日增重		18~24月龄日增重		4%乳脂率校正奶量	
				EBV	r²(%)	EBV	r²(%)	EBV	r²(%)	EBV	r²(%)	EBV	r²(%)	EBV	r²(%)	EBV	r²(%)	EBV	r²(%)
1171	15410849	101.14		-0.42	51	1.26	54	-11.51	48	17.62	50	0.05	44	0.04	45	0.02	52		
1172	41114216	101.04		0.41	57	2.83	63	-17.15	58	19.16	60	0.12	56	0.16	55	0.01	61		
1173	41215405* 64115317	101.02	111.78	0.72	54	0.56	59	-8.17	54	9.65	56	0.12	52	0.00	51	0.09	57	305.01	15
1174	41212447* 64112447	100.94	86.46	0.85	52	-1.02	58	-5.52	53	9.01	55	0.09	50	0.01	49	-0.13	56	-385.33	17
1175	36111213	100.84	102.30	-1.17	48	3.49	56	-11.88	49	14.99	50	-0.24	46	0.53	45	-0.25	52	48.89	1
1176	41115280	100.75		-0.63	56	-0.10	64	-4.45	59	10.48	60	0.09	56	-0.01	55	-0.09	60		
1177	51113183	100.70		0.16	46	7.59	53	-12.39	46	-0.35	48	0.03	43	0.06	42	-0.11	50		
1178	22217304	100.60	110.87	-6.12	66	1.24	20	20.74	52	-11.95	54	-0.16	50	0.05	49	-0.04	20	287.12	7
1179	65112592	100.60	165.27	-0.07	53	4.50	60	7.89	54	-23.70	55	-0.01	50	-0.01	50	-0.04	56	1772.65	60
1180	41411101	100.58	102.16	0.11	54	3.54	60	-1.70	55	-6.57	56	-0.02	52	0.01	52	0.06	58	49.32	6
1181	22215137	100.56		-0.67	54	3.50	55	-8.47	55	7.36	56	0.06	52	0.03	51	-0.26	57		
1182	41415194	100.51	97.32	-0.09	52	3.46	59	-3.60	53	-2.64	55	0.04	50	0.07	49	0.01	56	-81.71	53
1183	15617955 22217517	100.41		-4.24	65	1.05	17	16.31	51	-11.88	53	0.00	14	-0.01	14	0.05	54		
1184	22418019	100.35		-0.16	12	0.14	1	2.38	1	-3.25	1	-0.01	1			0.03	1		
1185	53117371	100.33		-0.77	49	-1.33	34	-2.02	57	10.00	56	0.08	53	-0.01	51	-0.09	55		
1186	41118920	100.32		-1.37	48	4.98	55	4.33	48	-14.46	50	-0.12	45	0.04	44	-0.06	52		
1187	22216421	100.32	98.78	0.77	50	0.34	56	3.70	50	-9.53	15	-0.07	47	-0.03	13	-0.01	15	-38.44	7
1188	36111314	100.27		0.53	46	2.39	53	-0.12	46	-7.97	48	-0.21	43	0.33	42	-0.20	50		
1189	41118260	100.25		-0.75	52	0.06	61	1.44	56	0.69	29	0.03	53	-0.04	27	-0.16	30		
1190	22418103	100.24		-0.91	9	-0.70	1	2.82	1	1.14	1	0.01	1	-0.02	1	0.01	1		
1191	22117027	100.14		-0.60	55	1.93	64	21.41	59	-36.81	60	-0.06	57	-0.21	56	0.22	61		
1192	22316137	100.13		0.31	1	0.36	53	-24.22	46	36.56	48	0.18	43	0.22	42	-0.15	50		
1193	15218469	100.09		0.98	48	0.80	57	3.77	51	-11.88	8	-0.02	47	-0.02	8	0.08	8		
1194	41117908	100.06	108.04	0.31	48	-0.48	5	-6.44	47	10.38	50	0.06	44	-0.02	44	0.03	51	218.57	4
1195	15616931	99.98		-0.51	50	-1.18	56	1.58	49	2.58	10	-0.10	9	0.01	9	0.04	10		

（续）

序号	牛号	CBI	TPI	体型外貌评分		初生重		6月龄重		18月龄重		6~12月龄日增重		12~18月龄日增重		18~24月龄日增重		4%乳脂率校正奶量	
				EBV	r^2(%)	EBV	r^2(%)	EBV	r^2(%)	EBV	r^2(%)	EBV	r^2(%)	EBV	r^2(%)	EBV	r^2(%)	EBV	r^2(%)
	22216925																		
1196	42111141	99.89		0.37	49	-2.65	56	5.30	50	-2.97	51	-0.12	47	0.08	46	-0.15	53		
1197	21114703	99.82		1.01	56	0.10	40	-13.08	39	16.51	60	0.09	38	0.09	57	0.17	61		
	41114246																		
1198	22117043	99.76		-0.34	53	2.27	62	15.99	57	-30.40	58	-0.02	54	-0.21	53	0.12	59		
1199	41410116	99.48	98.02	0.22	53	3.74	59	5.18	53	-19.50	54	-0.04	50	-0.05	49	-0.07	56	-45.48	14
1200	22417011	99.33	102.76	0.37	18	-0.63	27	-6.13	25	9.42	24	0.07	24	-0.02	22	-0.09	24	86.35	9
1201	22418119	99.30		-0.90	10	-0.38	2	4.12	1	-2.64	1	0.00	1	-0.03	1	0.02	1		
1202	15210921*	99.17	101.31	0.10	19	4.44	58	14.42	52	-35.88	54	-0.07	50	-0.16	49	0.04	56	49.32	6
1203	65111547	98.94		-0.35	51	0.67	57	-13.29	51	19.85	53	0.00	48	0.19	48	-0.02	55		
1204	41114258	98.90		0.30	56	0.81	64	-17.71	59	23.97	61	0.13	57	0.08	57	0.10	62		
1205	21215007	98.86		-2.63	54	-0.97	59	-20.25	54	44.12	55	0.19	51	0.15	51	-0.05	57		
1206	62107503	98.77	105.27	0.03	14	3.75	56	-9.61	50	4.17	52	-0.02	48	0.05	47	0.05	53	164.05	4
1207	15618079	98.63		-4.47	56	-1.35	60	14.43	55	-3.20	59	0.07	52	0.00	55	-0.06	35		
1208	22217617	98.63	113.05	-0.95	55	0.32	21	25.61	55	-39.17	57	-0.28	51	-0.03	51	-0.02	27	378.90	10
1209	15214515	98.55	108.15	-2.72	54	-2.95	59	-19.00	53	47.45	55	0.17	50	0.17	50	-0.03	56	246.22	11
1210	36117999	98.49		1.84	20	3.15	60	-8.91	28	-2.64	26	0.04	24	-0.05	23	0.04	25		
1211	41217453	98.49		1.08	50	1.77	56	-15.51	50	14.49	52	-0.09	47	-0.01	46	0.12	53		
1212	11111902	98.43		0.22	51	-0.86	64	-6.82	59	10.90	59	-0.07	57	0.15	55	-0.25	54		
1213	41114230*	98.27		-0.09	11	0.73	57	-11.45	50	15.14	52	-0.03	48	0.16	47	-0.08	15		
1214	22218325	98.27		-0.34	3	-0.26	4	7.32	3	-11.21	3	-0.07	3	-0.04	3				
1215	53119379	98.20		-1.20	47	-0.38	62	4.34	56	-2.79	14	-0.08	52	-0.01	13	-0.06	14		
1216	51114013	98.06		0.58	56	-0.64	64	-19.01	59	28.07	61	0.14	57	0.13	57	0.04	62		
1217	15410862	98.04		-0.01	47	1.07	52	-16.84	45	22.35	47	0.11	42	0.06	41	0.00	49		
1218	41109234	97.76	112.33	1.61	53	-1.01	60	-6.05	54	4.05	56	0.06	52	0.05	51	0.18	57	373.41	17
1219	41409131	97.62	93.59	0.29	51	2.85	58	-9.31	52	4.07	54	0.01	50	0.06	49	-0.09	55	-136.21	7
1220	15417510	97.51	108.19	-0.62	52	3.18	60	-13.42	55	13.22	27	0.11	52	0.04	25	-0.03	26	264.32	9
1221	41117952	97.50	112.92	-0.62	55	-0.92	59	-17.53	53	30.64	54	-0.13	50	0.35	49	-0.11	55	393.80	15

（续）

序号	牛号	CBI	TPI	体型外貌评分		初生重		6月龄重		18月龄重		6~12月龄日增重		12~18月龄日增重		18~24月龄日增重		4%乳脂率校正奶量	
				EBV	r²(%)	EBV	r²(%)	EBV	r²(%)	EBV	r²(%)	EBV	r²(%)	EBV	r²(%)	EBV	r²(%)	EBV	r²(%)
1222	21117725	97.43	108.62	0.25	10	-0.17	54	-11.12	49	14.95	52	0.11	46	0.08	47	-0.03	53	277.59	6
1223	41114234	97.33	121.43	0.27	50	-0.73	56	-11.13	50	16.30	52	0.12	47	-0.01	47	0.19	54	628.86	54
1224	41414153	97.26		0.01	52	1.96	59	-13.83	54	14.44	56	0.10	51	0.03	50	-0.02	57		
1225	41117942	97.15	96.44	-0.77	52	-0.79	61	4.18	55	-4.02	56	-0.01	52	-0.02	51	0.12	57	-50.67	8
1226	41315292	97.00		-0.63	53	-0.22	64	2.77	59	-4.00	60	0.00	57	-0.04	56	-0.14	35		
	41115292																		
1227	22118091	96.88		0.52	19	1.86	38	-19.40	58	21.26	58	-0.04	55	0.28	53	-0.09	31		
1228	41115282	96.88	105.45	0.74	52	1.34	61	-8.84	56	4.92	57	0.08	53	-0.02	53	-0.06	58	200.11	12
1229	21216183	96.58	89.37	-0.27	51	1.66	59	-4.56	53	0.94	54	0.03	50	-0.01	49	0.06	55	-234.23	55
1230	41108226*	96.57	108.82	-0.87	50	-1.24	57	2.94	51	-1.01	53	-0.06	48	0.04	47	0.19	54	296.99	6
1231	15417504	96.50		-1.39	52	-2.85	59	-8.78	53	23.95	20	0.06	50	0.06	19	-0.09	20		
1232	53119376	96.38		-0.84	46	1.97	62	8.66	56	-18.91	15	-0.12	52	-0.01	13	0.03	14		
1233	15410899	96.29	97.78	0.31	48	1.99	54	-19.66	47	21.61	48	0.16	44	0.09	43	0.04	49	0.00	6
1234	15617975	96.25		0.40	51	-2.84	58	0.74	52	1.52	18	-0.26	17	0.02	17	-0.11	15		
	22217729																		
1235	41116212	96.24		0.69	50	4.22	59	-11.57	55	1.28	57	0.04	52	-0.03	52	0.08	57		
1236	15206228*	96.18		-1.88	46	0.31	53	16.02	47	-22.35	49	-0.02	43	-0.17	43	0.06	50		
1237	41118270	96.12		-0.86	53	1.14	62	-10.09	56	13.04	30	0.10	53	0.11	27	-0.02	30		
1238	41118242	96.09		-0.02	50	1.11	58	-7.34	52	5.45	13	0.10	49	0.03	11	0.02	1		
1239	41215409	95.98	106.75	-0.38	54	1.36	59	-7.45	54	6.24	55	0.09	51	0.01	51	0.01	57	250.10	16
	64115322																		
1240	41215401	95.85	91.15	-0.37	54	-0.04	60	-10.89	55	15.28	56	0.12	52	0.05	52	0.01	57	-173.74	18
	64115312																		
1241	41118218	95.85	108.28	-0.90	51	4.34	59	-12.11	55	7.70	56	0.08	53	-0.02	51	-0.11	57	294.07	6
1242	15218467	95.84	96.77	0.51	49	1.41	58	-3.98	52	-3.01	18	0.00	49	-0.05	17	-0.09	18	-20.18	8
1243	14116439	95.77	87.78	-0.66	51	1.10	57	-12.52	51	15.93	53	0.12	48	0.03	48	-0.08	54	-264.45	9
1244	41313120	95.75	109.79	-0.65	54	2.36	59	-8.39	54	5.98	56	0.02	51	0.04	51	0.09	57	337.12	18
1245	22117091	95.70		-0.77	52	-0.18	34	8.58	57	-13.95	58	-0.09	54	-0.01	53	0.20	58		

（续）

（续）

序号 牛号	CBI	TPI	体型外貌评分		初生重		6月龄重		18月龄重		6~12月龄日增重		12~18月龄日增重		18~24月龄日增重		4%乳脂率校正奶量	
			EBV	r²(%)	EBV	r²(%)	EBV	r²(%)	EBV	r²(%)	EBV	r²(%)	EBV	r²(%)	EBV	r²(%)	EBV	r²(%)
1246 22112025*	95.21		-1.36	25	0.63	30	2.64	29	-4.75	29	-0.08	29	0.00	28	0.08	28		
1247 15414001	95.01		-1.47	50	-1.51	63	-5.63	58	14.36	59	0.02	56	0.03	54	-0.06	53		
1248 22215117	95.01		0.05	51	3.07	60	-7.13	56	-1.34	55	-0.02	51	0.06	50	-0.30	55		
1249 41216451	94.93		1.87	50	1.73	56	-20.17	50	15.88	52	-0.04	47	0.03	46	0.08	53		
1250 11117955*	94.87		0.06	52	-0.20	25	1.13	54	-5.98	55	-0.08	51	0.07	50	0.31	56		
1251 22217091	94.78		-2.08	18	3.43	20	-9.68	20	9.90	20	0.15	19	-0.05	18	0.03	18		
1252 15417506	94.76	101.66	0.14	53	-4.81	58	-17.99	52	36.31	54	0.03	50	0.10	49	0.21	56	131.14	13
1253 22118001	94.66		-0.15	51	0.71	63	18.33	55	-35.20	55	-0.17	51	-0.13	50	0.12	56		
1254 15210617*	94.65		-1.44	49	-0.23	63	9.01	58	-12.83	59	0.04	56	-0.12	55	-0.07	52		
1255 42113098	94.59		1.06	55	-4.65	64	3.63	59	-2.35	60	0.02	57	-0.06	56	0.04	56		
1256 63106073*	94.54	60.82	-0.55	13	6.40	56	-13.18	16	1.45	18	0.08	15	0.00	16	-0.12	18	-980.35	9
1257 37107624*	94.45	146.00	-0.26	38	2.85	64	-6.83	60	-0.50	61	0.03	58	-0.03	58	0.07	62	1347.01	58
1258 22116003	94.28		0.18	53	-4.09	61	1.78	55	2.31	56	-0.06	53	0.03	52	0.28	57		
1259 22211106	94.23		1.57	54	0.63	57	-15.81	51	12.37	53	0.16	48	-0.01	47	0.11	54		
1260 15610347 22210247	94.08	78.14	-1.86	52	-0.66	59	6.40	53	-6.37	21	0.05	20	-0.02	20	-0.07	21	-500.07	11
1261 15213106	94.07	93.70	-0.01	53	3.00	60	-9.09	55	1.40	57	0.03	52	0.03	52	-0.03	58	-74.93	23
1262 15206006*	94.02		-2.17	47	-1.52	55	10.96	48	-10.23	50	0.05	45	-0.17	44	-0.03	52		
1263 41215410* 64115325	93.89	84.69	-0.56	54	-0.59	60	-3.70	54	4.31	55	0.09	52	0.01	51	0.02	57	-318.04	16
1264 15209008*	93.88		0.02	54	6.88	61	-5.99	56	-14.10	56	-0.08	53	0.14	51	0.07	57		
1265 21114702 41114242	93.59		1.10	56	0.10	40	-13.08	39	10.71	60	0.09	38	0.10	57	0.18	61		
1266 15216581	93.54	87.30	0.80	52	0.32	18	-19.59	18	21.63	53	0.03	49	0.02	48	-0.06	55	-241.07	5
1267 22116011	93.42		0.63	54	5.29	62	10.10	58	-38.31	58	0.03	55	-0.27	54	0.41	59		
1268 13202004*	93.36		-2.34	41	2.24	52	-14.84	45	21.05	47	-0.16	42	0.33	41	-0.37	47		
1269 41118208	93.01	100.95	-0.46	51	1.74	60	-16.14	54	16.80	56	0.14	52	-0.02	51	-0.12	57	140.36	5
1270 41217456	92.75		0.87	50	0.32	56	-17.01	49	16.55	52	-0.05	47	-0.03	46	0.12	53		

（续）

序号	牛号	CBI	TPI	体型外貌评分		初生重		6月龄重		18月龄重		6~12月龄日增重		12~18月龄日增重		18~24月龄日增重		4%乳脂率校正奶量	
				EBV	r²(%)	EBV	r²(%)	EBV	r²(%)	EBV	r²(%)	EBV	r²(%)	EBV	r²(%)	EBV	r²(%)	EBV	r²(%)
1271	41117926	92.69	76.44	-0.68	53	2.49	60	-2.99	53	-5.57	56	0.09	51	-0.15	52	0.10	58	-523.44	16
1272	41114252	92.60		-1.21	55	2.18	61	-11.38	56	10.65	58	0.16	53	-0.05	53	0.09	59		
1273	15208205*	92.57	92.10	-1.97	50	1.68	57	1.24	51	-5.24	53	0.02	48	-0.09	47	-0.13	54	-93.97	6
1274	22218215	92.55		-0.08	1	0.36	1	-3.54	2	-1.48	1	0.01	1	0.01	1	0.00	1		
1275	41317042	92.29		0.10	47	0.33	54	-13.16	47	12.99	49	0.15	44	-0.04	44	0.02	51		
1276	22218315	92.29		-0.19	1	-0.12	1	0.58	1	-6.59	1	-0.01	1	-0.03	1	0.00	1		
1277	22417153	92.22		-1.61	47	-0.67	2	4.86	2	-6.49	2	-0.01	2	-0.05	2	0.02	2		
1278	41408136*	91.98	91.75	1.29	51	2.56	58	-10.21	52	-2.52	54	0.02	49	0.01	48	-0.10	55	-93.97	6
1279	41412182	91.95	90.18	-1.58	51	2.12	58	-0.32	52	-5.96	54	-0.04	50	-0.08	49	0.10	56	-136.21	7
1280	15210401*	91.73		-0.22	15	-1.24	58	4.93	52	-10.93	54	0.06	49	-0.14	49	0.05	54		
1281	41118236	91.27		-0.35	52	-0.06	62	-15.74	56	18.98	57	0.06	53	0.13	52	-0.06	29		
1282	36111529	91.12	96.46	0.54	47	0.04	55	-9.33	49	4.91	50	-0.02	45	0.06	44	-0.17	51	48.89	1
1283	14117363	91.07	109.56	-8.20	55	5.54	61	-3.96	56	15.83	57	0.12	53	0.03	53	-0.02	58	407.29	17
1284	41116902	90.92	88.28	0.18	51	1.97	59	-17.21	53	13.60	54	0.00	48	0.08	48	-0.34	55	-171.27	9
1285	41215414*	90.69	79.83	-0.62	49	-0.20	55	-7.49	49	6.75	51	0.04	46	-0.01	46	-0.03	53	-398.31	47
1286	15617931 22217327	90.67		0.06	54	0.56	61	1.66	56	-12.52	57	-0.07	53	0.06	52	-0.01	57		
1287	15615321 22215121	90.63		-0.56	51	1.06	30	-3.61	55	-3.05	21	-0.02	22	0.02	20	-0.05	19		
1288	22117013	90.41		0.18	52	-5.16	59	0.70	53	3.48	55	0.01	51	-0.06	50	-0.21	55		
1289	41109248	90.30	108.74	1.12	54	2.56	60	7.84	55	-32.13	57	-0.04	53	-0.15	52	0.19	58	397.48	16
1290	15210079*	90.29		-0.20	4	5.70	54	12.67	47	-43.03	49	-0.02	44	-0.25	43	0.33	51		
1291	21114730	90.25		-0.33	48	1.96	27	4.35	19	-19.34	53	0.03	18	0.16	47	-0.06	53		
1292	21108706	90.03		-2.03	46	-0.70	3	-3.52	3	6.70	3	0.06	3	0.00	3	0.02	3		
1293	41212437 64112437	89.85	91.05	0.53	55	-1.45	60	-11.02	55	10.46	56	0.09	53	0.04	52	0.06	58	-77.99	19
1294	41217465	89.80		0.67	51	1.90	56	-19.58	50	14.68	52	-0.01	48	-0.02	47	0.12	54		
1295	21216025	89.79		-0.64	54	-0.88	59	-11.03	54	13.52	55	0.13	51	0.02	51	0.13	57		

（续）

序号	牛号	CBI	TPI	体型外貌评分		初生重		6月龄重		18月龄重		6~12月龄日增重		12~18月龄日增重		18~24月龄日增重		4%乳脂率校正奶量	
				EBV	r^2(%)	EBV	r^2(%)	EBV	r^2(%)	EBV	r^2(%)	EBV	r^2(%)	EBV	r^2(%)	EBV	r^2(%)	EBV	r^2(%)
1296	41212438* 64112438	89.78	89.92	1.10	54	3.62	60	-15.67	55	2.16	56	0.09	52	0.02	52	0.05	58	-107.73	19
1297	41117244	89.63		-0.51	51	1.27	60	-9.32	54	4.40	55	0.09	52	-0.03	50	0.02	57		
1298	41217478	88.87		-0.21	53	-2.18	59	16.13	54	-28.86	55	-0.07	51	-0.02	50	0.04	56		
1299	41213424* 64113424	88.81	78.14	0.75	52	-1.51	58	2.66	52	-12.96	54	-0.03	50	-0.01	49	0.00	56	-413.69	16
1300	15216571	88.75	111.14	1.11	53	-0.44	30	-13.60	27	8.71	57	-0.07	52	0.10	52	0.06	58	488.65	8
1301	36109906	88.58	134.68	-1.28	46	-0.71	52	13.81	45	-25.16	48	0.13	42	-0.31	49	0.10	49	1134.25	34
1302	21117728	88.44		0.22	4	0.16	54	-18.86	48	18.71	52	0.14	46	0.18	47	-0.24	53		
1303	41118240	88.35		-0.01	59	0.58	62	-12.27	56	7.90	30	0.16	53	0.04	28	-0.02	30		
1304	15418513	88.26		-0.98	49	3.56	57	-27.48	51	27.97	53	0.10	47	0.03	47	-0.10	18		
1305	41317043	88.17		1.02	47	-0.59	54	-13.70	47	9.12	49	0.11	44	-0.01	44	0.01	51		
1306	41114210	87.94		0.05	65	1.05	73	-20.62	69	19.37	62	0.13	64	0.17	58	0.10	61		
1307	15210402*	87.92		0.98	51	-2.60	64	-3.85	60	-1.36	59	-0.01	58	-0.06	55	-0.12	55		
1308	41116928	87.86	94.19	0.97	52	-0.01	59	-17.92	54	14.23	55	0.02	51	0.08	50	-0.07	57	40.16	5
1309	15214811	87.84		1.65	47	-0.83	55	1.49	48	-17.25	50	0.04	45	-0.10	49	0.00	51		
1310	41415118	87.57	103.82	-0.15	52	2.19	61	-9.88	55	-0.34	57	-0.01	51	0.04	51	-0.13	57	307.94	55
1311	15209915*	87.33	86.89	-2.54	51	4.31	58	9.54	52	-27.79	54	-0.07	50	-0.11	49	0.00	55	-150.42	7
1312	15210607*	87.06		0.16	50	-1.41	64	6.66	59	-18.84	60	-0.06	57	-0.04	56	-0.03	53		
1313	41108206*	87.03	102.60	-0.05	17	0.55	58	1.40	52	-14.81	54	-0.02	49	-0.09	48	0.49	55	283.51	6
1314	41115288	87.03		0.48	54	-0.70	64	-10.99	60	6.16	60	0.04	57	0.01	55	-0.07	60		
1315	41116222	86.93		-0.28	54	-0.56	64	-6.74	59	1.92	59	0.02	56	0.11	55	-0.01	34		
1316	41117904	86.88	95.22	0.33	50	0.60	54	-8.60	50	-0.65	52	0.16	47	-0.13	46	-0.02	54	84.52	1
1317	22417001	86.78		-1.04	48	-0.23	2	2.89	2	-11.48	2	-0.03	2	-0.05	2	0.02	2		
1318	65114501	86.76	111.64	0.45	53	0.70	59	2.17	53	-18.66	55	0.02	50	-0.07	50	0.04	56	534.96	58
1319	41116918	86.67	91.08	0.62	52	-0.69	59	-15.25	54	12.07	55	0.03	51	0.02	50	0.01	56	-25.07	5
1320	15410893	86.58		-0.22	52	0.21	55	-18.94	48	18.78	52	0.07	45	0.08	46	-0.04	53		
1321	14109533	86.39		0.52	47	-0.18	2	-1.06	5	-11.76	50	0.00	5	0.06	44	-0.04	51		

（续）

序号	牛号	CBI	TPI	体型外貌评分		初生重		6月龄重		18月龄重		6~12月龄日增重		12~18月龄日增重		18~24月龄日增重		4%乳脂率校正奶量	
				EBV	r²(%)	EBV	r²(%)	EBV	r²(%)	EBV	r²(%)	EBV	r²(%)	EBV	r²(%)	EBV	r²(%)	EBV	r²(%)
1322	21115780	86.31	92.10	0.09	52	2.37	56	3.92	51	-24.83	54	0.03	49	-0.10	49	-0.08	55	8.67	12
1323	65112590	86.24	143.93	-0.44	54	2.00	60	1.05	55	-17.26	56	-0.03	52	-0.04	51	-0.17	58	1425.13	59
1324	41114218	86.11		0.72	57	1.74	63	-19.17	58	11.02	60	0.16	56	0.12	55	0.10	61		
1325	15410857	86.06		0.16	47	0.39	54	-18.65	47	15.88	49	0.09	43	0.05	43	0.00	51		
1326	41411102	86.03	93.42	0.43	52	5.11	58	-4.58	53	-20.13	54	-0.05	50	0.00	50	0.10	56	49.32	6
1327	41218485	85.98		-4.05	66	1.61	59	7.91	53	-13.33	54	-0.05	50	0.03	50	0.07	55		
1328	15618921	85.93		-1.66	49	1.30	15	-1.30	49	-7.19	50	-0.06	45	0.01	44	-0.04	8		
1329	21212103	85.86	71.38	-2.29	51	1.63	58	5.93	52	-17.19	53	-0.05	49	0.01	48	-0.07	55	-549.80	56
1330	22217329	85.79		-0.44	53	10.73	59	18.01	54	-67.86	55	-0.07	51	-0.28	50	0.10	56		
1331	42113096	85.75		-0.14	53	-1.44	65	-19.45	61	22.93	62	0.15	59	0.06	58	-0.03	56		
1332	41217479	85.75		1.39	54	-4.60	60	5.51	55	-14.46	57	-0.02	52	0.03	52	-0.07	57		
1333	15417502	85.55		-0.67	53	1.27	59	1.64	54	-15.97	55	-0.15	51	0.08	50	-0.10	22		
	41117226																		
1334	22417155	85.50		-1.33	48	-0.23	2	2.89	2	-11.48	2	-0.03	2	-0.05	2	0.02	2		
1335	15410872	85.47		1.52	51	0.93	55	-25.06	49	18.90	50	0.13	45	0.06	44	0.06	52		
1336	37110640*	85.44	95.92	0.22	33	3.59	62	3.09	57	-28.01	59	-0.04	55	-0.11	55	0.00	60	127.14	20
1337	41112948*	85.36	95.46	-2.63	54	0.59	60	-4.57	55	3.20	56	0.02	52	0.02	52	-0.07	57	116.01	58
1338	42113097	85.08		0.28	55	-2.05	64	0.32	60	-9.20	61	-0.03	58	-0.03	57	0.19	57		
1339	15217142	84.92		2.03	64	-0.11	66	6.53	62	-31.24	62	-0.18	60	0.12	59	0.07	62		
1340	15611344	84.71		1.61	50	-0.99	57	-20.82	51	16.20	52	0.17	47	0.02	46	0.13	53		
	22211144																		
1341	41118244	84.12		-1.03	50	-0.35	58	-9.02	52	5.45	13	0.13	49	0.03	11	0.02	1		
1342	21216019	83.79		-1.32	53	-0.24	59	-1.77	53	-5.55	55	0.09	50	-0.10	50	0.06	56		
1343	41115270*	83.75	124.39	0.86	51	2.27	61	-18.41	56	5.78	57	0.08	53	0.01	52	0.04	58	932.23	54
1344	15618518	83.68		-0.84	51	0.86	53	-1.34	50	-11.15	52	-0.03	44	0.01	43	-0.06	53		
1345	15213313	83.65	88.53	1.75	53	5.14	58	-10.42	53	-18.10	55	-0.03	50	-0.02	49	-0.06	56	-45.34	16
1346	41115284	83.60		-1.35	58	0.25	67	-13.20	63	11.31	62	0.12	61	-0.04	58	-0.11	62		
1347	41110916*	83.56	95.65	-0.90	56	0.92	60	-8.10	55	-0.38	57	0.08	53	-0.01	52	0.06	58	150.70	22

（续）

（续）

序号	牛号	CBI	TPI	体型外貌评分		初生重		6月龄重		18月龄重		6~12月龄日增重		12~18月龄日增重		18~24月龄日增重		4%乳脂率校正奶量	
				EBV	r²(%)	EBV	r²(%)	EBV	r²(%)	EBV	r²(%)	EBV	r²(%)	EBV	r²(%)	EBV	r²(%)	EBV	r²(%)
1348	41212442	83.51	101.28	1.17	54	-0.50	59	-18.90	54	12.48	56	0.29	51	-0.03	51	0.13	57	305.01	15
	64112442																		
1349	22418117	83.36	66.55	-0.46	11	0.21	11	-7.94	10	-0.62	9	0.02	9	0.02	8	0.01	9	-640.71	7
1350	41109208*	83.21	86.16	0.29	20	-1.67	60	6.64	55	-21.99	57	-0.12	52	-0.07	52	0.07	58	-102.92	10
1351	21114701	83.17		0.41	57	0.98	38	-13.52	37	2.65	59	0.11	35	0.16	55	0.20	60		
	41114208																		
1352	22215151	83.12	85.19	-0.14	52	-1.68	60	1.57	54	-12.28	19	0.04	18	0.00	17	-0.12	19	-127.81	55
1353	41117954	83.07	93.79	-1.45	51	-1.09	58	0.75	52	-7.48	54	-0.04	49	0.02	49	0.09	55	107.74	5
1354	41409132	82.99	84.80	0.07	51	1.55	58	-9.76	52	-3.66	54	0.02	50	0.02	49	-0.15	55	-136.21	7
1355	21216040	82.88		-0.40	52	1.93	60	-7.26	54	-6.91	56	0.10	52	-0.02	51	0.06	57		
1356	15210413*	82.88		-0.05	15	-0.62	64	-3.52	60	-7.51	59	0.00	57	-0.05	55	-0.06	54		
1357	41116910*	82.77	91.99	0.54	51	1.79	59	-18.67	53	7.85	55	0.03	50	0.07	49	-0.24	22	63.63	56
1358	41118266	82.65		0.31	49	-0.23	60	-8.53	55	-2.14	25	0.02	52	0.06	23	-0.10	21		
1359	15619039	82.63	88.90	-1.05	49	-1.32	55	12.89	49	-28.15	50	-0.02	46	0.02	45	0.00	15		
1360	15618315	82.47	96.62	0.97	50	-1.02	56	-16.12	50	9.32	52	-0.03	47	-0.01	47	0.07	53		
1361	15418514	82.43		-2.11	50	0.27	28	0.07	27	-7.96	25	0.03	25	0.02	23	-0.03	25		
1362	22216609	82.42		-1.93	55	1.79	61	-4.78	56	-4.96	57	0.03	53	-0.03	53	0.10	28		
1363	15516X02*	81.89	65.54	0.06	25	-0.19	31	-14.43	30	7.47	30	0.03	28	0.00	27	0.01	30	-644.17	10
1364	41413185	81.60	85.52	0.16	50	0.39	57	-7.83	51	-5.25	53	0.00	48	0.02	48	0.03	54	-93.97	6
1365	41410113	81.42	102.52	-0.41	54	3.81	60	2.68	54	-28.99	57	-0.11	52	-0.05	52	-0.04	58	373.22	18
1366	41118297	81.40		0.48	53	1.73	35	-9.98	59	-6.81	60	-0.15	57	0.24	55	-0.15	57		
1367	65112584	81.36	73.51	0.44	53	0.98	59	3.42	53	-26.06	55	-0.03	50	-0.09	50	-0.01	56	-417.94	58
1368	41118942	81.33	102.70	-0.56	53	1.73	60	3.66	54	-24.56	55	-0.09	51	-0.03	50	-0.05	24	379.57	14
1369	15216705	81.23	77.23	0.49	48	-1.40	54	-12.51	48	5.35	50	0.01	45	0.09	44	0.12	52	-314.41	3
1370	41417129	81.14		-0.09	23	-1.23	61	-12.13	56	6.47	57	0.12	53	0.03	52	0.10	58		
1371	41114260	80.93		0.68	52	1.06	61	-20.84	56	11.13	58	0.10	54	0.06	53	-0.06	59		
1372	15210409*	80.93		0.94	12	-1.48	21	-20.22	19	15.85	14	0.11	16	0.00	13	0.09	14		
1373	41215402	80.87	110.56	0.29	55	-0.70	60	-7.44	55	-4.15	57	0.02	53	0.00	52	0.06	58	601.76	19

（续）

序号	牛号	CBI	TPI	体型外貌评分		初生重		6月龄重		18月龄重		6~12月龄日增重		12~18月龄日增重		18~24月龄日增重		4%乳脂率校正奶量	
				EBV	r²(%)	EBV	r²(%)	EBV	r²(%)	EBV	r²(%)	EBV	r²(%)	EBV	r²(%)	EBV	r²(%)	EBV	r²(%)
	64115313																		
1374	22119003	80.79		-0.47	16	1.69	31	-4.75	58	-11.87	31	0.07	55	0.06	29	-0.09	28		
1375	15415304	80.65	82.87	1.31	52	-1.51	59	-20.37	53	14.48	55	0.00	50	0.17	50	-0.19	56	-150.72	8
1376	41215404*	80.57	88.63	-0.25	55	-1.71	61	-3.86	56	-5.33	58	0.05	53	0.01	53	0.05	59	7.89	11
	64115316																		
1377	53111249*	80.54		-1.19	49	0.12	57	-13.91	50	9.49	52	-0.14	47	0.30	46	-0.23	53		
1378	41410148	80.53		-1.14	53	2.34	59	-3.18	54	-13.68	56	0.16	51	-0.18	51	0.05	57		
1379	41417128	80.51		0.29	23	1.87	59	-23.43	54	14.25	56	0.24	51	-0.04	50	-0.07	57		
1380	53214164	80.46	70.61	-1.07	54	0.58	59	11.03	54	-32.03	56	-0.11	52	-0.11	52	-0.19	57	-482.60	17
1381	15618911	80.36		-0.12	49	0.53	54	-0.76	49	-16.89	50	-0.10	45	0.02	44	-0.03	8		
1382	37110069*	80.28	85.79	0.00	18	-1.69	58	-3.40	53	-7.34	54	0.00	50	-0.03	50	-0.03	56	-64.85	8
1383	41116932	80.21		0.49	51	0.43	60	-19.58	55	10.89	56	0.14	50	-0.03	49	0.04	58		
1384	14117117	79.70	83.49	-2.53	52	0.01	58	-9.82	52	7.76	54	0.18	49	-0.17	48	-0.08	55	-118.34	15
1385	41415191	79.66	94.75	-0.27	53	2.30	60	-0.70	54	-21.71	55	-0.11	51	-0.03	50	-0.17	56	189.93	55
1386	21211106	79.10	63.97	-1.69	52	5.19	58	-0.93	52	-23.95	54	-0.13	51	0.00	49	0.03	55	-641.26	56
1387	41316224	79.09		-0.91	52	1.00	60	-11.17	55	0.45	25	0.04	52	-0.09	23	-0.02	23		
	41116224																		
1388	41118292	79.08		-0.59	52	4.28	63	-9.37	58	-12.35	58	0.04	56	-0.05	54	-0.19	59		
1389	53213147	78.86		-0.83	48	1.71	55	0.24	49	-20.16	51	-0.02	46	-0.09	45	0.11	52		
1390	15617033	78.58		-0.10	52	2.11	57	20.44	52	-56.50	53	-0.07	49	-0.32	48	-0.07	16		
	22217133																		
1391	14116419	78.22	73.03	-0.32	52	3.13	59	-26.25	53	15.82	54	0.23	50	-0.01	49	-0.20	56	-379.63	11
1392	62106821	78.09	73.99	-0.80	49	-3.62	57	-37.46	51	53.30	53	0.22	48	0.21	48	-0.28	54	-351.44	10
1393	41218486	77.64		-3.10	64	-0.83	59	5.79	53	-14.51	53	-0.04	50	0.02	47	0.04	54		
1394	41115276	77.57	92.59	0.29	50	0.86	61	-22.23	55	12.45	57	0.09	52	0.02	51	0.07	57	165.23	5
1395	15213327	77.53		-0.91	55	3.60	62	-6.56	57	-15.15	57	-0.05	54	-0.01	53	0.24	59		
1396	21113726	76.73		0.40	52	-2.81	42	-14.96	41	9.39	40	0.02	40	0.07	39	0.02	18		
1397	41409198	76.72		-0.68	46	-1.75	53	-4.88	46	-5.27	48	0.04	43	-0.05	42	0.01	50		

（续）

序号	牛号	CBI	TPI	体型外貌评分		初生重		6月龄重		18月龄重		6~12月龄日增重		12~18月龄日增重		18~24月龄日增重		4%乳脂率校正奶量	
				EBV	r^2 (%)	EBV	r^2 (%)	EBV	r^2 (%)	EBV	r^2 (%)	EBV	r^2 (%)	EBV	r^2 (%)	EBV	r^2 (%)	EBV	r^2 (%)
1398	36108798	76.69		0.98	46	-2.18	52	12.65	45	-38.58	47	-0.16	42	-0.09	41	-0.13	49		
1399	22117085	76.64		-0.34	54	4.13	63	9.45	59	-45.10	60	-0.01	56	-0.23	55	0.16	60		
1400	41213426 64113426	76.57	78.48	0.87	54	-2.12	59	-7.05	54	-7.02	56	0.05	52	0.00	51	0.05	57	-203.72	17
1401	15209001*	76.56		-0.56	22	2.44	26	-11.97	25	-5.68	25	0.03	23	0.05	23	0.01	25		
1402	14116304	76.51	93.45	-0.74	55	0.47	59	-21.45	53	15.31	55	0.26	50	-0.06	50	-0.05	56	205.96	19
1403	41116220	76.21		-0.06	53	-2.21	64	-12.59	59	5.38	59	0.11	56	-0.09	55	0.21	57		
1404	41118914	76.09	92.68	-0.76	52	1.43	58	-15.32	52	2.71	54	0.01	49	0.06	49	-0.10	55	191.85	14
1405	41109240*	76.05	67.02	-0.94	54	1.39	62	-4.80	57	-13.28	58	0.04	54	-0.03	54	0.14	59	-508.31	16
1406	53110216*	75.76		-0.62	47	4.79	55	-25.73	48	9.56	50	0.12	45	0.07	44	-0.31	51		
1407	41118944	75.64	83.95	-0.37	53	3.28	60	-23.54	54	9.01	55	0.19	51	0.09	50	0.14	23	-39.16	9
1408	53213150	75.42	53.96	0.98	53	7.10	59	-0.95	53	-42.59	55	-0.08	51	-0.11	50	-0.08	57	-854.59	13
1409	43117101	75.32		1.09	24	5.73	60	-9.21	54	-26.32	56	0.03	51	-0.09	50	0.29	57		
1410	41114212	75.18		1.26	55	0.29	67	-25.88	63	13.90	54	0.16	56	0.06	49	0.18	56		
1411	41215408* 64115321	74.60	90.19	-0.69	53	-0.85	59	-6.68	53	-6.63	55	0.04	51	-0.01	50	-0.04	56	148.15	15
1412	41218487	74.33		-2.26	66	-7.03	60	3.68	55	-0.87	55	0.06	52	-0.04	51	-0.02	56		
1413	15216541*	74.21		1.34	49	-0.83	57	3.19	50	-30.67	52	-0.11	47	-0.07	47	0.27	54		
1414	43117100	74.14		0.91	24	2.77	59	-18.00	54	-4.77	56	0.02	51	0.02	50	0.11	57		
1415	41110912	74.03	105.85	1.32	57	0.93	61	-2.85	55	-25.76	57	-0.02	53	-0.09	52	0.32	58	585.23	20
1416	37105303*	73.94	73.88	-0.39	4	2.92	55	-9.28	49	-14.18	51	-0.01	46	-0.02	45	0.03	52	-286.38	2
1417	41109218	73.90	80.75	0.99	50	-0.12	58	-7.62	51	-14.19	54	0.04	48	-0.06	48	0.11	54	-98.02	6
1418	41117924	73.73	89.66	0.21	53	0.66	59	-19.68	54	5.88	55	0.04	51	0.03	50	-0.02	57	148.23	7
1419	22117113	73.53		0.37	7	-1.42	58	7.98	51	-33.56	53	-0.07	48	-0.13	48	0.24	54		
1420	15209919	73.24	78.95	-3.54	51	4.21	59	-10.44	53	-4.11	54	-0.03	51	0.06	49	0.00	55	-136.21	7
1421	36111214	72.88		0.96	46	-0.29	53	-18.44	46	2.73	48	-0.18	43	0.43	42	-0.18	50		
1422	11111905	72.85		-0.58	49	-0.15	64	-1.51	59	-18.65	60	-0.10	57	0.00	56	-0.11	52		
1423	21114729	72.60	82.19	-0.27	52	1.59	31	1.09	29	-28.87	56	0.08	28	0.14	51	0.04	56	-37.35	14

（续）

序号	牛号	CBI	TPI	体型外貌评分		初生重		6月龄重		18月龄重		6~12月龄日增重		12~18月龄日增重		18~24月龄日增重		4%乳脂率校正奶量	
				EBV	r^2(%)	EBV	r^2(%)	EBV	r^2(%)	EBV	r^2(%)	EBV	r^2(%)	EBV	r^2(%)	EBV	r^2(%)	EBV	r^2(%)
1424	41115294	72.51		-0.51	52	0.09	64	-10.84	59	-5.00	59	0.03	56	-0.01	55	-0.10	34		
1425	41213042*	72.32		0.72	47	-1.25	54	5.50	48	-32.47	49	-0.09	45	-0.07	43	-0.06	51		
1426	22218107	72.23	59.87	-0.56	14	-0.72	20	-11.05	19	-2.57	18	0.02	18	-0.02	17	-0.01	18	-640.71	7
1427	41118286	72.16		-2.75	51	-2.15	64	0.55	59	-8.79	58	-0.05	56	0.02	53	-0.19	58		
1428	15618945	71.94		0.81	51	-0.53	32	-5.31	56	-17.80	32	-0.12	31	0.04	30	-0.08	30		
	22118079																		
1429	41218489	71.48		-1.29	53	-2.50	60	-10.62	55	3.68	55	-0.01	52	0.01	50	0.01	56		
1430	65113594	70.82	118.43	0.08	54	3.09	59	0.93	54	-35.48	56	-0.11	51	0.04	51	-0.24	57	981.44	59
1431	41117918	70.46	90.12	-0.40	53	1.03	59	-3.30	53	-21.73	55	0.03	51	-0.13	50	-0.11	57	214.18	14
1432	41116914	70.15	83.57	1.44	52	-0.30	59	-21.23	54	2.97	23	0.04	50	0.00	21	-0.05	23	40.44	5
1433	41117922	70.04	103.01	-1.42	53	1.89	59	-17.30	53	1.94	55	0.10	49	-0.06	49	0.03	56	573.03	9
1434	65107530	69.74	78.99	-1.79	51	0.26	58	-16.67	52	6.43	54	0.05	50	0.01	49	-0.19	56	-77.90	6
1435	11119711	69.62	76.42	-2.16	48	-1.68	54	-4.81	47	-5.99	7	0.03	44	0.03	7	-0.03	7	-145.96	9
1436	53114325*	69.47		-1.74	47	0.44	55	-9.28	48	-6.26	50	-0.01	45	0.05	44	-0.14	51		
1437	15618931	68.94		-0.86	47	-2.65	62	-1.28	58	-14.71	31	-0.06	55	-0.07	29	0.06	30		
	22118011																		
1438	41118274	68.92	79.16	0.49	52	-0.42	61	-19.43	56	3.04	28	0.16	53	0.02	26	0.06	29	-59.85	5
1439	22118111	68.63		-0.05	16	2.17	30	-18.74	58	-3.06	31	0.09	55	0.07	29	-0.06	29		
1440	21114731	68.58	102.84	0.55	52	-0.48	37	-10.08	34	-12.30	58	0.02	32	0.07	54	-0.02	59	592.53	10
1441	41117944	68.32	89.05	-0.82	53	1.32	60	0.55	55	-28.86	56	-0.06	52	-0.11	51	-0.10	57	220.21	8
1442	41217473	68.08		0.75	54	-0.52	55	-2.45	55	-25.57	55	0.07	52	-0.04	51	0.08	56		
1443	37110649*	67.74	78.24	0.96	34	0.40	63	-3.50	58	-27.44	60	-0.04	56	-0.05	56	-0.04	61	-65.78	56
1444	41217471	67.50		1.27	54	-0.79	60	-1.47	55	-28.90	56	0.00	52	-0.01	50	0.00	56		
1445	41118288	67.03		-0.14	49	1.50	63	-6.50	57	-21.85	57	0.01	54	0.00	51	-0.08	56		
1446	15615328	66.89		-3.10	54	4.46	60	-7.45	55	-16.79	25	0.04	22	-0.04	23	-0.06	24		
	22215128																		
1447	22119021	66.85		-0.03	10	1.16	29	-16.13	57	-6.23	29	0.12	54	0.09	26	-0.04	27		
1448	15209006*	66.79		0.25	18	2.31	22	-12.93	22	-15.50	21	-0.02	20	0.02	20	0.03	21		

（续）

序号	牛号	CBI	TPI	体型外貌评分 EBV	r²(%)	初生重 EBV	r²(%)	6月龄重 EBV	r²(%)	18月龄重 EBV	r²(%)	6~12月龄日增重 EBV	r²(%)	12~18月龄日增重 EBV	r²(%)	18~24月龄日增重 EBV	r²(%)	4%乳脂率校正奶量 EBV	r²(%)
1449	41317038	66.75		-0.35	54	-1.75	60	3.46	55	-28.60	56	0.00	53	-0.14	52	0.02	56		
	41117206																		
1450	41410121	66.52	68.17	-0.13	49	1.48	57	-1.17	49	-30.81	52	-0.05	46	-0.12	46	-0.06	53	-320.66	8
1451	65112534	66.37	56.94	-0.49	54	2.56	60	-7.22	54	-22.73	56	0.01	52	-0.02	52	0.06	57	-624.89	59
1452	65112514	66.25	70.35	-0.33	55	3.34	60	3.34	55	-42.39	56	-0.03	53	-0.10	52	0.06	58	-256.70	58
1453	21116721	66.23		-1.42	21	0.99	60	-5.70	55	-17.52	57	-0.08	53	0.14	52	0.35	58		
1454	41415160	66.16		-1.13	52	-1.43	59	-16.23	53	4.49	54	0.04	50	0.05	49	0.21	56		
1455	41116926	65.84	93.53	1.19	54	1.02	61	-17.79	55	-8.82	56	0.02	52	-0.01	51	-0.19	57	383.11	8
1456	15210324*	65.76		-1.09	48	-0.96	56	-2.01	51	-19.92	51	0.00	47	-0.15	45	-0.04	52		
1457	53212144	65.62	78.74	-0.45	56	-1.73	61	0.06	56	-23.82	57	0.03	53	-0.10	53	0.01	58	-17.30	20
1458	65111568	65.49	129.96	-0.08	55	6.81	61	-15.33	56	-23.44	58	0.05	53	-0.08	53	-0.01	59	1383.59	59
1459	21216215	65.25	76.78	-0.46	50	2.37	58	-3.91	52	-28.65	53	-0.02	49	-0.09	48	0.22	54	-64.84	54
1460	22119007	65.05		-0.15	12	0.86	28	-7.23	57	-20.68	30	0.00	54	0.07	27	0.04	28		
1461	65112503	65.01	115.72	-0.08	57	0.21	63	-2.69	58	-26.53	59	0.00	55	-0.08	55	-0.01	60	1002.77	63
1462	15210613*	63.43		2.15	48	-2.89	55	-3.72	49	-26.77	51	-0.01	46	-0.11	45	-0.08	52		
1463	62107418	63.28	87.64	-0.12	13	0.71	56	-7.73	50	-21.16	52	0.01	48	-0.13	46	-0.01	53	264.29	4
1464	22210037	62.65	59.20	-0.37	52	1.15	59	-26.57	53	8.14	54	0.23	50	-0.04	49	-0.11	56	-502.29	11
1465	65111569	62.53	128.18	0.54	55	2.81	61	-13.82	56	-20.23	58	0.06	53	-0.09	53	-0.04	59	1383.59	59
1466	15210419*	62.08		-0.24	13	-1.58	58	-3.49	52	-22.44	54	0.06	49	-0.15	49	0.11	54		
1467	36111212	62.03	93.03	-0.59	49	-2.01	56	-13.01	49	-4.82	51	-0.09	46	0.24	46	-0.05	53	431.75	6
1468	22210011	61.86	61.35	0.18	14	1.00	59	-26.29	53	5.25	55	0.12	50	0.01	49	-0.04	56	-430.39	11
1469	41212443*	61.71	90.69	0.06	54	6.06	60	-24.95	54	-9.95	56	0.20	52	-0.03	51	0.05	57	373.22	18
	64112443																		
1470	43117103	61.53		1.36	23	3.65	60	-11.94	55	-29.56	55	0.08	51	-0.10	50	0.31	56		
1471	65111580	61.39	104.32	-0.66	57	0.89	62	-15.61	58	-8.66	59	0.05	55	-0.01	55	-0.13	60	750.48	61
1472	21212101	61.37	42.64	-2.68	51	1.50	57	4.48	51	-34.40	53	-0.16	48	-0.04	48	-0.04	54	-933.52	56
1473	15617971	61.03		1.56	64	-0.01	66	-3.98	62	-33.75	62	-0.05	44	0.20	59	-0.25	62		
	22217633																		

（续）

序号	牛号	CBI	TPI	体型外貌评分		初生重		6月龄重		18月龄重		6~12月龄日增重		12~18月龄日增重		18~24月龄日增重		4%乳脂率校正奶量	
				EBV	r^2（%）	EBV	r^2（%）	EBV	r^2（%）	EBV	r^2（%）	EBV	r^2（%）	EBV	r^2（%）	EBV	r^2（%）	EBV	r^2（%）
1474	37110061*	60.82	74.12	0.02	18	4.04	58	-7.72	53	-32.70	54	-0.07	50	-0.04	50	0.02	56	-64.85	8
1475	15618091	60.78		0.91	18	-3.35	63	-24.18	58	9.62	58	0.19	55	-0.02	54	0.10	59		
	22118029																		
1476	41118918	60.62	82.83	-0.54	52	-3.88	58	-4.82	52	-14.31	54	-0.12	49	0.11	49	-0.10	55	176.27	12
1477	53214163	60.04	58.35	-1.42	54	-0.26	59	1.49	54	-31.09	56	-0.11	52	-0.06	52	-0.28	57	-482.60	17
1478	65112582	59.53	70.11	-0.60	59	5.80	59	-0.65	53	-47.36	54	-0.05	50	-0.12	49	-0.01	56	-152.98	58
1479	41109210*	58.72	71.46	0.29	20	-3.49	60	-4.77	55	-20.38	57	-0.06	52	-0.07	52	0.07	58	-102.92	10
1480	41116920	58.66		0.80		1.18		-24.48	54	-3.34	25	0.06	51	-0.05	22	-0.04	22		
1481	41118910	58.57		-2.08	51	0.21	58	8.36	52	-41.97	54	-0.15	49	-0.06	49	0.01	55		
1482	22316079	58.05		0.25	1	-0.75	53	-31.19	46	14.12	48	0.19	43	0.06	42	-0.08	50		
1483	41213422*	57.98	71.60	-2.81	55	-1.17	60	-5.63	55	-13.66	56	0.04	53	-0.01	52	0.04	57	-87.09	19
	64113422																		
1484	15619537	57.94	84.36	-0.46	48	1.80	11	-1.93	48	-36.67	49	-0.05	44	0.06	42	0.12	10	262.14	5
1485	41212444	57.68	71.42	1.02	55	-1.29	60	-23.63	55	0.13	57	0.31	53	-0.01	52	0.10	57	-87.09	19
	64112444																		
1486	15212138	57.49		-3.29	55	1.36	33	-8.07	56	-15.04	57	0.00	53	-0.05	52	-0.01	59		
1487	15417507	57.23	65.06	-1.22	53	0.49	60	-21.68	54	0.65	25	0.05	51	-0.03	23	-0.03	25	-253.49	7
1488	15210418*	57.21		-0.18	15	-2.84	64	-10.10	60	-13.06	58	-0.02	58	-0.01	54	-0.08	54		
1489	65112522	56.13	72.63	0.02	55	1.28	60	-3.60	55	-36.06	57	0.01	53	-0.09	52	0.06	58	-28.63	58
1490	22211140	55.93		1.95	50	-1.88	57	-33.19	51	11.78	52	0.10	47	0.17	46	0.21	53		
1491	41212446*	55.70	73.71	0.54	55	-1.32	61	-11.39	56	-19.18	58	0.19	53	-0.01	53	0.09	59	7.89	11
	64112446																		
1492	14110721	54.98	87.26	2.05	53	-0.64	58	-25.21	53	-5.46	55	0.02	50	0.07	50	0.14	56	389.71	16
1493	15617951	54.53		-0.30	49	1.30	56	-9.43	49	-26.97	51	-0.02	11	0.03	46	-0.26	53		
	22217415																		
1494	53213148	54.41	71.96	0.24	53	-1.38	59	-3.08	53	-32.21	55	0.00	51	-0.14	51	0.07	57	-18.79	8
1495	65112527	54.36	51.21	0.64	52	4.04	59	-4.55	53	-45.85	55	-0.04	50	-0.12	50	0.04	56	-584.52	58
1496	15408692	54.31		0.47	49	-0.27	55	-5.32	49	-32.58	51	0.07	46	-0.22	46	0.56	53		

（续）

序号	牛号	CBI	TPI	体型外貌评分		初生重		6月龄重		18月龄重		6~12月龄日增重		12~18月龄日增重		18~24月龄日增重		4%乳脂率校正奶量	
				EBV	r²(%)	EBV	r²(%)	EBV	r²(%)	EBV	r²(%)	EBV	r²(%)	EBV	r²(%)	EBV	r²(%)	EBV	r²(%)
1497	41410115	54.09	61.67	-0.95	51	1.79	58	-3.94	51	-34.88	53	-0.12	48	-0.04	48	-0.13	54	-294.44	9
1498	41118284	53.99		-0.28	52	0.65	57	-14.63	50	-17.50	54	-0.04	47	0.15	45	-0.06	55		
1499	15209003*	53.79		1.26	52	3.05	59	-15.95	54	-27.92	54	-0.03	51	-0.05	49	0.08	56		
1500	36110601	53.50		-0.63	46	0.75	52	-17.00	45	-13.06	47	0.09	42	-0.08	41	0.03	49		
1501	15417508	53.41	85.53	-0.94	53	2.63	59	-12.19	53	-24.58	23	0.05	51	-0.05	22	0.05	23	368.14	16
1502	14116118	53.30		-1.96	47	3.16	54	-26.75	47	1.12	49	0.30	44	-0.16	43	0.02	51		
1503	41415113	53.19	78.86	-0.47	51	1.03	58	-15.91	52	-16.43	54	-0.04	49	0.03	49	-0.05	55	189.74	55
1504	41317059	52.92		0.18	54	-1.75	60	1.77	55	-40.02	56	-0.15	53	0.01	52	-0.03	56		
	41117216																		
1505	15217005	52.83		2.23	48	-3.56	54	-15.13	47	-16.35	50	0.07	44	-0.10	44	0.25	51		
1506	15210622*	52.38		-2.46	51	-1.81	56	-8.16	49	-14.23	51	0.02	46	-0.06	46	-0.09	53		
1507	41410123	52.32	68.53	-1.10	52	1.06	24	-8.82	53	-26.12	54	-0.15	50	-0.08	49	-0.07	55	-78.17	17
1508	22316084	51.91	69.21	-0.14	5	-0.63	54	-33.48	47	13.56	50	0.17	44	0.09	44	-0.10	51	-52.96	4
1509	41118276	51.91		-0.86	49	-4.26	63	-3.33	58	-22.08	57	-0.07	55	-0.01	52	-0.19	55		
1510	15209004*	50.91		-1.81	51	4.23	58	-13.22	52	-25.95	53	-0.02	49	-0.01	48	0.06	55		
1511	36111513	50.75		-0.44	46	-0.23	53	-14.17	46	-18.11	48	0.01	43	-0.13	42	-0.07	49		
1512	65112545	50.39	40.87	-0.74	54	4.99	60	-7.48	54	-41.78	56	0.01	52	-0.10	52	0.07	57	-801.97	59
1513	22217359	50.34		-0.44	47	-2.50	59	9.05	53	-49.49	55	-0.34	50	0.05	50	0.03	56		
1514	41413184	50.00	64.47	-0.64	51	1.74	58	-7.45	52	-33.92	54	-0.07	49	-0.08	49	0.02	55	-150.92	7
1515	62109043	49.57	83.14	-1.17	49	1.63	20	-14.75	18	-20.33	18	0.01	16	0.00	16	-0.08	18	365.75	10
1516	65112531	49.06	44.43	0.35	51	2.97	58	1.29	52	-55.81	54	-0.08	49	-0.14	48	-0.11	55	-682.80	58
1517	15217143	49.04		-0.31	59	-0.66	64	-4.52	61	-34.35	61	-0.19	58	0.13	57	0.17	60		
1518	15210711*	49.04		0.10	50	-1.31	57	-9.06	50	-27.02	52	-0.03	47	-0.06	46	-0.02	54		
1519	15510X59*	48.84	69.30	1.61	48	4.05	52	-10.81	45	-44.48	47	-0.07	41	-0.12	41	-0.05	49	0.00	6
1520	14110624	48.50	83.37	1.17	53	1.26	58	-23.74	53	-15.05	55	0.01	50	0.01	50	0.11	56	389.71	16
1521	21114732	48.44		-0.65	53	-0.20	38	-15.35	36	-17.52	58	0.05	33	-0.12	54	-0.05	58		
1522	15210826	48.38		0.24	49	-1.02	57	-5.75	52	-34.19	51	-0.03	46	-0.12	46	0.03	53		
1523	53110215	48.30		0.29	48	3.92	58	-31.86	52	-5.87	53	0.13	49	0.02	48	-0.25	53		

（续）

序号 牛号	CBI	TPI	体型外貌评分		初生重		6月龄重		18月龄重		6~12月龄日增重		12~18月龄日增重		18~24月龄日增重		4%乳脂率校正奶量	
			EBV	r²(%)	EBV	r²(%)	EBV	r²(%)	EBV	r²(%)	EBV	r²(%)	EBV	r²(%)	EBV	r²(%)	EBV	r²(%)
1524 65112506	47.89	54.38	-1.51	54	1.05	59	0.55	54	-43.34	55	-0.09	51	-0.12	51	-0.01	56	-392.06	59
1525 22217331	47.60		-0.42	50	6.52	59	-27.72	54	-17.21	55	-0.01	51	-0.06	50	-0.06	54		
1526 41215407* 64115319	47.60	81.34	-0.31	63	-0.10	60	-16.17	54	-18.55	56	0.02	52	-0.04	51	-0.06	57	349.07	29
1527 15510X71*	47.46		-0.26	3	3.83	53	-11.40	46	-36.87	48	-0.01	43	-0.13	42	-0.06	49		
1528 15210411*	47.14		-2.19	48	-0.50	55	-4.12	48	-29.77	50	0.01	44	-0.19	44	0.14	52		
1529 53213146	47.11	65.13	-0.07	51	-2.63	56	-7.65	51	-26.82	52	0.03	48	-0.13	47	-0.05	54	-85.72	15
1530 62107601	46.99	75.01	-0.32	14	4.91	57	-17.54	51	-30.09	52	-0.03	48	-0.08	47	0.14	54	186.11	4
1531 41117254	46.54		-7.20	66	-1.23	58	10.77	52	-32.55	54	-0.10	49	-0.12	49	-0.06	55		
1532 41410112	46.45	29.91	-0.61	49	3.13	56	3.34	49	-58.04	51	-0.22	46	-0.10	45	-0.07	53	-1036.56	51
1533 65111581	44.56	94.22	-0.65	57	0.89	62	-12.43	58	-28.46	59	0.04	55	-0.10	55	-0.07	60	750.48	61
1534 65111574	44.02	93.89	-0.42	57	1.62	58	-15.13	58	-27.44	59	0.02	55	-0.07	55	-0.02	60	750.48	61
1535 22118015	43.65		-0.06	8	0.64	60	-0.55	54	-49.85	55	-0.06	52	-0.15	49	0.24	55		
1536 65112516	42.97	45.26	-1.69	53	3.10	56	-8.37	53	-38.11	55	-0.03	50	-0.07	50	-0.23	56	-560.50	58
1537 62111153	41.94		1.16	46	-4.08	23	-14.56	23	-21.25	22	0.05	22	-0.08	22	-0.02	1		
1538 15208031	41.71		-4.44	47	-1.76	55	-12.86	48	-8.48	50	-0.14	45	0.21	44	-0.14	52		
1539 65112525	41.17	49.77	-0.93	54	2.25	61	-7.09	55	-42.43	56	-0.01	52	-0.09	52	0.04	57	-407.59	58
1540 15617939 22217355	40.86		-0.99	47	-3.76	62	7.99	57	-50.60	58	-0.07	54	-0.24	54	0.01	59		
1541 15217124*	40.77		-0.67	57	-0.88	59	-4.94	55	-38.96	55	-0.17	51	0.08	49	0.21	54		
1542 37108009*	39.26	77.82	0.23	21	-0.08	23	-11.19	53	-35.91	55	-0.03	50	-0.07	50	0.10	56	389.71	16
1543 15210605	39.23		0.37	54	-2.75	54	-16.42	46	-21.10	49	0.01	43	-0.07	43	-0.02	51		
1544 65112508	38.53	42.48	-1.67	53	1.78	59	-1.73	53	-49.18	55	-0.09	51	-0.10	50	-0.09	57	-563.60	59
1545 15510X32*	38.51		-1.28	49	4.56	55	-16.13	49	-35.10	51	-0.09	45	-0.06	46	0.00	53		
1546 15407685	37.23		-0.59	49	1.46	55	-9.23	49	-41.70	51	0.05	46	-0.24	46	0.56	53		
1547 65107532	36.57	26.01	-1.35	50	0.95	57	-20.78	51	-19.55	53	0.04	48	-0.03	48	-0.11	54	-981.18	9
1548 11108721*	36.38	52.26	0.87	48	2.01	53	-39.03	47	-2.06	49	0.12	44	0.07	43	-0.03	50	-261.27	54
1549 15618429	36.32		-1.17	47	2.45	53	-22.16	47	-22.22	49	0.01	44	0.00	43	-0.02	50		

（续）

序号 牛号	CBI	TPI	体型外貌评分		初生重		6月龄重		18月龄重		6~12月龄日增重		12~18月龄日增重		18~24月龄日增重		4%乳脂率校正奶量	
			EBV	r²(%)	EBV	r²(%)	EBV	r²(%)	EBV	r²(%)	EBV	r²(%)	EBV	r²(%)	EBV	r²(%)	EBV	r²(%)
22218429																		
1550 41410117	35.89	59.30	-1.18	53	0.41	59	-12.67	53	-32.32	55	-0.01	50	-0.13	50	-0.08	22	-61.04	17
1551 21114750	35.71	67.47	-1.29	55	-1.30	58	-9.97	54	-31.82	57	0.08	52	-0.12	52	0.07	58	164.94	11
1552 15208123*	35.03		-2.75	48	-1.56	59	-20.33	53	-9.50	53	0.01	49	0.00	46	-0.03	51		
1553 41213048*	34.74		0.34	46	0.28	53	-3.43	46	-53.62	48	-0.16	43	-0.06	42	-0.02	50		
1554 15212127*	34.63		-3.91	55	2.15	61	-12.41	56	-27.79	57	-0.02	52	-0.07	52	-0.01	59		
1555 65111571	34.39	94.47	0.07	54	1.77	61	-23.36	56	-25.04	57	0.03	53	-0.07	53	0.14	59	924.06	58
1556 14110706	34.13	62.29	1.15	52	0.84	58	-19.07	52	-33.85	54	0.02	49	-0.09	49	0.13	55	49.32	6
1557 37105302*	33.68	49.17	-0.33	4	0.77	55	-20.97	49	-25.29	51	0.02	46	-0.05	45	-0.05	52	-301.43	2
1558 65105520	32.89	57.41	-0.52	49	0.87	57	-38.23	51	2.05	52	0.09	47	0.06	47	-0.11	54	-63.55	9
1559 21114728	32.89		-2.22	53	0.81	32	-12.13	30	-32.80	58	0.04	28	0.06	53	-0.03	57		
1560 15619194	32.83		-0.48	28	-0.76	60	-0.16	55	-54.59	58	-0.08	52	-0.08	50	-0.01	33		
1561 15210408*	31.00		-2.73	47	-0.26	54	-5.53	47	-40.14	49	0.03	44	-0.25	43	0.26	51		
1562 15210331	30.34		1.30	51	-2.70	56	-11.74	49	-40.06	51	0.03	46	-0.21	45	0.30	52		
1563 65111578	30.29	85.65	-0.17	57	0.53	62	-17.37	58	-33.98	59	0.05	55	-0.13	55	-0.09	60	750.48	61
1564 36111119	29.70	57.18	0.42	49	1.01	13	-28.53	49	-20.24	51	-0.06	46	0.16	46	-0.16	52	-17.61	13
1565 41415163	27.93		-1.31	52	-1.79	59	-19.41	53	-22.18	54	0.04	50	-0.05	49	0.16	56		
1566 65105523	27.81	19.55	-1.18	50	-0.05	59	-40.33	52	5.93	55	0.19	50	0.03	50	-0.25	56	-1014.12	10
1567 11108712*	26.69	93.72	0.70	54	-1.22	61	-36.97	55	-4.61	57	0.11	53	0.06	52	-0.03	58	1029.80	57
1568 62109041	26.17	35.91	-0.81	24	1.91	59	-20.12	54	-34.34	55	0.07	51	-0.11	51	0.01	56	-540.60	16
1569 22316004	25.97		0.18	23	4.88	60	-17.05	55	-51.16	56	-0.10	52	-0.03	51	0.00	57		
1570 65111567	24.30	105.25	0.10	55	1.72	61	-22.55	56	-35.15	57	0.02	53	-0.07	53	-0.12	59	1383.59	59
1571 37105307*	24.27	44.18	-0.37	3	-0.82	55	-21.25	48	-28.68	50	0.03	45	-0.06	45	-0.05	52	-283.58	2
1572 37105304*	23.69	43.80	-0.37	4	0.11	55	-28.88	49	-19.48	51	0.02	46	0.02	45	-0.01	52	-284.37	2
1573 62108037	23.36	44.71	-1.06	47	3.98	55	-15.47	48	-48.71	50	-0.03	45	-0.15	45	-0.23	52	-254.20	5
1574 11114706	21.42	-17.64	-0.84	55	0.62	61	-22.64	56	-30.92	57	-0.04	53	0.00	53	0.09	58	-1925.08	57
1575 65112583	19.49	51.59	-1.00	54	3.06	60	-11.63	54	-56.04	56	-0.07	52	-0.13	52	-0.05	57	-2.76	59
1576 65111579	19.48	85.93	-0.11	56	1.37	61	-24.99	56	-33.73	58	0.04	54	-0.08	54	0.05	59	935.11	59

（续）

序号	牛号	CBI	TPI	体型外貌评分		初生重		6月龄重		18月龄重		6~12月龄日增重		12~18月龄日增重		18~24月龄日增重		4%乳脂率校正奶量	
				EBV	r²(%)	EBV	r²(%)	EBV	r²(%)	EBV	r²(%)	EBV	r²(%)	EBV	r²(%)	EBV	r²(%)	EBV	r²(%)
1577	65111572	19.37	74.52	0.03	55	0.03	61	-23.21	56	-33.63	58	-0.02	54	-0.02	53	-0.09	59	625.38	58
1578	37110043*	17.16	8.16	-0.16	34	-1.24	62	-14.26	57	-45.73	59	-0.02	55	-0.11	54	0.07	60	-1150.67	56
1579	36111710	16.58		-0.18	47	-0.58	53	-13.96	47	-48.41	49	0.25	44	-0.34	43	0.18	50		
1580	65112586	16.27	83.85	-0.16	51	2.93	58	-11.46	52	-62.05	53	-0.12	48	-0.07	48	0.05	54	930.80	58
1581	15205072*	10.69		-2.51	46	-4.10	54	-22.98	47	-20.75	50	0.02	44	-0.02	43	-0.04	51		
1582	22210021	9.23	28.45	-0.03	52	-0.15	58	-10.52	52	-62.04	54	-0.02	20	-0.01	19	-0.02	55	-466.59	13
1583	15210322*	7.21		-1.29	47	-2.42	53	-11.52	46	-51.29	49	-0.01	43	-0.22	43	0.31	51		
1584	65111577	5.94	77.81	-0.21	56	2.83	61	-23.30	56	-51.72	58	0.01	54	-0.13	54	-0.10	59	935.11	59
1585	22316301	3.48		-0.37	54	3.08	57	-18.70	54	-61.26	56	-0.19	52	-0.03	51	0.30	57		
1586	14110628	2.26	55.63	0.29	53	-1.08	58	-31.49	53	-33.48	55	0.03	50	-0.05	50	0.17	56	389.71	16
1587	61212009	1.41	38.64	-1.69	53	2.58	59	-12.89	54	-65.85	55	-0.20	50	-0.08	50	-0.25	56	-60.27	18
1588	11114702	-4.05	-32.71	-1.10	55	-1.56	61	-23.67	56	-44.75	57	-0.07	53	-0.03	53	0.14	58	-1919.12	57
1589	11114709*	-4.17	-33.00	-1.84	56	-1.56	61	-26.72	56	-37.11	57	-0.02	53	-0.04	53	0.18	58	-1925.08	57
1590	37109013*	-6.43	50.41	0.21	52	-3.38	58	-22.92	53	-48.34	55	-0.02	50	-0.11	50	0.07	56	389.71	16
1591	15509X02*	-6.84		-0.21	48	0.01	54	-21.31	48	-58.61	51	-0.07	44	-0.14	44	0.00	52		
1592	37109011*	-9.43	48.62	0.22	21	-2.45	58	-23.18	53	-53.04	55	-0.03	50	-0.11	50	0.05	56	389.71	16
1593	15618019* 22118109	-11.78		-0.16	11	0.46	28	-31.96	57	-47.30	56	0.03	54	0.01	51	-0.06	26		
1594	36111807	-11.96		-0.20	47	0.92	53	-26.81	47	-56.76	49	0.37	44	-0.39	43	0.17	50		
1595	36110808	-12.18	53.40	-0.58	50	0.81	56	-19.66	50	-66.60	51	-0.17	47	-0.04	46	0.33	53	565.48	14
1596	37109025*	-14.05	45.84	0.22	22	-1.30	58	-13.91	53	-74.91	55	-0.11	50	-0.19	50	0.10	56	389.71	16
1597	62108035	-15.08		-0.88	47	4.60	55	-30.20	49	-61.17	51	0.00	46	-0.14	45	-0.10	52		
1598	36110720	-16.25	25.26	0.68	51	-1.21	57	-25.16	52	-60.92	53	-0.16	49	-0.02	48	0.24	55	-136.21	7
1599	37110012*	-18.46	42.18	0.73	29	-0.97	61	-16.72	56	-77.12	58	-0.11	54	-0.18	53	-0.01	59	361.98	18
1600	37109015*	-19.23	42.73	0.26	22	-1.58	58	-18.67	53	-71.25	55	-0.17	50	-0.08	50	0.25	56	389.71	16
1601	36111722	-25.57		0.97	47	1.37	54	-36.45	47	-59.03	49	0.36	44	-0.35	43	0.18	50		
1602	53210118	-27.86		0.49	47	-1.73	54	-45.15	47	-37.06	49	-0.06	44	0.10	44	0.47	51		
1603	36111719	-28.25	28.44	0.85	47	0.55	54	-34.53	47	-58.86	49	0.37	44	-0.37	43	0.21	50	147.21	1

（续）

序号 牛号	CBI	TPI	体型外貌评分		初生重		6月龄重		18月龄重		6~12月龄日增重		12~18月龄日增重		18~24月龄日增重		4%乳脂率校正奶量	
			EBV	r²(%)	EBV	r²(%)	EBV	r²(%)	EBV	r²(%)	EBV	r²(%)	EBV	r²(%)	EBV	r²(%)	EBV	r²(%)
1604 53212135	-32.19		-0.53	47	2.39	55	-23.52	48	-82.28	50	-0.17	45	-0.11	44	0.15	51		
1605 62108039	-33.07	43.14	0.07	15	-0.35	57	-36.86	51	-56.87	53	-0.08	48	-0.01	47	-0.05	54	627.74	10
1606 11110687	-33.68	-26.67	0.33	49	-3.21	58	-36.69	52	-51.10	53	0.00	48	-0.06	48	-0.24	55	-1268.86	53
1607 22316305	-35.19		-0.92	54	1.52	27	-28.79	54	-72.66	56	-0.15	52	-0.05	51	0.28	57		
1608 11110711*	-39.51	0.77	0.27	54	0.04	59	-37.85	53	-62.71	54	-0.03	50	-0.08	49	-0.14	56	-424.00	54
1609 36110817	-44.30	34.13	-1.77	50	-0.11	56	-25.80	50	-77.78	51	-0.14	47	-0.09	46	0.52	53	565.48	14
1610 22316023	-45.95		0.18	17	2.74	59	-30.69	54	-86.58	55	-0.02	51	-0.21	50	0.07	56		
1611 53210117	-45.99	-5.91	-0.63	52	-1.05	58	-49.39	52	-43.59	54	0.06	49	-0.03	49	0.21	55	-500.07	11
1612 11114705	-49.94	41.32	-0.92	55	-2.55	60	-35.28	55	-64.44	56	-0.08	52	-0.02	51	0.14	58	854.41	57
1613 11114701	-68.20	30.37	-1.22	55	-1.46	60	-44.05	55	-68.10	56	-0.07	52	-0.01	51	0.08	58	854.41	57
1614 37109021*	-84.57	3.53	0.26	22	0.14	58	-30.80	53	-113.56	55	-0.23	50	-0.16	50	0.25	56	389.71	16
1615 11114710	-86.05	19.66	-1.11	55	-4.01	60	-40.37	55	-83.27	56	-0.11	52	-0.04	51	0.09	58	854.41	57
1616 37109019*	-124.64	-20.81	0.22	21	0.20	58	-41.87	53	-130.94	55	-0.32	50	-0.10	50	0.22	56	389.71	16
以下种公牛部分性状测定数据缺失，只发布数据完整性状的估计育种值																		
1617 15208127*			0.38	10	—	—	-4.18	45	-19.73	48	0.05	42	-0.16	42	0.15	50		
1618 15215618			0.12	47	1.86	53	—	—	—	—	—	—	—	—	—	—		
1619 22218113			—	—	—	—	-11.65	46	—	—	—	—	—	—	—	—		
1620 22218123			—	—	—	—	-2.91	3	—	—	—	—	—	—	—	—		
1621 22316089			—	—	1.23	52	-25.44	45	23.95	48	0.06	42	0.19	42	-0.09	50		
1622 22316108			—	—	0.17	52	-44.76	45	20.21	48	0.31	42	0.07	42	-0.12	50		
1623 22417091			-1.13	48	—	—	—	—	—	—	—	—	—	—	—	—		
1624 22417093			-2.99	48	—	—	—	—	—	—	—	—	—	—	—	—		
1625 22417097			-0.23	48	—	—	—	—	—	—	—	—	—	—	—	—		
1626 22417141			-0.95	47	—	—	—	—	—	—	—	—	—	—	—	—		
1627 22417143			0.54	46	—	—	—	—	—	—	—	—	—	—	—	—		
1628 22417145			-0.80	48	—	—	—	—	—	—	—	—	—	—	—	—		
1629 22417151			0.00	46	—	—	—	—	—	—	—	—	—	—	—	—		
1630 22417157			-1.56	48	—	—	—	—	—	—	—	—	—	—	—	—		

（续）

序号	牛号	CBI	TPI	体型外貌评分		初生重		6月龄重		18月龄重		6~12月龄日增重		12~18月龄日增重		18~24月龄日增重		4%乳脂率校正奶量	
				EBV	r²(%)	EBV	r²(%)	EBV	r²(%)	EBV	r²(%)	EBV	r²(%)	EBV	r²(%)	EBV	r²(%)	EBV	r²(%)
1631	22417161			-0.59	47	—	—												
1632	22417191			-0.34	48	—	—												
1633	22418011			0.40	48	—	—												
1634	22418015			-0.30	6	—	—												
1635	22418017			-0.10	9	—	—												
1636	22418101			-0.16	5	—	—												
1637	22418105			-1.24	12	—	—												
1638	22418107			-0.35	14	—	—												
1639	22418149			0.07	5	—	—												
1640	63110205			1.01	45	6.69	51	—	—	8.31	47	—	—	—	—	0.23	48		
1641	63110479			-0.34	48	7.10	53												
1642	63110505			-0.84	48	7.46	53												
1643	63110611			0.74	45	1.23	1	—	—	19.56	47	—	—	—	—	0.10	48		
1644	63110802			-0.46	46	2.06	52	—	—	2.54	5	—	—	—	—	0.07	5		

＊ 表示该牛已经不在群，但有库存冻精。

— 表示该表型值缺失，且无法根据系谱信息估计出育种值。

（续）

表4－1－5　西门塔尔基因组牛估计育种值

排名	牛号	GCBI	产犊难易度		断奶重（kg）		育肥期日增重（kg/d）		胴体重（kg）		屠宰率（%）	
			GEBV	Rank（%）	GEBV	Rank（%）	GEBV	Rank（%）	GEBV	Rank（%）	GEBV	Rank（%）
1	15208131˙	300.57	0.20	55	61.91	1	0.13	1	36.19	1	0.0017	10
2	15618937	246.76	0.23	55	64.94	1	0.03	10	9.52	10	-0.0010	85
3	53114303	230.89	0.06	45	74.77	1	0.02	10	-13.05	90	-0.0016	95
	22114007											
4	41113268	230.53	-0.44	25	36.20	5	-0.04	60	42.13	1	-0.0024	95
5	15217181	219.34	0.21	55	40.56	5	0.05	5	20.67	5	0.0007	30
6	41116242	216.78	-0.30	30	32.44	10	-0.02	35	35.74	1	-0.0014	90
7	41117268	215.76	-0.03	40	49.61	5	0.02	10	9.12	10	-0.0003	60
8	22218119	209.66	-0.02	40	58.89	1	-0.03	55	-0.57	45	0.0001	50
9	53114305	209.45	-0.12	35	49.75	5	0.03	5	2.98	30	0.0003	40
	22114015											
10	15216542	206.39	0.50	75	32.75	10	0.08	1	19.27	5	0.0008	25
11	41117266	205.91	0.28	60	55.79	1	0.01	15	-3.50	60	0.0007	30
12	15618939	203.43	-0.30	30	44.06	5	0.01	15	9.15	10	0.0002	45
	22218939											
13	15217171	202.76	-0.11	35	38.60	5	0.05	5	11.12	10	-0.0007	80
14	15611345	200.22	-0.25	30	11.46	40	0.02	10	47.61	1	-0.0004	65
	22211145											
15	15618935	197.43	0.13	50	41.83	5	0.03	5	6.23	20	-0.0001	55
	22218935											
16	15217893	197.18	0.34	65	51.41	5	-0.03	55	1.55	35	0.0011	20
17	15217182	195.45	-0.14	35	27.28	10	0.04	5	21.75	5	0.0003	40
18	22217091	194.10	0.09	50	28.38	10	0.04	5	20.39	5	0.0011	20
19	15617923	193.05	0.18	55	45.56	5	-0.02	35	4.28	25	0.0004	40
	22217323											
20	15217244	189.62	0.17	55	37.59	5	0.06	5	3.77	25	-0.0012	85
21	22217321	188.56	0.55	80	45.49	5	0.02	10	-1.46	50	-0.0002	60
22	15217229	186.78	0.22	55	43.42	5	0.04	5	-3.92	60	-0.0017	95

（续）

排名	牛号	GCBI	产犊难易度		断奶重（kg）		育肥期日增重（kg/d）		胴体重（kg）		屠宰率（%）	
			GEBV	Rank（%）	GEBV	Rank（%）	GEBV	Rank（%）	GEBV	Rank（%）	GEBV	Rank（%）
23	15216581	183.04	0.14	50	30.09	10	-0.04	60	20.42	5	-0.0003	60
24	15617930	181.91	-0.63	20	43.41	5	0.01	15	-5.01	65	0.0003	40
	22217330											
25	15618943	179.53	0.00	45	41.21	5	0.01	10	-3.01	55	-0.0006	75
	22118051											
26	22218605	179.47	0.27	60	38.35	5	0.02	10	0.98	40	0.0004	40
27	15215421˙	176.68	-0.38	25	33.30	10	0.02	10	4.06	25	-0.0005	70
28	22217313	176.07	-0.16	35	47.71	5	-0.02	40	-10.40	80	-0.0001	55
29	15216234	175.50	-0.07	40	37.95	5	0.01	15	-1.15	50	-0.0001	55
30	22217611	172.89	0.35	65	40.67	5	-0.01	25	-3.41	60	0.0012	20
31	15218661	172.09	0.19	55	34.54	10	-0.03	55	6.75	15	0.0006	30
32	15216111	171.95	0.37	65	38.49	5	-0.03	55	1.68	35	0.0001	50
33	15208603˙	171.77	0.26	60	47.26	5	-0.07	80	-4.92	65	0.0014	15
34	15217001	171.75	-0.19	35	37.41	5	-0.04	65	3.03	30	-0.0005	70
35	41413193	171.66	-0.74	15	32.68	10	0.00	25	3.11	30	0.0000	55
36	15217141	171.47	0.60	85	38.64	5	0.00	20	-2.19	50	0.0012	20
37	15215510	170.78	0.35	65	44.64	5	-0.06	75	-3.35	60	0.0013	15
38	22217315	170.28	-0.10	35	41.94	5	-0.02	35	-6.69	70	-0.0001	55
39	15617934	169.85	-0.33	30	46.57	5	-0.03	50	-12.37	85	0.0012	20
	22217334											
40	22118035	168.77	-0.18	35	28.07	10	0.01	15	7.37	15	0.0006	30
41	13317106	168.71	0.28	60	39.92	5	-0.01	35	-4.65	65	0.0009	25
42	15611344	168.43	-0.28	30	11.96	35	0.04	5	24.53	5	-0.0018	95
	22211144											
43	15617955	168.32	-0.12	35	37.64	5	-0.02	45	-1.59	50	0.0002	45
	22217517											
44	22118027	166.69	-0.36	25	19.31	20	0.05	5	11.71	10	-0.0002	60
45	15215212	164.93	-0.21	30	37.52	5	0.04	5	-10.73	85	-0.0010	85
46	15619194	164.73	-0.63	20	28.21	10	0.01	10	2.57	30	-0.0002	60
47	15218551	161.25	-0.54	20	17.50	20	0.01	15	15.14	5	-0.0001	55

（续）

排名	牛号	GCBI	产犊难易度		断奶重（kg）		育肥期日增重（kg/d）		胴体重（kg）		屠宰率（%）	
			GEBV	Rank（%）	GEBV	Rank（%）	GEBV	Rank（%）	GEBV	Rank（%）	GEBV	Rank（%）
48	11117957	161.23	0.76	95	47.07	5	-0.09	85	-8.67	75	-0.0009	80
49	15618941	161.02	-0.85	15	32.01	10	0.00	25	-3.15	55	-0.0012	90
	22218941											
50	22116067	160.97	0.31	65	22.12	15	0.04	5	7.73	15	-0.0006	75
51	15217517	160.91	-0.25	30	22.48	15	0.00	20	9.87	10	0.0000	50
52	15216112	160.77	-0.08	40	24.44	15	-0.02	50	10.93	10	0.0001	50
53	15216221	159.85	-0.20	35	27.83	10	0.01	15	1.05	35	-0.0001	55
54	22217320	158.88	-0.28	30	41.31	5	-0.01	30	-14.44	90	0.0005	35
55	13317104	158.47	0.22	55	21.53	15	0.04	5	6.85	15	-0.0006	75
56	11118959	157.88	-1.29	10	30.01	10	-0.06	75	2.85	30	0.0005	35
57	22217308	157.13	-0.36	25	39.53	5	-0.05	70	-9.02	80	-0.0001	55
58	15217663	156.72	0.27	60	32.05	10	0.03	10	-6.79	70	0.0000	50
59	41118266	156.23	-0.18	35	24.24	15	0.00	25	5.37	20	0.0001	50
60	15217669	155.16	0.08	45	38.80	5	-0.06	75	-6.52	70	0.0010	20
61	22118077	155.08	0.23	55	20.63	15	0.06	5	2.91	30	-0.0003	60
62	41114244	154.28	-0.75	15	26.98	10	-0.01	35	0.25	40	-0.0007	75
63	15217191	153.97	0.07	45	34.79	10	-0.06	75	-2.19	50	-0.0005	70
64	41113264	153.95	-0.81	15	16.21	25	0.04	5	7.45	15	-0.0009	85
65	15217582	153.94	0.00	40	32.35	10	-0.04	65	-1.25	50	-0.0006	75
66	22118111	153.91	-0.78	15	20.57	15	-0.01	30	7.78	15	-0.0003	65
67	43117102	153.47	0.21	55	38.40	5	-0.05	65	-8.65	75	-0.0007	80
68	11116921·	153.47	-0.72	20	25.60	10	-0.02	45	2.64	30	0.0001	50
69	15617935	152.73	-0.62	20	35.99	5	-0.01	30	-12.50	85	-0.0004	70
	22217335											
70	41114210	152.53	-0.68	20	29.86	10	-0.03	50	-2.96	55	0.0005	35
71	15212612	152.25	0.25	60	11.52	40	-0.01	30	21.13	5	-0.0007	80
72	22217326	152.04	-0.42	25	35.60	5	-0.02	40	-10.81	85	0.0000	50
73	41118236	151.83	-0.70	20	24.93	15	-0.05	70	5.50	20	0.0007	30
74	15216571	151.76	0.28	60	19.18	20	-0.03	60	14.00	10	-0.0011	85
75	15217232	151.54	-0.10	35	34.79	10	0.00	25	-11.16	85	-0.0004	65

（续）

排名	牛号	GCBI	产犊难易度		断奶重 （kg）		育肥期日增重 （kg/d）		胴体重 （kg）		屠宰率 （%）	
			GEBV	Rank （%）	GEBV	Rank （%）	GEBV	Rank （%）	GEBV	Rank （%）	GEBV	Rank （%）
76	11117987	151.30	-0.16	35	52.41	5	-0.06	75	-28.35	99	0.0024	10
77	41117210	151.22	0.22	55	38.87	5	-0.08	85	-6.27	70	0.0013	15
78	41114250	149.05	-0.47	25	18.37	20	-0.01	25	7.95	15	-0.0018	95
79	15216241	148.65	0.47	75	35.06	10	0.04	5	-16.94	95	-0.0003	65
80	15215225	148.52	0.18	55	22.96	15	-0.03	60	6.66	15	-0.0009	80
81	15217005	148.27	-0.13	35	17.99	20	-0.01	25	8.85	15	-0.0011	85
82	15216223	148.03	0.00	40	19.65	20	0.05	5	-0.34	45	-0.0016	95
83	22118015	147.29	0.47	75	26.11	10	0.04	5	-6.07	70	0.0006	30
84	22119013	147.02	0.27	60	19.11	20	0.04	5	1.76	35	0.0002	45
85	41117252	146.67	-0.17	35	28.22	10	-0.02	45	-3.94	60	-0.0002	60
86	15217111	146.39	-0.26	30	20.31	15	0.01	15	2.64	30	0.0002	45
87	15213915	145.90	0.27	60	11.39	40	-0.02	40	18.15	5	0.0006	35
88	41114264	145.59	0.21	55	11.65	35	0.01	15	14.30	10	-0.0008	80
89	15216011	145.59	0.06	45	-2.25	80	-0.02	50	35.98	1	-0.0002	60
90	41114252	145.59	-0.02	40	18.58	20	-0.03	50	8.92	10	-0.0009	85
91	41218482	145.26	-1.28	10	9.16	45	-0.01	25	15.30	5	0.0007	30
92	15216114	144.74	-0.23	30	22.06	15	0.01	15	-0.85	45	-0.0001	55
93	15208031	144.70	0.60	85	16.17	25	0.01	20	9.07	10	0.0017	10
94	41114204	144.70	-0.70	20	21.10	15	0.01	15	-1.22	50	-0.0010	85
95	41118272	144.45	-0.64	20	15.27	25	-0.02	40	9.95	10	0.0000	55
96	22217027	144.07	0.46	75	24.40	15	0.00	20	-1.58	50	0.0009	25
97	15217112	143.48	-0.10	35	18.97	20	0.01	15	2.33	30	0.0012	20
98	15215417	143.47	0.24	60	24.59	15	-0.06	75	4.58	25	-0.0005	70
99	22115061	143.40	0.18	55	22.65	15	0.02	10	-2.41	55	-0.0010	85
100	22217333	142.74	0.44	75	17.45	20	0.03	5	2.44	30	-0.0007	75
101	15217139	142.74	0.00	45	23.88	15	0.01	15	-4.21	60	-0.0002	60
102	22217617	142.66	0.24	60	34.08	10	-0.05	70	-9.91	80	0.0013	15
103	41113274	142.50	-0.21	30	29.74	10	-0.02	40	-9.05	80	-0.0008	80
104	15617957	142.32	0.23	60	32.40	10	-0.04	65	-8.52	80	0.0010	20
	22217615											

（续）

排名	牛号	GCBI	产犊难易度		断奶重（kg）		育肥期日增重（kg/d）		胴体重（kg）		屠宰率（%）	
			GEBV	Rank（%）	GEBV	Rank（%）	GEBV	Rank（%）	GEBV	Rank（%）	GEBV	Rank（%）
105	22118113	142.08	0.28	60	27.99	10	0.02	10	-10.44	80	0.0002	45
106	41213429* 64113429	141.71	-0.88	15	16.89	25	0.02	10	1.26	35	-0.0012	90
107	15212418	141.15	-0.42	25	10.18	40	0.04	5	8.13	15	-0.0003	65
108	15214127	141.03	-0.13	35	34.36	10	-0.05	70	-12.35	85	0.0011	20
109	41112234	140.47	-0.13	35	26.64	10	0.01	15	-9.98	80	-0.0007	80
110	15617975 22217729	140.01	0.09	50	22.76	15	-0.02	40	-0.81	45	0.0003	40
111	41113270	139.49	-0.10	35	15.37	25	-0.02	35	7.57	15	0.0004	40
112	41218489	139.16	-1.43	5	7.80	50	0.02	10	9.47	10	0.0006	30
113	41117254	138.98	-0.02	40	23.93	15	-0.02	45	-2.79	55	0.0001	50
114	11116911*	138.86	-0.38	25	16.11	25	-0.01	35	5.39	20	0.0004	35
115	15216541*	138.55	-0.68	20	16.62	25	0.00	25	2.47	30	0.0008	25
116	15216226	138.54	-0.28	30	25.09	15	-0.03	50	-4.94	65	0.0007	30
117	41118210	138.07	-0.40	25	17.39	20	0.01	15	-0.14	45	0.0008	25
118	41118262	137.89	-0.35	30	19.51	20	-0.01	30	-0.08	40	-0.0015	90
119	15217735	137.84	-0.21	30	15.02	30	0.00	20	4.31	25	-0.0003	65
120	22217304	137.61	-0.24	30	26.43	10	-0.01	35	-8.72	75	-0.0001	55
121	22218803	137.51	0.52	80	13.86	30	-0.08	85	16.95	5	0.0007	30
122	15217684	137.45	0.09	50	20.75	15	-0.04	65	3.10	30	0.0017	10
123	53115344	137.43	-0.40	25	9.79	45	-0.01	25	11.48	10	-0.0005	70
124	22217769	137.17	0.41	70	11.53	35	0.01	10	8.75	15	-0.0001	55
125	41413143	136.64	-0.74	15	26.72	10	-0.02	45	-9.91	80	-0.0014	90
126	15217142	136.37	0.08	45	18.01	20	-0.02	40	2.98	30	0.0006	30
127	15212310*	135.79	-0.04	40	12.99	35	0.03	10	3.34	25	-0.0010	85
128	41415117	135.78	0.42	70	9.90	45	-0.02	45	14.19	10	0.0004	40
129	22117027	135.77	0.11	50	27.28	10	-0.03	50	-8.58	75	0.0015	15
130	15212251	135.43	-0.07	40	16.02	25	-0.03	55	5.87	20	-0.0008	80
131	22215317	135.19	0.75	95	5.87	55	-0.02	40	19.73	5	-0.0003	65
132	22211106	135.15	0.29	60	14.94	30	0.01	15	3.63	25	-0.0005	70

（续）

排名	牛号	GCBI	产犊难易度		断奶重（kg）		育肥期日增重（kg/d）		胴体重（kg）		屠宰率（%）	
			GEBV	Rank（%）	GEBV	Rank（%）	GEBV	Rank（%）	GEBV	Rank（%）	GEBV	Rank（%）
133	15618933	134.71	0.26	60	19.83	20	0.03	10	-5.25	65	-0.0004	70
	22218933											
134	41418183	132.14	0.08	45	11.64	35	-0.04	60	10.91	10	-0.0004	65
135	15215309	131.62	0.39	70	21.38	15	-0.03	50	-2.68	55	0.0013	15
136	15210331	131.46	-0.30	30	7.63	50	-0.03	55	13.58	10	-0.0002	60
137	15217143	131.28	0.54	80	13.48	30	0.01	15	3.44	25	0.0012	20
138	22212117	130.96	-0.06	40	15.81	25	-0.02	40	2.11	30	-0.0009	85
139	15615328	130.78	-0.32	30	11.65	35	0.00	25	4.40	25	-0.0005	70
	22215128											
140	41118270	130.05	-0.18	35	19.04	20	-0.01	30	-4.36	60	-0.0002	60
141	41115266	129.42	0.02	45	4.46	60	0.03	5	9.48	10	0.0004	40
142	15216220	129.18	0.12	50	12.64	35	0.03	10	-0.06	40	-0.0001	60
143	15618521	128.91	-0.02	40	20.15	20	-0.01	30	-6.39	70	0.0004	40
	22218521											
144	15218662	128.64	0.28	60	13.15	30	-0.05	70	8.11	15	-0.0004	65
145	41117260	128.40	-0.23	30	15.29	25	0.01	15	-3.44	60	-0.0002	60
146	15214123	128.36	0.19	55	16.83	25	-0.01	35	-1.31	50	0.0006	30
147	41218480	128.30	-0.96	10	15.22	25	-0.03	55	0.53	40	-0.0016	90
148	22218905	128.10	0.47	75	-0.65	75	-0.02	40	22.56	5	-0.0005	70
149	41418181	127.93	0.33	65	1.63	70	-0.02	45	19.69	5	0.0000	55
150	15216242	127.92	0.29	60	20.84	15	0.02	10	-10.13	80	-0.0005	70
151	41413185	127.77	0.28	60	17.69	20	-0.01	35	-2.64	55	0.0007	30
152	41118274	127.19	-0.14	35	22.77	15	-0.03	55	-8.13	75	0.0010	20
153	41413140	126.71	-0.11	35	10.80	40	0.00	20	3.20	30	0.0004	35
154	41218483	126.09	-0.38	25	11.97	35	-0.03	50	3.70	25	-0.0008	80
155	11118958	125.57	-0.35	25	14.61	30	-0.02	45	-0.25	45	-0.0004	65
156	15217732	125.36	-0.24	30	18.30	20	-0.01	35	-6.00	70	-0.0003	65
157	41116218	125.22	0.01	45	14.10	30	-0.01	30	-0.71	45	0.0001	45
158	22117001	125.17	0.31	65	16.28	25	-0.02	45	-1.39	50	0.0003	40
159	15215511	124.84	0.42	70	8.56	50	-0.01	30	7.15	15	0.0005	35

（续）

排名	牛号	GCBI	产犊难易度		断奶重（kg）		育肥期日增重（kg/d）		胴体重（kg）		屠宰率（%）	
			GEBV	Rank（%）	GEBV	Rank（%）	GEBV	Rank（%）	GEBV	Rank（%）	GEBV	Rank（%）
160	15210826	124.76	-0.13	35	16.84	25	-0.02	40	-3.75	60	-0.0005	70
161	41114212	124.11	-0.50	25	16.14	25	-0.04	65	-1.62	50	0.0010	25
162	41218487	123.85	-0.55	20	7.41	50	-0.01	35	6.13	20	-0.0004	65
163	22218819	123.35	0.37	65	4.97	60	-0.04	60	14.30	10	0.0013	15
164	15215518	122.71	-0.33	30	23.72	15	-0.01	35	-15.23	90	0.0005	35
165	41213428* 64113428	122.67	0.30	65	8.18	50	0.05	5	-0.66	45	-0.0036	99
166	15216113	122.57	-0.03	40	14.49	30	-0.03	55	-0.23	45	0.0001	50
167	22215301	122.36	1.03	99	0.64	70	0.00	20	15.88	5	-0.0002	60
168	65117502	121.77	-0.19	35	-1.15	75	0.00	20	15.17	5	0.0007	30
169	11117986	120.73	-0.16	35	20.11	20	-0.04	60	-8.43	75	0.0017	10
170	41115298	120.54	-0.12	35	-2.26	80	0.01	15	15.18	5	0.0012	20
171	15215609	120.34	0.62	85	15.93	25	-0.01	30	-4.52	60	0.0005	35
172	15618115 22218115	119.90	0.20	55	14.65	30	-0.02	45	-2.64	55	0.0016	15
173	22216521	119.79	0.53	80	7.19	55	-0.01	30	6.24	20	-0.0007	80
174	37117677	119.76	-0.10	35	18.45	20	-0.03	55	-7.79	75	0.0013	15
175	15617925 22217325	119.66	0.15	50	7.10	55	0.00	20	3.90	25	-0.0005	70
176	22217329	119.53	0.41	70	7.73	50	0.00	20	3.88	25	-0.0006	75
177	22218105	119.45	0.21	55	24.27	15	-0.05	70	-12.27	85	0.0003	40
178	15213427	119.37	-0.19	35	27.73	10	-0.03	50	-20.68	95	0.0021	10
179	41118238	119.25	0.01	45	5.85	55	0.00	25	5.49	20	-0.0001	55
180	15618929 22218929	119.15	-0.02	40	13.13	30	-0.02	50	-1.47	50	-0.0011	85
181	22114009	118.19	0.21	55	13.00	35	0.01	15	-5.17	65	0.0002	45
182	22218013	118.04	0.87	99	14.24	30	-0.06	75	2.88	30	0.0013	15
183	22218371	117.94	0.65	90	3.24	65	-0.03	50	12.48	10	0.0011	20
184	15216117	117.86	0.06	45	1.81	70	0.02	10	7.52	15	-0.0002	60
185	53114309	117.81	0.25	60	31.04	10	-0.02	45	-25.13	99	-0.0003	65

（续）

排名	牛号	GCBI	产犊难易度		断奶重 （kg）		育肥期日增重 （kg/d）		胴体重 （kg）		屠宰率 （%）	
			GEBV	Rank （%）	GEBV	Rank （%）	GEBV	Rank （%）	GEBV	Rank （%）	GEBV	Rank （%）
	22114031											
186	15217113	117.34	0.03	45	11.09	40	0.00	20	-3.24	55	0.0010	20
187	15217683	116.80	0.30	60	14.35	30	-0.05	75	-0.29	45	0.0000	55
188	37115676	116.15	0.21	55	14.76	30	-0.05	70	-2.34	55	0.0011	20
189	22117037	115.19	-0.08	40	12.60	35	-0.02	35	-4.65	65	-0.0001	55
190	22217029	114.87	0.39	70	6.97	55	0.02	10	-0.81	45	0.0005	35
191	15216116	114.60	-0.02	40	5.39	60	-0.02	40	4.49	25	0.0000	50
192	41114218	114.43	-0.85	15	13.11	35	-0.03	55	-6.11	70	0.0006	30
193	15217259	114.33	0.24	60	11.44	40	0.01	15	-5.84	70	-0.0004	70
194	15213505˙	114.22	0.08	45	14.95	30	0.01	15	-11.12	85	0.0000	50
195	15216748	114.08	-0.33	30	9.34	45	-0.02	35	-1.74	50	-0.0013	90
196	13317105	113.97	0.10	50	6.24	55	-0.01	35	3.02	30	0.0012	20
197	22116019	113.81	0.31	65	12.25	35	-0.01	25	-5.20	65	-0.0007	75
198	15215509	113.70	0.32	65	4.02	60	-0.03	55	8.24	15	0.0004	40
199	53115353	113.02	-0.80	15	4.67	60	-0.02	40	2.50	30	0.0009	25
200	11116912˙	112.81	-0.70	20	15.37	25	-0.03	55	-9.66	80	-0.0006	75
201	37114661	112.36	-0.03	40	11.01	40	0.00	25	-5.81	70	0.0020	10
202	15618079	112.12	-0.39	25	-2.81	80	0.01	15	9.25	10	-0.0008	80
203	22217423	110.84	1.03	99	4.44	60	-0.04	60	8.64	15	-0.0007	80
204	41417171	110.55	-0.44	25	4.86	60	0.02	10	-2.35	55	0.0011	20
205	15216118	110.41	-0.04	40	11.31	40	-0.01	35	-6.32	70	-0.0005	70
206	41118276	110.15	0.01	45	3.33	65	0.00	20	1.88	35	0.0008	25
207	37114662	109.72	0.29	60	25.54	10	-0.03	55	-22.21	95	0.0005	35
208	15417504	109.66	0.30	60	8.33	50	-0.03	55	0.37	40	-0.0005	70
209	65116520	109.04	-0.30	30	-9.83	90	-0.02	35	19.90	5	-0.0010	85
210	15216224	108.98	-0.09	40	9.39	45	0.02	10	-8.92	80	-0.0011	85
211	15209919	108.91	0.34	65	9.72	45	-0.01	35	-4.29	60	0.0014	15
212	15617931	108.64	0.75	95	8.73	45	0.02	10	-5.84	70	0.0007	30
	22217327											
213	41115282	107.69	-0.25	30	3.95	60	-0.01	30	0.39	40	-0.0010	85

（续）

排名	牛号	GCBI	产犊难易度		断奶重（kg）		育肥期日增重（kg/d）		胴体重（kg）		屠宰率（%）	
			GEBV	Rank（%）	GEBV	Rank（%）	GEBV	Rank（%）	GEBV	Rank（%）	GEBV	Rank（%）
214	15619085	107.07	-0.33	30	5.88	55	-0.04	65	1.39	35	-0.0004	65
215	15213327	106.34	-0.27	30	1.07	70	0.06	5	-4.34	60	-0.0032	99
216	15214813	106.09	-0.25	30	7.01	55	-0.03	50	-2.46	55	0.0001	50
217	41415194	105.90	0.12	50	15.51	25	-0.02	45	-13.21	90	0.0006	35
218	15617973	105.81	0.21	55	23.26	15	-0.04	60	-21.23	95	0.0007	30
	22217341											
219	22217103	105.63	0.16	50	38.71	5	-0.09	90	-34.92	99	-0.0016	95
220	22215553	105.50	0.67	90	3.62	65	0.01	15	-1.06	45	0.0003	40
221	15215308	104.57	0.07	45	7.94	50	0.00	20	-7.18	75	0.0001	50
222	15213428	104.55	-0.24	30	14.96	30	-0.04	60	-12.50	85	0.0022	10
223	15217892	103.85	-0.29	30	-0.30	75	-0.03	50	5.32	20	-0.0002	60
224	41115268	103.02	0.12	50	2.47	65	-0.01	30	0.34	40	0.0010	20
225	15214503	102.92	-0.25	30	14.02	30	-0.05	70	-10.65	80	0.0014	15
226	15215736	102.39	-0.16	35	-2.97	80	-0.01	35	6.64	15	-0.0002	60
227	65116517	102.26	0.05	45	-8.16	85	-0.02	45	14.95	5	-0.0002	60
228	22218903	102.21	0.60	85	1.19	70	-0.04	60	5.83	20	-0.0017	95
229	41413186	102.17	0.14	50	4.18	60	0.00	20	-4.18	60	0.0011	20
230	41218481	102.06	-0.67	20	-1.24	75	-0.02	45	3.95	25	-0.0003	65
231	41115288	101.39	-0.85	15	-7.23	85	0.01	15	6.86	15	-0.0008	80
232	15214811	101.08	0.17	55	5.75	55	-0.01	30	-5.02	65	0.0016	15
233	15216631	100.25	0.16	50	10.34	40	-0.06	75	-5.61	65	0.0030	5
234	15216632	100.13	0.17	55	6.29	55	-0.09	85	2.27	30	0.0033	5
235	41117234	100.10	-0.62	20	1.92	70	-0.04	60	0.29	40	0.0004	40
236	15618931	99.93	0.61	85	9.07	45	-0.08	85	-0.20	45	-0.0003	65
	22218931											
237	15214507	99.13	-0.10	35	10.67	40	-0.02	40	-12.47	85	0.0008	25
238	15210605	98.99	-0.23	30	-2.55	80	-0.01	25	2.74	30	-0.0006	75
239	41418182	98.88	0.40	70	-9.22	90	0.03	5	8.71	15	-0.0011	85
240	41418180	98.47	0.10	50	-11.76	90	-0.02	35	16.38	5	-0.0003	60
241	22216117	97.95	0.87	99	-5.96	85	-0.05	70	14.91	5	0.0020	10

（续）

排名	牛号	GCBI	产犊难易度		断奶重（kg）		育肥期日增重（kg/d）		胴体重（kg）		屠宰率（%）	
			GEBV	Rank（%）	GEBV	Rank（%）	GEBV	Rank（%）	GEBV	Rank（%）	GEBV	Rank（%）
242	41117224	97.09	-0.89	15	-4.54	80	0.00	20	1.51	35	-0.0011	85
243	22117019*	96.98	0.13	50	5.56	55	-0.04	65	-3.96	60	0.0006	35
244	65116511	96.93	-0.73	15	-5.77	85	-0.01	30	5.04	20	-0.0001	55
245	22218003	96.93	0.21	55	12.35	35	0.00	25	-17.21	95	0.0004	40
246	15215734	96.87	0.01	45	-4.53	80	0.00	20	3.82	25	-0.0002	60
247	41415196	96.60	-0.30	30	-3.46	80	-0.05	70	7.87	15	0.0006	35
248	41218485	96.06	-0.92	15	-3.71	80	-0.02	40	2.03	35	-0.0009	85
249	22218627	95.80	0.48	75	16.36	25	-0.07	80	-13.96	90	0.0004	40
250	41118297	95.60	0.04	45	-7.01	85	0.02	10	4.06	25	0.0003	40
251	41118298	95.46	-0.48	25	-4.04	80	0.00	25	1.25	35	0.0005	35
252	37115670	94.64	0.21	55	21.62	15	-0.03	55	-27.67	99	0.0017	15
253	41317038 41117206	94.56	0.20	55	5.08	60	-0.02	45	-6.71	70	0.0003	40
254	41118286	93.70	-0.27	30	-7.15	85	0.00	20	4.18	25	-0.0001	55
255	15212131*	93.06	-0.31	30	7.93	50	-0.05	70	-10.02	80	0.0006	30
256	41417172	91.93	0.34	65	9.40	45	-0.04	65	-11.49	85	0.0016	15
257	41117270	91.87	-0.10	35	-5.47	85	-0.01	25	1.96	35	0.0025	5
258	15519809	91.83	0.11	50	-3.25	80	-0.01	30	0.27	40	0.0002	45
259	15417502	91.67	0.51	80	7.87	50	-0.05	75	-7.85	75	0.0002	45
260	41113272	91.60	-0.73	15	5.13	60	-0.02	45	-11.29	85	-0.0012	90
261	37118417	90.57	-0.88	15	-0.56	75	-0.04	60	-3.14	55	-0.0002	60
262	15614999 22214339	90.44	-0.14	35	-0.90	75	0.02	10	-7.62	75	-0.0013	90
263	22218717	90.05	1.02	99	-1.57	75	-0.01	35	-0.52	45	0.0006	30
264	15210101	90.03	0.36	65	-1.27	75	0.00	20	-4.13	60	-0.0002	60
265	41417124	89.74	-0.02	40	8.79	45	0.01	15	-18.63	95	-0.0035	99
266	15217715	89.04	-0.04	40	20.60	15	-0.05	70	-28.24	99	0.0015	15
267	41118284	88.95	0.23	55	0.59	70	-0.07	80	1.34	35	0.0006	30
268	21114701 41114208	88.60	-0.61	20	-4.50	80	-0.03	55	0.69	40	0.0004	40

（续）

（续）

排名	牛号	GCBI	产犊难易度		断奶重（kg）		育肥期日增重（kg/d）		胴体重（kg）		屠宰率（%）	
			GEBV	Rank（%）	GEBV	Rank（%）	GEBV	Rank（%）	GEBV	Rank（%）	GEBV	Rank（%）
269	41418130	88.36	-0.25	30	3.16	65	-0.04	60	-8.04	75	0.0007	30
270	41418133	87.83	-0.16	35	10.36	40	-0.04	60	-17.34	95	0.0014	15
271	41417176	87.49	0.62	85	-8.66	85	-0.05	70	10.65	10	0.0000	55
272	15212132	87.13	-0.17	35	2.67	65	-0.07	80	-4.43	60	0.0020	10
273	41118280	86.89	-0.52	20	-11.84	90	0.01	15	4.49	25	-0.0001	55
274	41118296	86.46	0.56	85	-0.54	75	-0.04	60	-2.03	50	-0.0007	80
275	65116513	85.15	-0.83	15	-8.49	85	0.00	25	-0.30	45	0.0000	50
276	37115675	85.08	-0.18	35	19.40	20	-0.06	75	-28.39	99	0.0024	10
277	15215731*	84.75	0.03	45	-11.62	90	0.00	20	4.64	25	-0.0007	80
278	37117683	84.56	-0.11	35	13.90	30	-0.04	65	-23.77	99	0.0025	5
279	15518X23	83.06	-0.59	20	-9.10	90	-0.01	30	0.59	40	-0.0005	70
280	14117363	82.66	-0.34	30	8.00	50	-0.05	70	-16.33	90	0.0027	5
281	41416123	81.77	0.01	45	7.13	55	-0.04	60	-16.79	95	0.0015	15
282	41418173	81.30	0.34	65	1.29	70	-0.05	75	-6.58	70	0.0002	45
283	15216733	80.40	-0.23	30	-11.95	90	0.00	20	1.95	35	0.0002	45
284	41417129	80.27	-0.18	35	-0.82	75	-0.01	30	-11.07	85	0.0007	30
285	15214516	80.06	0.04	45	5.84	55	-0.04	60	-16.25	90	0.0007	30
286	41417178	79.71	0.51	80	-2.35	80	-0.06	75	-1.95	50	-0.0007	80
287	41115274	79.53	0.44	70	-8.99	90	-0.02	50	2.34	30	-0.0004	65
288	41116220	79.47	-0.37	25	1.25	70	-0.01	35	-14.48	90	0.0003	40
289	41418184	78.90	-0.04	40	0.05	75	-0.01	35	-12.58	85	0.0009	25
290	15217923	78.76	-0.42	25	-7.68	85	-0.04	60	-0.37	45	0.0010	20
291	51115028	78.56	-0.01	40	3.41	65	-0.03	50	-15.49	90	0.0005	35
292	37114663	78.48	-0.03	40	10.38	40	-0.03	55	-24.16	99	-0.0003	65
293	15213106	78.30	0.13	50	-2.09	75	-0.06	75	-4.38	60	0.0018	10
294	15217737	77.83	-0.59	20	-11.41	90	-0.04	60	3.42	25	-0.0012	90
295	41218484	77.42	-1.10	10	-2.45	80	-0.04	65	-9.15	80	0.0006	30
296	51115029	77.07	-0.01	40	2.72	65	-0.03	50	-15.52	90	0.0004	35
297	15214515	76.71	0.38	70	-13.41	90	-0.02	40	5.00	20	0.0019	10
298	22213001	76.10	0.37	70	-19.17	95	-0.01	30	11.18	10	0.0000	55

（续）

排名	牛号	GCBI	产犊难易度		断奶重（kg）		育肥期日增重（kg/d）		胴体重（kg）		屠宰率（%）	
			GEBV	Rank（%）	GEBV	Rank（%）	GEBV	Rank（%）	GEBV	Rank（%）	GEBV	Rank（%）
299	15215606	76.07	0.21	55	-1.82	75	-0.06	75	-5.61	65	0.0015	15
300	22214331	76.05	0.00	40	-10.62	90	-0.02	45	0.72	40	-0.0006	75
301	41218486	75.77	-1.01	10	-11.73	90	-0.03	55	0.41	40	-0.0006	75
302	11117939*	75.48	-0.29	30	-10.52	90	-0.04	60	1.34	35	-0.0014	90
303	65111558	75.44	0.10	50	-10.33	90	-0.03	50	0.58	40	-0.0001	55
304	22215511	75.43	0.06	45	-9.79	90	0.00	25	-3.00	55	-0.0009	80
305	22217331	74.92	0.08	45	-16.51	95	0.01	10	3.48	25	-0.0006	75
306	11117952*	74.64	-0.45	25	-17.83	95	-0.02	45	8.15	15	0.0000	55
307	15215324	74.42	-0.04	40	-4.65	80	0.01	15	-12.32	85	0.0001	50
308	41213426	74.11	0.03	45	1.30	70	-0.01	35	-17.03	95	0.0012	20
	64113426											
309	41115278	73.88	-0.22	30	-19.58	95	0.00	25	8.14	15	-0.0002	60
310	37117678	73.56	-0.22	30	17.51	20	-0.04	65	-35.89	99	0.0023	10
311	41116212	72.89	0.17	55	-12.67	90	0.01	15	-2.66	55	0.0012	20
312	41115276	72.65	-0.38	25	-16.11	95	-0.02	45	4.91	20	-0.0005	70
313	37117681	72.50	-0.07	40	8.16	50	-0.04	65	-23.74	99	0.0023	10
314	41416120	72.21	-0.21	30	-6.94	85	-0.01	25	-8.96	80	-0.0004	65
315	15215616	71.48	0.11	50	-6.80	85	-0.08	85	0.15	40	0.0014	15
316	41414153	71.32	-0.38	25	9.65	45	-0.06	75	-25.17	99	0.0007	30
317	41118282	70.33	-0.38	25	-12.82	90	-0.01	25	-3.09	55	-0.0006	75
318	15215403	70.02	0.52	80	-11.01	90	-0.04	60	0.33	40	0.0015	15
319	15217932*	69.92	-0.73	15	-17.89	95	-0.01	30	2.72	30	-0.0004	65
320	11117951*	68.53	-0.43	25	-17.00	95	-0.05	70	6.62	15	-0.0004	65
321	41418187	68.17	0.14	50	-7.38	85	-0.02	40	-8.77	80	0.0005	35
322	65115503	68.02	0.05	45	-11.39	90	-0.02	35	-4.27	60	0.0015	15
323	15217561	66.84	-0.05	40	11.59	35	-0.06	75	-30.43	99	0.0021	10
324	41415160	66.42	0.02	45	-2.75	80	-0.04	60	-14.27	90	0.0020	10
325	15216721	65.97	0.18	55	-24.99	99	0.02	10	8.04	15	-0.0008	80
326	65113594	65.96	0.31	65	-15.49	95	-0.05	70	4.92	20	-0.0006	75
327	15217921	65.95	-0.68	20	-14.70	95	-0.02	40	-2.78	55	-0.0004	65

（续）

排名	牛号	GCBI	产犊难易度		断奶重（kg）		育肥期日增重（kg/d）		胴体重（kg）		屠宰率（%）	
			GEBV	Rank（%）	GEBV	Rank（%）	GEBV	Rank（%）	GEBV	Rank（%）	GEBV	Rank（%）
328	15215422	65.58	0.62	85	-14.51	95	-0.06	75	5.09	20	-0.0015	90
329	15215618	64.73	-0.19	35	-9.26	90	-0.02	40	-9.62	80	0.0009	25
330	41414152	64.59	-0.30	30	4.75	60	-0.05	70	-24.23	99	-0.0005	70
331	65115505	64.30	0.02	45	-10.45	90	-0.05	75	-3.31	60	0.0008	25
332	15214328	63.10	0.12	50	-1.98	75	-0.06	75	-14.90	90	0.0020	10
333	15217922	62.87	-0.98	10	-17.19	95	-0.05	70	1.02	40	0.0016	15
334	15518X22	62.55	-0.02	40	-19.68	95	-0.02	35	2.78	30	-0.0009	80
335	41417175	62.08	0.37	70	-17.22	95	-0.05	70	4.30	25	0.0008	25
336	41118288	61.57	-0.43	25	-17.40	95	-0.04	60	0.63	40	0.0002	45
337	15217172	59.70	0.54	80	-6.55	85	-0.08	85	-7.17	75	-0.0006	75
338	15215608	59.23	-0.04	40	-15.51	95	0.00	25	-6.24	70	0.0000	55
339	41215411	58.73	0.62	85	-10.93	90	-0.04	60	-6.70	70	-0.0002	60
340	15213313	57.31	0.02	45	-5.13	85	-0.02	40	-19.05	95	0.0006	30
341	41418134	57.10	-0.28	30	-1.26	75	-0.06	75	-20.25	95	0.0011	20
342	15216702	56.50	0.10	50	-11.49	90	-0.05	70	-7.44	75	0.0018	10
343	65114501	56.13	0.58	85	-26.86	99	-0.02	45	10.10	10	-0.0006	75
344	41217462	55.25	-0.20	35	-17.53	95	-0.02	45	-4.19	60	0.0004	40
345	15214107	52.86	0.13	50	-8.08	85	-0.03	50	-17.12	95	0.0011	20
346	15214115	51.38	-0.11	35	-2.25	80	-0.06	75	-22.58	99	0.0019	10
347	15212134	50.72	-0.18	35	-3.77	80	-0.02	35	-26.04	99	0.0006	35
348	15218842	50.22	0.57	85	-20.04	95	0.00	25	-4.91	65	0.0010	25
349	15519808	49.82	0.00	45	-20.27	95	-0.03	50	-3.18	55	-0.0011	85
350	41217469	49.42	-1.11	10	-20.98	95	-0.03	55	-5.10	65	0.0008	25
351	15216701	47.30	-0.02	40	-13.63	90	-0.04	65	-12.27	85	0.0013	15
352	41416121	42.78	-0.15	35	-25.00	99	-0.03	55	-1.99	50	0.0001	50
353	41417128	42.55	-0.08	40	-4.00	80	-0.07	80	-24.94	99	0.0009	25
354	11118988	41.74	0.11	50	-13.48	90	-0.04	65	-15.27	90	0.0019	10
355	37114617	39.40	-0.15	35	0.34	75	-0.02	45	-38.02	99	0.0027	5
356	41415158	38.69	0.00	40	0.99	70	-0.04	60	-37.23	99	0.0023	10
357	15218841	38.28	0.26	60	-13.47	90	-0.05	70	-16.82	95	0.0012	20

（续）

排名	牛号	GCBI	产犊难易度		断奶重（kg）		育肥期日增重（kg/d）		胴体重（kg）		屠宰率（%）	
			GEBV	Rank（%）	GEBV	Rank（%）	GEBV	Rank（%）	GEBV	Rank（%）	GEBV	Rank（%）
358	41215403	37.04	0.31	65	-13.68	90	-0.04	65	-18.05	95	0.0006	35
	64115314											
359	41415163	31.78	-0.01	40	-16.86	95	-0.03	50	-19.71	95	0.0009	25
360	15216704	31.36	-0.22	30	-13.54	90	-0.02	45	-25.46	99	0.0011	20
361	15217137	30.39	-0.75	15	-39.27	100	-0.01	30	4.24	25	0.0010	20
362	41118218	28.62	0.24	60	-23.94	99	-0.02	40	-12.81	85	0.0008	25
363	41415156	27.13	-0.24	30	-21.63	95	-0.01	30	-19.46	95	0.0011	20
364	41413103	26.42	0.12	50	-4.77	80	-0.09	85	-31.55	99	-0.0001	55
365	41118268	11.41	-0.11	35	-9.20	90	-0.03	60	-42.64	100	0.0037	5
366	41414150	10.16	0.05	45	5.44	60	-0.08	85	-56.06	100	-0.0024	95

＊ 表示该牛已经不在群，但有库存冻精。

4.2　三河牛

表4－2　三河牛估计育种值

序号	牛号	CBI	TPI	体型外貌评分		初生重		6月龄重		18月龄重		6~12月龄日增重		12~18月龄日增重		18~24月龄日增重		4%乳脂率校正奶量	
				EBV	r^2(%)	EBV	r^2(%)	EBV	r^2(%)	EBV	r^2(%)	EBV	r^2(%)	EBV	r^2(%)	EBV	r^2(%)	EBV	r^2(%)
1	15317105	190.33	159.31	1.04	47	5.01	53	20.27	47	29.28	49	0.00	44	0.02	43	-0.05	50	139.57	2
2	15317509	189.70	157.35	1.45	47	1.63	50	26.58	44	26.01	46	-0.07	41	0.07	40	0.04	48	96.29	7
3	15317445	178.56	150.91	0.88	46	7.18	52	19.31	45	15.41	48	-0.07	43	0.06	42	0.01	49	103.05	2
4	15317563	170.02	148.95	1.42	47	0.06	53	19.91	47	23.73	49	-0.01	44	0.03	44	-0.01	51	189.45	2
5	15316259	161.80	140.29	0.79	48	-0.99	53	22.46	47	17.73	49	-0.21	44	0.20	44	-0.03	51	87.62	3
6	15316831	160.20		2.30	48	1.59	54	17.97	48	10.78	50	-0.11	45	0.10	45	0.03	52		
7	15317099	158.39	135.93	1.53	46	-1.85	52	14.28	45	27.20	47	0.04	42	0.05	42	-0.03	49	24.39	1
8	15316547	154.41	131.67	2.33	46	3.20	52	10.42	45	13.36	47	-0.10	42	0.11	42	-0.01	49	-26.70	4
9	15317235	151.43	136.31	1.47	47	0.86	53	13.21	47	15.88	49	-0.04	44	0.07	43	-0.09	50	148.82	2
10	15313050	145.46	131.92	-1.53	51	1.51	56	3.40	51	36.26	52	0.24	48	-0.09	48	0.08	54	126.79	9
11	15317069	141.99	136.96	0.84	49	4.39	53	0.69	46	20.68	49	0.19	44	-0.07	43	-0.03	50	321.25	5
12	15317487	135.71	123.46	0.81	47	5.05	53	13.25	47	-6.45	49	0.05	44	-0.12	44	0.02	51	55.47	4
13	15317239	134.92	125.09	1.29	46	-1.23	52	7.69	46	16.48	48	0.00	44	0.04	43	0.05	50	112.97	3
14	15317193	132.43	128.61	1.08	47	0.52	9	19.14	47	-7.75	49	-0.09	44	-0.02	43	0.07	50	249.87	4
15	15315314	129.36	121.93	1.08	45	6.06	51	-2.24	44	8.94	47	-0.12	41	0.16	41	-0.15	48	117.88	1
16	15317085	127.39	120.55	1.16	46	-1.05	52	7.40	46	10.36	48	0.02	43	0.01	42	0.01	50	112.53	2
17	15317607	127.18		1.78	48	-1.71	54	3.61	48	15.61	50	-0.09	44	0.17	45	0.08	52		
18	15316665	124.33	112.50	1.43	47	2.55	53	1.03	46	7.29	49	-0.04	44	0.09	43	-0.03	50	-57.38	4
19	15316503	124.28	119.40	1.30	48	-1.87	53	0.39	47	20.47	49	-0.02	44	0.12	44	-0.07	51	131.88	2
20	15313875	123.75	123.20	-2.15	45	0.57	51	0.26	44	27.20	47	0.20	42	-0.08	41	-0.08	49	244.31	46
21	15317077	122.68	116.82	1.21	48	-0.30	53	-2.38	47	19.71	49	-0.12	44	0.22	44	-0.04	51	87.62	3
22	15316709	121.10	124.13	0.33	46	0.26	53	-5.15	46	24.68	49	0.05	43	0.08	43	-0.04	50	313.24	2
23	15317187	117.36	112.76	0.43	47	1.16	53	3.01	47	5.61	49	0.03	44	0.00	43	-0.01	50	63.94	4
24	15313185	117.31	88.79	-1.61	45	-0.85	51	21.50	45	-10.61	47	-0.03	42	-0.13	41	0.02	49	-589.60	46
25	15317071	115.74	117.47	1.19	48	0.35	53	6.77	47	-2.60	49	-0.04	44	0.01	44	0.02	51	219.20	2
26	15317435	112.58	111.40	1.32	46	-0.90	52	-4.90	46	16.04	48	0.01	43	0.10	42	0.02	50	105.15	3

（续）

序号	牛号	CBI	TPI	体型外貌评分		初生重		6月龄重		18月龄重		6~12月龄日增重		12~18月龄日增重		18~24月龄日增重		4%乳脂率校正奶量	
				EBV	r^2(%)	EBV	r^2(%)	EBV	r^2(%)	EBV	r^2(%)	EBV	r^2(%)	EBV	r^2(%)	EBV	r^2(%)	EBV	r^2(%)
27	15312001	111.48		-0.59	46	-2.50	52	7.11	45	7.63	48	0.07	42	-0.08	42	-0.04	49		
28	15317511	109.74	109.71	0.80	46	-1.21	52	-6.19	45	18.48	48	0.11	42	0.01	42	-0.01	49	105.38	1
29	15317677	108.43		1.33	45	-4.54	51	-7.74	44	26.56	47	-0.01	42	0.17	41	-0.06	49		
30	15312019	105.90	117.38	-0.44	54	0.47	54	5.89	48	-3.76	50	0.06	45	-0.09	45	0.04	52	377.92	15
31	15308741	104.62	118.20	-0.23	52	1.43	57	-17.93	52	29.75	54	0.21	50	0.02	50	0.01	55	421.51	16
32	15312015	104.48	110.35	-0.78	48	1.36	54	6.77	48	-7.44	50	0.04	45	-0.10	45	-0.06	51	209.33	4
33	15316603	103.72	94.93	0.38	46	-2.25	52	1.37	45	5.52	48	-0.10	42	0.13	42	-0.01	49	-199.40	4
34	15314315	99.37	94.74	1.20	46	4.06	52	-18.51	45	13.53	48	0.01	43	0.15	42	-0.17	49	-133.34	3
35	15311063	97.05	105.97	-0.51	50	-1.91	56	3.50	50	-1.12	52	-0.05	47	0.03	47	-0.01	53	211.40	6
36	15316643	95.74	91.42	0.98	45	-1.47	52	-11.26	45	14.29	47	0.08	42	0.07	42	0.05	49	-164.58	2
37	15312615	95.51	92.44	-1.00	50	1.48	56	10.26	50	-20.29	52	-0.02	48	-0.10	47	-0.03	54	-132.99	14
38	15314037	93.82	121.51	-1.81	45	0.37	52	-2.29	45	4.35	47	0.15	42	-0.11	42	0.04	49	688.55	45
39	15311029	85.71	89.78	-2.07	47	-1.74	53	2.52	47	-3.83	49	0.14	44	-0.15	44	-0.04	50	-44.76	1
40	15314224	85.39		0.76	45	0.26	51	-7.33	44	-4.73	46	-0.04	41	0.06	41	-0.20	48		
41	15316571	73.71	91.60	1.56	47	0.95	53	-15.38	47	-7.06	49	0.03	44	0.02	44	0.12	51	201.27	4
42	15312171	72.58	66.95	-0.76	46	-1.74	52	-1.04	45	-14.72	48	0.05	42	-0.10	42	-0.12	49	-453.21	46
43	15317137	70.66	89.04	1.05	47	0.51	14	-2.99	47	-26.33	49	-0.08	44	-0.04	44	0.07	51	181.39	2
44	15315421	68.52		1.42	45	-1.45	51	-7.75	44	-16.86	47	-0.12	42	0.06	41	-0.11	49		
45	15310005	63.78	60.73	-1.48	51	1.69	57	-4.73	51	-22.80	53	-0.01	49	-0.07	48	0.01	54	-478.92	13
46	15317451	62.34	85.23	0.12	46	-1.48	53	0.66	46	-30.54	48	-0.06	43	-0.09	43	0.03	50	213.54	1
47	15313077	60.28	105.09	-1.38	47	2.44	50	-10.64	43	-18.82	46	-0.02	40	-0.03	40	0.22	48	789.78	47
48	15313096	53.50	82.56	-1.51	52	0.33	57	-14.71	52	-12.16	53	0.09	49	-0.04	49	0.29	55	285.47	14
49	15317165	48.09	80.56	0.77	49	1.69	53	-6.53	47	-42.44	49	-0.03	44	-0.12	44	0.13	51	319.66	5
50	15316013	46.93	76.08	0.91	47	5.14	53	-10.19	47	-47.31	49	-0.08	44	-0.11	44	0.04	51	216.43	4
51	15311065	-39.21	-4.37	-1.05	46	1.26	52	-37.03	46	-61.86	48	-0.09	43	-0.03	42	-0.01	50	-569.06	46
52	15310125	-42.49	23.71	-1.18	46	-3.71	52	-29.11	45	-63.68	47	-0.04	42	-0.10	42	-0.06	49	251.38	3

4.3 褐牛

表4-3 褐牛估计育种值

序号	牛号	CBI	TPI	体型外貌评分 EBV	r²(%)	初生重 EBV	r²(%)	6月龄重 EBV	r²(%)	18月龄重 EBV	r²(%)	6~12月龄日增重 EBV	r²(%)	12~18月龄日增重 EBV	r²(%)	18~24月龄日增重 EBV	r²(%)	4%乳脂率校正奶量 EBV	r²(%)
1	65118865	188.35	163.71	-1.18	47	7.78	54	20.21	47	28.99	49	-0.01	44	0.08	44	-0.12	51	292.23	4
2	65117805	162.69	140.19	2.06	51	2.30	16	19.04	51	10.32	53	0.04	48	-0.04	47	-0.14	54	70.19	14
3	65117851	158.63	137.26	1.72	51	3.27	23	16.88	53	8.96	53	-0.01	22	-0.02	48	-0.09	55	56.88	22
4	65117818	153.77	141.34	1.70	51	2.40	16	8.43	51	20.58	53	0.00	16	0.07	48	-0.16	54	247.98	15
5	65117857	139.34	144.28	1.35	53	1.23	21	20.43	53	-6.71	55	0.01	50	-0.08	49	0.05	56	564.65	20
6	65117855	126.95	131.03	1.30	51	0.77	15	8.71	51	2.56	53	0.05	48	-0.10	48	0.01	55	405.81	12
7	65117823	118.90	95.35	1.90	52	-0.55	15	13.83	52	-11.50	54	0.01	49	-0.05	49	-0.07	56	-436.62	13
8	65117806	117.99	94.80	1.90	52	-0.55	15	11.38	52	-8.40	54	-0.01	49	0.01	49	-0.12	56	-436.62	13
9	65117802	116.25	145.33	1.79	53	-0.21	18	12.22	51	-11.73	53	0.01	47	-0.08	47	-0.15	54	971.68	19
10	65117801	113.48	117.34	1.67	51	0.15	16	3.06	51	0.01	53	0.04	48	-0.06	48	-0.08	54	252.57	12
11	11118205	112.65	142.18	-1.68	51	1.98	57	-0.89	51	13.81	52	0.25	47	-0.10	46	-0.12	12	944.57	14
12	65117859	106.92	114.20	-0.58	51	0.26	15	19.06	51	-22.75	53	0.01	48	-0.14	48	0.01	54	274.24	12
13	11101934*	98.75	96.17	-0.46	45	-2.15	54	7.20	47	-5.08	49	-0.20	43	0.07	42	-0.22	49	-84.08	8
14	65112819	96.76	103.78	-0.18	48	1.23	55	-9.78	48	10.19	50	0.03	44	0.03	44	-0.08	51	156.34	57
15	65116850	94.22	107.83	0.14	51	1.96	57	-10.01	51	5.20	53	0.03	48	0.06	47	-0.12	54	308.44	58
16	65113807*	92.92	57.24	-0.93	48	3.53	55	-2.04	48	-8.65	50	0.03	45	-0.12	44	-0.06	52	-1051.49	57
17	65116835	83.38	80.96	0.72	51	3.96	57	-4.92	51	-19.98	53	-0.03	48	-0.03	48	-0.12	54	-247.60	58
18	65113820*	81.07	94.62	0.07	48	0.44	54	14.27	47	-40.76	50	-0.13	44	-0.09	44	-0.13	51	163.29	56
19	21216053	81.06	56.65	0.68	50	-0.29	57	-12.35	50	1.27	52	0.10	48	0.02	47	0.09	53	-873.48	55
20	21211102	77.61	120.48	-0.88	48	2.19	55	2.54	49	-25.98	51	-0.06	45	-0.11	44	-0.14	52	926.11	54
21	65108883*	76.80	59.54	0.01	46	3.07	53	-9.61	46	-13.11	48	0.07	43	-0.11	42	0.04	50	-724.70	54
22	21211103	75.80	149.52	-1.47	46	1.63	54	8.05	47	-32.58	50	-0.13	43	-0.09	42	-0.08	51	1748.92	54
23	21214008	74.76	64.01	-0.66	51	1.03	58	-12.26	52	-2.65	53	-0.02	48	0.09	47	0.13	53	-569.40	56
24	65116836	73.62	51.65	1.07	52	2.66	57	-11.61	52	-15.75	54	-0.06	48	0.01	48	-0.07	55	-888.20	59
25	65113809*	71.49	49.80	-1.07	50	3.06	56	-10.84	50	-11.54	52	0.00	47	0.02	46	-0.19	54	-903.62	58
26	65114812*	64.85	76.24	-0.64	15	-1.40	57	-8.80	50	-10.46	52	-0.01	47	-0.03	47	-0.15	54	-72.79	58

（续）

序号	牛号	CBI	TPI	体型外貌评分 EBV	r²(%)	初生重 EBV	r²(%)	6月龄重 EBV	r²(%)	18月龄重 EBV	r²(%)	6~12月龄日增重 EBV	r²(%)	12~18月龄日增重 EBV	r²(%)	18~24月龄日增重 EBV	r²(%)	4%乳脂率校正奶量 EBV	r²(%)
27	21218040	63.16	81.99	1.05	48	-0.80	54	-9.78	48	-18.58	50	-0.02	45	-0.04	44	-0.01	10	111.68	40
28	65108831*	60.72	142.07	-0.51	11	1.42	56	-16.00	50	-10.59	52	-0.08	10	-0.06	10	0.11	53	1792.40	56
29	21214007	60.13	63.88	-0.61	49	-0.41	57	-13.95	50	-9.12	50	-0.04	48	0.06	45	0.13	51	-333.20	56
30	21216034	60.04	59.83	0.62	49	-1.40	55	-15.77	49	-8.50	50	-0.01	46	0.05	45	0.15	51	-442.22	54
31	21218039	58.97	64.09	2.28	52	-1.37	58	-17.78	52	-12.77	54	0.00	49	0.01	48	0.09	10	-308.32	39
32	21218036	55.64	62.09	2.58	52	-1.00	58	-17.79	52	-17.82	54	-0.06	49	0.03	48	0.09	10	-308.32	39
33	65116848	55.14	92.68	0.24	48	1.01	54	-8.65	48	-29.05	50	-0.01	44	-0.09	44	-0.06	52	535.17	57
34	21218037	53.79	60.98	2.28	52	-0.64	58	-15.38	52	-23.06	54	-0.05	49	-0.01	48	0.09	10	-308.32	39
35	65110895*	51.48	170.46	-0.38	5	3.56	54	-24.45	47	-11.34	50	0.05	44	0.00	44	0.02	51	2719.13	54
36	21214005	50.81	49.63	-0.36	51	-1.52	58	-18.74	52	-7.69	53	-0.02	48	0.10	47	0.09	53	-569.40	56
37	65113817	47.67	116.90	-0.88	53	-0.78	58	-5.36	53	-31.69	54	-0.03	49	-0.07	49	-0.18	56	1318.88	59
38	21208021*	47.49	66.23	-2.53	46	0.53	54	6.76	47	-48.19	48	-0.11	43	-0.15	43	-0.09	50	-61.97	52
39	21209004	47.34	110.18	-2.52	46	-1.10	52	6.71	45	-43.98	48	-0.16	42	-0.08	42	-0.14	49	1140.72	44
40	65113816	46.03	116.54	-0.79	53	-0.42	58	3.60	53	-48.70	54	-0.10	49	-0.11	49	-0.18	56	1336.13	59
41	65111898*	44.81	14.57	0.14	50	-0.51	56	-14.31	50	-24.63	52	0.02	47	-0.06	47	-0.20	54	-1428.64	56
42	11119208	42.70	102.74	-1.69	50	-2.75	57	-16.13	51	-10.49	14	0.13	48	-0.03	13	-0.08	13	1013.64	13
43	21218015	38.35	63.83	2.00	49	-1.68	55	-17.93	49	-28.64	51	0.03	46	-0.08	45	0.06	51	22.39	41
44	65113806*	38.17	10.79	-0.93	50	2.92	57	-20.19	50	-25.92	52	0.05	47	-0.12	47	-0.17	54	-1423.13	58
45	65116846	33.33	130.27	0.37	54	-0.55	60	-14.94	54	-34.43	56	-0.03	51	-0.07	51	-0.04	57	1919.08	60
46	21208020*	30.98	60.87	-3.52	46	0.07	54	4.80	47	-54.43	48	-0.16	43	-0.12	43	-0.12	50	62.34	52
47	21216050	28.27	24.98	0.37	50	-0.65	57	-24.13	50	-23.93	52	0.01	48	0.05	47	0.14	53	-873.48	55
48	11119209	27.92	93.87	-2.04	50	-1.92	57	-24.76	51	-10.49	14	0.14	48	-0.03	13	-0.08	13	1013.64	13
49	65114811*	26.36	55.96	-0.91	52	1.02	57	-12.37	52	-43.79	54	-0.01	49	-0.08	48	-0.13	55	3.93	58
50	65108826	25.55	187.31	-0.30	49	0.36	54	-21.65	47	-30.32	49	-0.05	4	-0.05	3	0.08	51	3604.09	56
51	65113821*	20.01	71.29	-0.74	50	-1.80	56	-13.33	50	-41.03	52	-0.11	47	0.06	47	-0.11	54	526.76	57
52	65114832	14.42	23.19	1.01	48	-1.49	55	-9.98	48	-58.86	50	-0.05	45	-0.17	44	-0.17	52	-695.23	56
53	65113804*	14.12	13.32	-0.85	51	0.62	57	-16.58	51	-46.93	53	-0.08	48	-0.04	47	-0.30	54	-959.94	58
54	65111897*	13.54	39.28	0.29	51	-1.36	56	-17.85	51	-44.60	53	0.02	48	-0.13	48	0.10	54	-241.57	57

（续）

序号	牛号	CBI	TPI	体型外貌评分 EBV	r²(%)	初生重 EBV	r²(%)	6月龄重 EBV	r²(%)	18月龄重 EBV	r²(%)	6~12月龄日增重 EBV	r²(%)	12~18月龄日增重 EBV	r²(%)	18~24月龄日增重 EBV	r²(%)	4%乳脂率校正奶量 EBV	r²(%)
55	65113805*	12.95	45.28	-0.42	51	1.56	57	-22.08	51	-43.36	53	-0.09	48	0.00	48	-0.41	55	-67.99	58
56	11115203	11.91	62.94	-1.66	52	3.68	58	-28.79	52	-34.33	54	-0.03	49	0.03	48	-0.15	55	431.32	56
57	65116843	11.58	156.65	-0.19	54	-0.91	60	-20.26	54	-41.82	56	-0.05	51	-0.03	51	-0.10	57	2995.78	60
58	65116845	11.47	156.59	-0.13	54	-4.87	60	-16.78	54	-37.21	56	-0.04	51	-0.06	51	-0.07	57	2995.78	60
59	65111899*	8.53	-11.57	0.31	51	0.30	57	-17.09	52	-54.69	53	0.00	49	-0.16	48	-0.16	55	-1547.95	57
60	65114831	-1.63	9.91	0.72	49	-2.18	55	-12.69	48	-65.60	50	-0.06	45	-0.18	44	-0.18	52	-794.91	56
61	65113808*	-12.97	9.12	-1.47	48	-0.15	55	-17.42	48	-64.81	51	-0.11	45	-0.10	45	-0.04	52	-630.80	57
62	65111802*	-18.91	5.38	-0.42	50	-0.08	56	-14.31	50	-79.25	52	-0.08	47	-0.18	47	-0.14	54	-635.70	56
63	11103630*	-20.97	34.89	-0.02	47	-4.76	56	-21.00	50	-59.55	48	0.02	47	-0.31	43	-0.27	49	203.97	20
64	11115202	-25.15	119.02	-1.87	53	-1.40	58	-43.16	54	-29.51	55	0.03	50	0.05	50	0.02	57	2570.03	56
65	11115201	-34.10	113.65	-2.34	53	-2.86	58	-36.03	54	-43.04	55	0.06	24	-0.01	50	-0.09	57	2570.03	56
66	65112803*	-42.28	-14.04	0.32	50	-0.99	56	-13.60	50	-101.31	52	-0.15	47	-0.20	47	-0.03	54	-782.92	58
67	11114201	-67.78	59.28	-1.52	54	-7.61	59	-41.73	54	-53.98	55	0.03	18	-0.01	50	-0.07	55	1637.21	58
以下种公牛部分性状测定数据缺失，只发布数据完整性状的估计育种值																			
68	11119206			-1.65	47	-0.10	56	-4.77	49	—	—	—	—	0.10	46	—	—	—	—
69	11119207			-1.34	47	-1.19	56	-3.26	49	—	—	—	—	0.09	46	—	—	—	—

＊ 表示该牛已经不在群，但有库存冻精。

— 表示该表型值缺失，且无法根据系谱信息估计出育种值。

4.4　摩拉水牛

表4-4　摩拉水牛估计育种值

序号	牛号	CBI	TPI	体型外貌评分		初生重		6月龄重		18月龄重		6~12月龄日增重		12~18月龄日增重		18~24月龄日增重		4%乳脂率校正奶量	
				EBV	r²(%)	EBV	r²(%)	EBV	r²(%)	EBV	r²(%)	EBV	r²(%)	EBV	r²(%)	EBV	r²(%)	EBV	r²(%)
1	42106189	191.96		0.04	45	2.05	35	26.81	31	32.12	27	0.09	34	0.01	21	-0.06	25		
2	42108127	164.19		0.33	46	1.58	32	21.63	28	16.78	31	-0.01	31	-0.01	27	-0.04	28		
3	53204051*	147.46		-0.80	43	-1.20	27	16.38	24	20.09	26	-0.25	26	0.23	23	0.04	24		
4	53210102	142.67	140.35	0.07	45	-0.38	32	3.14	28	33.16	31	0.07	31	0.07	27	-0.04	28	402.56	48
5	45112163	141.46		0.58	49	3.50	11	7.43	10	12.85	10	0.06	9	0.00	9	0.07	11		
6	43112074	134.03		0.40	49	0.70	30	11.84	27	8.22	30	-0.06	30	0.03	25	0.00	27		
7	53114322	133.11		1.81	46	-0.24	35	2.37	29	22.26	34	0.05	33	0.01	30	-0.04	31		
8	42111237	129.15		0.18	46	-0.02	28	5.20	25	16.90	27	0.04	28	0.03	22	-0.03	25		
9	43113075	126.50		0.40	51	-1.42	27	13.49	24	4.63	27	-0.06	27	0.01	24	0.04	24		
10	53207088*	126.42		0.01	45	1.35	31	7.84	27	6.98	29	0.00	30	0.02	26	0.00	27		
11	36108169	123.12		0.26	48	-1.32	32	-3.09	29	28.12	30	0.20	32	-0.04	28	0.05	29		
12	43111072	122.95		0.85	45	0.80	27	10.31	24	-0.15	27	-0.10	27	0.01	22	0.03	24		
13	45108965	114.58		1.26	46	0.78	2	4.75	2	-1.80	2	0.03	2	-0.03	2	0.01	2		
14	45112294	113.68		0.42	49	3.46	10	3.27	9	-4.08	9	0.02	8	-0.03	8	0.00	9		
15	43109065	111.30		0.96	49	-0.47	32	5.53	27	0.45	32	-0.04	30	-0.03	26	-0.03	29		
16	53114318	110.39		1.35	46	-1.53	34	0.04	29	10.44	34	0.03	33	-0.02	29	-0.02	30		
17	36108123	108.82		0.85	49	-0.91	33	-2.91	29	13.11	32	0.12	32	0.00	28	0.08	29		
18	43112073	107.08		1.15	45	-1.02	29	6.63	26	-3.94	29	-0.09	29	0.03	25	0.00	26		
19	45101823	106.94		-1.26	46	1.75	8	5.73	7	-2.78	7	0.08	6	-0.06	6	0.01	7		
20	43109064	105.91		-0.02	46	-0.89	32	4.28	26	0.73	31	-0.02	29	-0.02	25	-0.04	28		
21	53110217	103.71		0.11	46	0.12	33	14.07	25	-19.73	33	-0.15	28	-0.09	28	0.07	30		
22	45108131	102.83		-0.15	50	2.16	6	4.55	6	-9.93	6	0.03	5	-0.06	5	0.00	7		
23	43101035	102.41		0.49	46	0.88	29	1.99	26	-4.36	28	-0.04	29	-0.02	25	-0.02	26		
24	42111239	102.10		0.33	46	-0.84	28	-1.44	24	5.70	27	0.07	27	-0.02	22	-0.05	24		
25	42110221	100.89		-0.17	46	-1.07	35	1.14	30	2.13	33	0.04	34	-0.02	30	-0.05	31		
26	42116063	99.90		-0.23	47	-0.44	34	1.84	31	-1.41	34	0.04	34	-0.04	30	0.04	30		

（续）

序号	牛号	CBI	TPI	体型外貌评分		初生重		6月龄重		18月龄重		6~12月龄日增重		12~18月龄日增重		18~24月龄日增重		4%乳脂率校正奶量	
				EBV	r^2(%)	EBV	r^2(%)	EBV	r^2(%)	EBV	r^2(%)	EBV	r^2(%)	EBV	r^2(%)	EBV	r^2(%)	EBV	r^2(%)
27	43109063	98.90		1.50	50	-2.15	32	1.17	27	-0.05	32	-0.02	30	-0.02	26	-0.05	29		
28	43101033	98.84		0.55	50	-1.77	28	2.90	25	-2.01	27	-0.04	28	-0.01	25	-0.03	25		
29	45112770	97.61		0.40	47	1.51	2	-1.20	2	-5.74	2	0.00	2	-0.02	2	-0.01	2		
30	42111081	93.64		0.24	45	0.62	28	-0.60	24	-6.71	27	0.03	27	-0.05	22	-0.01	24		
31	42117481	93.36		0.20	14	-2.04	34	1.41	30	-3.05	33	-0.04	34	-0.03	30	-0.08	30		
32	45112273	91.86		0.25	52	1.90	12	2.64	11	-17.33	12	0.03	11	-0.08	11	-0.03	12		
33	43101036	91.56		-0.50	46	-0.93	26	0.45	23	-4.65	26	-0.03	26	-0.01	23	-0.01	23		
34	53212137*	90.82	91.41	0.20	46	1.37	31	-4.56	28	-4.77	30	0.08	31	-0.07	26	0.09	28	-84.14	47
35	53212136	90.28	129.00	0.14	46	1.37	31	-7.37	28	-0.64	30	0.06	31	-0.03	26	-0.06	28	951.17	47
36	45112281	87.79		0.70	51	2.81	13	0.66	11	-21.89	12	-0.02	11	-0.06	11	-0.04	12		
37	42116059	86.06		-1.35	45	1.47	34	1.88	29	-16.44	32	-0.07	34	0.01	30	-0.04	30		
38	45103937	85.52		-1.37	48	3.03	8	-2.40	7	-11.48	8	-0.01	7	-0.04	7	-0.03	7		
39	45112730	83.62	90.17	1.21	51	2.99	3	-2.32	2	-23.22	2	-0.02	2	-0.06	2	-0.02	2	0.00	7
40	43110067	82.72		0.73	48	-0.16	32	-4.58	28	-8.81	32	-0.06	31	0.03	27	0.03	29		
41	42116057	80.99		-0.80	45	0.13	34	-5.37	30	-6.85	34	-0.07	34	0.06	30	0.00	31		
42	36108137	80.67		0.23	51	-1.24	34	-6.61	30	-3.52	33	-0.04	34	0.01	30	-0.04	31		
43	42107103	79.14		-0.51	46	-1.14	31	5.04	27	-22.25	29	0.01	30	-0.09	26	-0.01	27		
44	45103951	78.71		-0.16	47	2.01	8	-1.10	8	-21.55	8	-0.01	7	-0.04	7	-0.01	8		
45	45108929	77.84		0.29	50	1.49	10	-2.30	9	-20.78	9	0.00	9	-0.06	8	-0.03	9		
46	43110066	75.77		0.33	47	-0.25	32	-5.00	27	-13.19	31	-0.08	31	0.02	27	0.01	28		
47	42116457	72.72		0.27	8	-3.76	35	-2.66	26	-10.16	34	-0.10	35	-0.02	30	0.02	31		
48	42116399	70.58		0.25	7	-1.61	35	-10.40	31	-5.35	35	0.05	35	-0.06	31	-0.11	32		

以下种公牛部分性状测定数据缺失，只发布数据完整性状的估计育种值

序号	牛号	CBI	TPI	体型外貌评分		初生重		6月龄重		18月龄重		6~12月龄日增重		12~18月龄日增重		18~24月龄日增重		4%乳脂率校正奶量	
49	53109230			1.08	46	0.61	32	—	—	-1.34	32	—	—	—	—			0.09	29

﹡ 表示该牛已经不在群，但有库存冻精。
— 表示该表型值缺失，且无法根据系谱信息估计出育种值。

4.5　尼里/拉菲水牛

表4-5　尼里/拉菲水牛估计育种值

序号	牛号	CBI	TPI	体型外貌评分 EBV	r²(%)	初生重 EBV	r²(%)	6月龄重 EBV	r²(%)	18月龄重 EBV	r²(%)	6~12月龄日增重 EBV	r²(%)	12~18月龄日增重 EBV	r²(%)	18~24月龄日增重 EBV	r²(%)	4%乳脂率校正奶量 EBV	r²(%)
1	42117096	188.70		-1.08	47	2.82	32	15.41	28	47.60	30	0.08	30	0.05	26	-0.06	28		
2	42107714	164.71	137.96	-0.47	46	3.24	33	18.18	29	19.91	31	0.03	32	0.03	27	-0.05	28	-23.66	1
3	42108939	158.67	134.33	-0.65	47	2.29	33	19.52	29	15.35	31	-0.04	32	0.02	27	-0.03	29	-23.66	1
4	42110063	121.05	111.77	-0.03	47	-0.53	35	3.29	30	14.62	34	0.03	34	0.05	30	-0.04	31	-23.66	1
5	45112153	120.17		0.08	49	1.60	2	4.60	2	5.73	2	0.03	2	-0.01	2	0.00	2		
6	42110604	119.04		0.25	46	2.63	34	3.79	29	3.15	32	-0.02	32	0.03	29	-0.02	30		
7	42110075	118.07		-0.14	46	0.75	34	5.42	29	5.45	32	0.02	32	0.00	29	-0.01	30		
8	45112165	117.83		1.00	49	1.64	4	4.32	4	0.45	4	0.05	4	-0.05	4	-0.05	4		
9	45108744	117.17		-0.08	49	1.04	1	3.26	1	7.34	1	0.01	1	0.01	1	0.03	1		
10	45112936	117.05		0.70	47	1.07	1	4.54	1	2.12	1	0.01	1	0.00	1	-0.01	1		
11	45112904	111.22		1.12	47	0.81	1	2.83	1	-1.20	1	0.03	1	-0.02	1	-0.02	1		
12	42106684	109.90		0.55	46	1.26	36	1.80	3	1.37	3	0.00	3	0.01	3	-0.01	3		
13	45109798	108.53		0.16	47	0.39	2	2.59	2	1.65	2	0.01	2	0.00	2	0.02	2		
14	45109973	107.92		-0.34	13	1.45	5	5.53	5	-4.41	5	0.05	4	-0.05	4	-0.07	5		
15	45110852	107.48		0.09	47	0.38	1	1.84	1	2.23	1	0.01	1	0.01	1	0.02	1		
16	45108935	105.43		-1.02	48	0.98	3	3.92	3	-0.12	3	0.02	3	0.00	3	0.03	3		
17	45108961	105.09		-0.54	48	1.12	3	1.19	2	1.70	2	0.02	2	0.00	2	0.02	3		
18	45110858	103.38		-0.27	49	1.12	4	2.69	3	-3.22	3		3	-0.05	3	-0.06	4		
19	45103572	100.21		-0.25	45	0.32	1	0.03	1	0.28	1	0.02	1	-0.01	1	0.00	1		
20	45107698	99.38		-0.66	48	0.34	1	1.14	1	-0.70	1	0.02	1	0.00	1	0.00	1		
21	45103558	98.35		-0.61	44	0.26	1	-0.08	1	0.35	1	0.02	1	-0.01	1	0.00	1		
22	45103556	97.35		0.08	5	0.99	2	-0.09	2	-5.13	2	0.02	2	-0.03	2	-0.01	2		
23	45103566	97.11		-1.16	47	0.34	1	1.14	1	-0.70	1	0.02	1	0.00	1	0.00	1		
24	45110213	97.01		-0.58	48	0.37	3	0.05	3	-1.42	3	0.03	3	-0.02	2	-0.01	3		
25	53212156	96.30	90.95	0.61	48	-2.43	33	-7.19	29	13.47	32	0.06	33	0.04	28	-0.01	29	-186.46	47
26	42117065	86.99		-0.35	5	-0.97	32	-4.42	26	-1.07	30	0.10	32	0.02	27	-0.04	28		

（续）

序号	牛号	CBI	TPI	体型外貌评分 EBV	r²(%)	初生重 EBV	r²(%)	6月龄重 EBV	r²(%)	18月龄重 EBV	r²(%)	6~12月龄日增重 EBV	r²(%)	12~18月龄日增重 EBV	r²(%)	18~24月龄日增重 EBV	r²(%)	4%乳脂率校正奶量 EBV	r²(%)
27	42116069	86.17		-1.38	45	1.59	35	-4.39	31	-6.60	34	-0.02	35	0.04	30	0.02	31		
28	42116067	83.55		-0.97	45	-0.66	35	-4.46	31	-3.62	34	0.06	35	-0.02	30	0.05	31		
以下种公牛部分性状测定数据缺失，只发布数据完整性状的估计育种值																			
29	45103574			-0.04	45	—	—	—	—	—	—	—	—	—	—	—	—	—	—
30	45103576			-0.73	45	—	—	—	—	—	—	—	—	—	—	—	—	—	—
31	45108756			-0.20	51	—	—	—	—	—	—	—	—	—	—	—	—	—	—
32	45108786			1.00	47	—	—	—	—	—	—	—	—	—	—	—	—	—	—
33	45109156			-0.39	46	—	—	—	—	—	—	—	—	—	—	—	—	—	—
34	45110866			0.41	50	—	—	—	—	—	—	—	—	—	—	—	—	—	—
35	45111872			1.27	46	—	—	—	—	—	—	—	—	—	—	—	—	—	—
36	53105175*			-0.34	44	-0.38	30	—	—	-9.32	25	—	—	—	—	-0.05	23		
37	53105176*			1.01	44	0.61	31	—	—	-12.30	25	—	—	—	—	-0.05	23		
38	53109240			1.05	46	0.87	33	—	—	4.65	32	—	—	—	—	0.00	29		
39	53109241*			-0.77	45	-1.78	33	—	—	-8.15	32	—	—	—	—	0.01	29		
40	53110243*			-1.22	46	0.34	33	—	—	-14.71	32	—	—	-0.02	28	-0.03	30		
41	53110244*			-0.16	46	2.69	33	—	—	4.65	33	—	—	0.01	28	0.00	30		

﹡ 表示该牛已经不在群，但有库存冻精。

— 表示该表型值缺失，且无法根据系谱信息估计出育种值。

4.6 地中海水牛

表4-6 地中海水牛估计育种值

序号	牛号	CBI	TPI	体型外貌评分		初生重		6月龄重		18月龄重		6~12月龄日增重		12~18月龄日增重		18~24月龄日增重		4%乳脂率校正奶量	
				EBV	r²(%)	EBV	r²(%)	EBV	r²(%)	EBV	r²(%)	EBV	r²(%)	EBV	r²(%)	EBV	r²(%)	EBV	r²(%)
1	42114029	112.33	112.34	1.81	47	3.17	35	3.66	30	-6.98	34	-0.01	34	0.00	30	0.11	31	135.00	48
2	42114025	111.17	102.73	2.32	47	2.43	35	3.90	30	-7.42	34	-0.02	34	0.00	30	0.10	31	-108.56	48
3	45112F56	109.42		0.78	47	-0.16	1	1.90	1	2.59	1	0.00	1	0.00	1	0.01	1		
4	42114003	107.93	110.16	0.56	47	0.27	35	6.24	30	-4.83	34	-0.01	33	0.00	29	0.05	31	147.54	47
5	42114001	107.50	93.62	1.27	47	2.37	35	3.50	30	-7.78	34	0.00	33	-0.01	30	0.04	31	-297.27	48
6	42114023	106.98	119.07	1.52	48	1.06	35	4.59	31	-6.97	34	-0.01	34	0.00	30	0.08	31	406.33	49
7	42114005	96.34	83.15	0.17	47	1.20	34	3.21	29	-11.84	33	-0.02	32	-0.01	29	-0.01	30	-400.04	46
8	42114027	95.13	118.78	3.20	47	-1.07	35	2.44	30	-11.56	34	-0.03	33	0.00	30	0.11	31	592.64	48
9	42114009	93.42	99.83	-0.01	49	1.06	34	2.66	29	-12.77	33	-0.01	32	-0.01	29	0.03	30	103.15	46
10	42114039	91.97	81.77	2.62	45	-0.82	35	-0.63	31	-8.95	34	-0.01	34	0.00	30	-0.03	31	-366.22	51
11	42114019	85.07	92.92	0.20	47	-0.12	34	1.87	29	-16.09	33	-0.03	32	0.00	29	0.01	30	51.29	46
12	42114017	74.46	70.57	0.75	47	-1.74	35	-1.16	30	-17.32	34	-0.02	33	-0.01	29	0.01	31	-385.31	47
以下种公牛部分性状测定数据缺失，只发布数据完整性状的估计育种值																			
13	45113F41			0.44	46	0.42	1	1.12	1	—	—	0.01	1	—	—	—	—		

— 表示该表型值缺失，且无法根据系谱信息估计出育种值。

4.7　夏洛来牛

表4-7　夏洛来牛估计育种值

序号	牛号	CBI	体型外貌评分 EBV	r²(%)	初生重 EBV	r²(%)	6月龄重 EBV	r²(%)	18月龄重 EBV	r²(%)	6~12月龄日增重 EBV	r²(%)	12~18月龄日增重 EBV	r²(%)	18~24月龄日增重 EBV	r²(%)
1	62113081	255.09	-1.07	46	-2.59	53	67.08	46	39.63	48	-0.25	43	0.24	42	0.08	50
2	14112062	226.37	1.52	48	-4.65	54	42.57	47	48.92	49	-0.08	44	0.17	43	0.22	51
3	14112060	224.83	1.12	48	3.25	54	20.94	47	62.70	49	-0.16	44	0.30	43	0.12	51
4	65117701	219.41	0.96	49	-0.05	7	17.34	48	73.08	51	0.14	44	0.09	46	0.07	53
5	22315115	216.83	0.55	48	3.71	55	16.89	47	63.19	49	0.21	44	0.01	44	-0.20	51
6	41417041	208.36	-0.23	3	1.52	55	5.98	48	82.05	50	0.29	45	0.07	45	-0.07	52
7	36115203	208.26	1.54	46	-2.22	53	6.52	46	84.10	48	0.23	42	0.15	42	0.03	49
8	65117704	204.72	1.10	51	-0.11	4	9.23	47	72.82	49	0.24	43	0.13	43	-0.01	51
9	41112126	200.89	1.98	49	0.46	56	13.44	49	57.80	51	0.06	46	0.17	45	0.05	53
10	14114721	200.08	0.16	49	0.91	53	4.81	2	76.77	49			0.26	43	-0.02	51
11	41112124	199.80	1.61	48	1.14	55	19.24	48	47.26	50	-0.01	45	0.25	45	-0.01	52
12	22315075	198.44	-0.27	52	5.58	58	20.30	52	39.92	54	0.16	49	-0.10	49	-0.20	55
13	15616083	193.10	0.32	49	7.53	56	19.30	50	29.41	52	-0.04	47	0.04	47	-0.15	53
	22116083															
14	42113083	192.89	0.53	50	-0.18	56	20.50	50	46.92	52	0.00	47	0.14	47	-0.07	54
15	41113136	187.75	1.82	49	1.41	56	12.95	49	45.23	51	0.07	46	0.13	46	0.20	53
16	65110719	187.27	0.08	50	1.38	55	-5.96	48	81.83	51	0.19	7	0.25	45	0.08	53
17	65110720	185.54	0.26	52	0.48	56	-7.00	50	83.67	53	0.26	11	0.28	47	0.07	54
18	41118112	185.01	-0.83	48	-0.24	55	0.33	48	77.62	49	0.16	44	0.19	43		
19	41113140	184.77	1.55	48	0.49	55	16.00	48	41.21	50	0.07	45	0.07	44	0.13	52
20	36115205	182.02	1.08	46	-1.41	53	2.04	46	67.93	48	0.22	43	0.11	42	0.04	50
21	41418045	180.84	0.05	6	3.65	56	17.13	50	33.46	51	0.13	46	-0.03	46	0.22	53
22	14114627	178.35	0.52	50	1.49	54	1.96	3	59.38	50	0.04	2	0.32	43	-0.02	51
23	22312041	177.75	0.60	50	4.54	57	20.65	51	20.69	53	0.08	48	-0.11	47	-0.16	54
24	41407008*	177.09	0.21	50	3.01	56	21.07	50	24.99	52	-0.05	47	0.02	46	-0.03	53
25	22212809	175.96	0.26	47	-0.01	54	-4.83	47	73.08	49	0.31	44	0.09	43	-0.15	50

（续）

序号	牛号	CBI	体型外貌评分		初生重		6月龄重		18月龄重		6~12月龄日增重		12~18月龄日增重		18~24月龄日增重	
			EBV	r²(%)	EBV	r²(%)	EBV	r²(%)	EBV	r²(%)	EBV	r²(%)	EBV	r²(%)	EBV	r²(%)
26	65110717	174.62	-0.30	52	0.91	56	-12.80	50	84.42	53	0.27	12	0.26	48	0.02	55
27	11114305	174.30	2.23	48	7.73	54	7.28	47	24.15	49	0.14	44	-0.06	43	0.20	51
28	41413076	173.56	-0.22	51	0.00	57	16.63	50	38.65	53	-0.03	48	0.16	47	-0.05	54
29	42113088	171.53	-0.29	47	2.52	54	4.66	47	49.56	49	0.10	43	0.13	43	-0.14	50
30	65112701	169.56	-0.77	48	3.28	55	6.67	48	44.50	50	0.14	44	0.04	45	-0.03	52
31	41415034	169.16	2.47	53	5.54	54	4.55	48	28.88	55	0.05	44	0.16	43	0.27	56
32	41412009	166.43	-0.44	52	-1.54	58	17.92	52	35.26	54	0.01	49	0.08	49	-0.06	55
33	21116506 22117201	166.03	0.11	52	5.88	56	18.95	53	11.48	54	0.00	50	-0.07	49	-0.21	55
34	41112130*	165.54	-1.29	48	1.22	54	11.44	47	40.85	49	0.16	44	0.04	44	0.07	51
35	11108019*	162.41	0.97	49	6.88	55	3.14	48	27.53	50	-0.20	45	0.28	44	-0.02	52
36	41312177	162.30	-0.33	46	4.31	52	3.09	45	39.40	48	0.03	42	0.14	42	0.09	49
37	65116704	162.22	0.48	49	-0.39	54	2.61	48	49.37	51	0.11	45	0.09	45	0.17	53
38	11108016*	162.01	0.18	49	6.91	55	3.20	48	30.07	50	-0.12	45	0.23	44	0.24	52
39	65110712	160.57	0.11	49	1.00	55	-1.94	49	52.97	51	0.17	46	0.09	45	-0.03	53
40	41115150	159.89	0.03	49	2.82	57	15.23	50	20.48	52	-0.01	47	0.03	46	0.03	51
41	41412010	156.96	-0.47	51	-0.20	57	13.36	51	30.84	53	0.05	48	-0.02	48	0.00	54
42	22117221	154.44	-0.79	49	2.27	54	26.95	48	1.64	49	-0.01	44	-0.13	43	0.06	51
43	15618217 22218217	154.22	0.76	52	-0.32	21	29.93	52	-2.47	20	0.05	49	0.02	18	0.01	12
44	41415032	153.01	1.52	53	4.91	59	-0.20	53	27.70	55	-0.01	50	0.12	49	-0.05	56
45	41312178	152.59	-0.40	46	2.78	53	0.39	46	39.54	48	0.08	43	0.13	42	0.03	50
46	41312125	151.01	-0.90	46	4.47	53	2.88	46	31.68	48	0.03	43	0.10	43	0.09	50
47	41118110	150.45	-0.39	47	4.11	54	-10.90	47	52.11	49	0.19	44	-0.02	43	0.03	50
48	41117102*	149.97	-0.20	48	4.02	56	2.98	49	29.05	51	0.12	46	-0.07	45	0.01	4
49	14112059	149.61	1.32	47	-1.31	53	-0.62	46	42.65	49	-0.11	43	0.32	43	0.05	51
50	15615101 22215114	147.82	0.23	48	-1.12	54	6.55	47	33.41	4	0.02	43	0.15	3	0.10	4

（续）

序号	牛号	CBI	体型外貌评分		初生重		6月龄重		18月龄重		6~12月龄日增重		12~18月龄日增重		18~24月龄日增重	
			EBV	r²(%)	EBV	r²(%)	EBV	r²(%)	EBV	r²(%)	EBV	r²(%)	EBV	r²(%)	EBV	r²(%)
51	21114503	147.37	-1.02	50	-0.85	20	-1.20	19	49.55	52	0.17	8	0.10	47	0.04	54
	65114704															
52	41111122	144.80	1.31	48	0.86	55	6.14	48	21.97	50	-0.02	45	0.06	44	-0.03	52
53	41417040	141.81	-0.05	3	2.54	55	3.27	48	24.81	50	0.06	45	0.13	44	0.05	51
54	22215921	140.65	0.15	48	1.02	54	6.09	47	22.51	5	0.03	44	0.03	4	0.02	5
55	41118114	140.25	-0.24	49	-1.35	55	2.59	48	35.57	51	0.05	45	0.04	45	0.02	9
56	21117507	139.93	0.28	9	5.28	55	21.22	48	-13.99	50	-0.04	45	-0.14	44	-0.16	52
	22117211															
57	14114728*	139.28	-0.94	47	-2.24	53	-0.85	4	45.29	49	0.03	4	0.15	43	0.00	51
58	11116308	139.23	0.03	47	-4.25	54	-4.80	47	53.06	49	0.04	44	0.31	43	0.23	51
59	41409016*	138.93	0.05	52	5.11	58	9.65	52	4.91	54	0.02	49	-0.05	49	-0.03	55
60	41214101	138.86	-0.13	48	4.50	54	13.22	48	1.44	50	-0.08	45	0.04	44	0.01	52
61	42109110	138.46	-0.06	46	7.78	53	9.57	46	-2.02	48	0.08	43	-0.12	42	0.17	50
	41109110															
62	22314047	136.96	0.30	48	2.64	7	11.36	6	6.01	7	0.02	5	-0.06	6	-0.07	6
63	41113152	133.03	2.46	50	-4.85	56	0.15	49	31.84	51	0.08	46	0.13	46	0.26	53
64	41415030	132.28	0.22	52	3.27	58	1.71	52	15.98	54	0.08	49	-0.01	49	0.03	55
65	41416035	131.02	1.96	51	4.71	57	-4.90	51	14.79	53	0.06	48	0.02	47	0.22	54
66	41114142	130.99	0.29	52	-0.30	58	-2.94	52	31.45	54	0.08	49	0.13	49	0.18	55
67	41417039	129.18	-0.08	3	3.27	57	-7.18	50	28.59	50	0.05	47	0.15	44	-0.02	51
68	41115160	128.54	1.53	53	2.46	59	-12.90	53	33.03	55	0.06	50	0.16	49	0.14	56
69	41115158	128.48	1.59	53	1.76	59	-14.10	53	36.52	55	0.07	50	0.18	49	0.12	56
70	15611997	128.39	0.41	51	0.03	56	-27.08	50	66.30	53	0.41	46	0.09	47	0.26	54
	22211097															
71	42113079	128.31	0.78	51	-3.98	57	-8.24	51	45.35	53	0.15	48	0.13	47	-0.03	54
72	41315233	127.54	-0.22	48	2.54	54	1.51	48	15.77	50	0.01	45	-0.01	44	0.25	52
73	42113086	127.51	-0.39	50	-2.61	56	9.41	49	17.49	51	0.04	46	0.03	46	-0.01	53
74	15410812	126.76	0.89	47	2.63	52	-14.70	45	36.40	47	0.16	42	0.09	41	-0.01	49

（续）

序号	牛号	CBI	体型外貌评分		初生重		6月龄重		18月龄重		6～12月龄日增重		12～18月龄日增重		18～24月龄日增重	
			EBV	r²(%)	EBV	r²(%)	EBV	r²(%)	EBV	r²(%)	EBV	r²(%)	EBV	r²(%)	EBV	r²(%)
75	41417042	126.31	-0.33	7	2.13	56	-9.42	49	33.65	52	0.22	47	-0.08	46	0.08	53
76	41215106	125.29	-0.40	49	5.42	55	10.00	49	-6.65	51	-0.08	46	0.00	45	0.01	53
77	21112501	125.07	-0.23	47	0.33	4	0.48	3	21.17	3	0.02	2	0.09	3	0.07	3
78	41413075	124.43	-0.17	52	-4.52	58	4.10	51	27.44	53	0.03	49	0.12	48	0.00	55
79	41415029	124.23	0.18	52	2.68	59	-0.46	53	14.11	54	0.03	50	0.07	49	-0.05	55
80	41214103*	123.82	-0.95	47	4.66	53	12.56	46	-7.84	49	-0.11	43	0.04	43	0.05	51
81	41214102	123.41	-1.11	48	6.01	54	8.22	47	-4.23	50	-0.08	44	0.03	44	-0.01	51
82	41412056	122.65	-0.90	48	4.90	55	1.53	48	7.90	50	-0.01	45	-0.01	45	-0.07	52
83	15410811	122.38	0.79	49	2.48	52	-12.76	45	30.24	47	0.11	42	0.09	41	-0.01	49
84	41414016*	122.33	-0.73	53	1.07	58	3.53	52	13.88	54	0.02	50	0.01	49	-0.02	56
85	41214104*	121.79	-0.90	48	7.15	54	6.09	47	-6.10	50	-0.07	44	0.03	44	0.02	51
86	41213004*	121.08	0.46	48	1.60	54	11.61	47	-6.13	49	-0.11	44	0.03	44	-0.06	51
87	41213005	120.54	0.23	48	4.16	54	6.57	48	-4.43	50	-0.05	45	-0.01	44	-0.03	52
88	22212801*	120.25	-0.02	12	1.71	57	-6.06	51	22.92	17	0.06	15	-0.03	15	-0.03	16
89	22216199	119.32	-0.64	49	2.93	56	4.83	49	3.92	51	-0.05	46	-0.01	45	-0.15	53
90	14115126	118.54	2.51	53	2.60	16	0.64	14	-1.46	54	0.05	13	0.08	12	0.38	56
91	41115154	118.07	0.41	49	-0.26	55	-5.49	48	23.64	51	0.16	44	0.04	43	0.32	52
92	41414024	117.18	-0.46	52	1.66	58	4.06	52	5.94	53	0.07	49	-0.02	48	-0.03	54
93	65114702	116.56	0.21	8	-1.59	55	-1.79	48	20.72	50	0.16	45	-0.08	45	0.07	52
94	41416038	115.78	0.73	51	4.11	57	-6.73	50	10.80	53	-0.01	47	0.05	47	0.05	54
95	11107045*	115.67	-0.89	48	5.70	52	-1.62	44	4.64	47	0.14	41	-0.15	40	-0.07	48
96	41412007	115.54	-0.76	53	2.47	59	0.14	53	9.79	55	0.14	50	-0.06	50	0.02	56
97	65114703	115.06	0.18	7	-1.53	56	0.00	49	16.49	50	0.11	46	-0.01	44	0.01	52
98	15410787	114.89	0.64	50	2.26	49	-19.69	40	35.92	43	0.18	37	0.08	36	0.01	45
99	11111301*	114.83	-0.46	48	5.71	54	-3.59	47	5.38	50	-0.05	44	0.11	44	-0.16	51
100	41215105*	114.81	-1.00	48	3.90	54	10.99	47	-11.00	50	-0.10	44	-0.01	44	-0.02	52
101	41414026	114.77	-0.88	52	2.85	58	-1.55	52	11.25	54	0.10	49	-0.03	48	-0.02	55
102	42109102	113.78	0.27	45	7.64	53	-2.83	45	-4.74	48	0.09	42	-0.07	42	0.18	49

（续）

序号	牛号	CBI	体型外貌评分		初生重		6月龄重		18月龄重		6~12月龄日增重		12~18月龄日增重		18~24月龄日增重	
			EBV	r²(%)	EBV	r²(%)	EBV	r²(%)	EBV	r²(%)	EBV	r²(%)	EBV	r²(%)	EBV	r²(%)
	41109102															
103	41411004	113.47	0.33	54	7.92	60	-5.44	54	-1.81	56	-0.02	51	0.09	51	0.04	57
104	41114144	113.30	0.92	48	-0.74	54	-12.54	47	30.00	50	0.18	44	-0.01	44	0.19	51
105	15410716	113.13	0.73	47	1.73	53	-11.64	46	22.60	49	0.09	43	0.07	43	0.01	50
106	41115146	112.22	-0.45	48	-0.51	55	-10.01	49	29.78	51	0.08	46	0.08	45	0.13	52
107	41116152	111.33	-0.20	47	-3.43	55	-1.65	48	22.42	50	-0.04	45	0.16	44	-0.25	52
108	42113078	109.96	0.38	47	-2.30	54	-7.25	47	24.89	49	0.04	44	0.13	43	-0.02	51
109	14115127	108.99	2.35	50	-0.34	1	-1.93	1	2.65	52	0.02	1	0.00	1	0.38	53
110	41115152	108.57	0.21	47	-0.26	53	-7.76	46	19.74	49	0.12	43	0.03	43	0.16	50
111	15406215	108.36	0.84	49	-0.06	53	1.07	46	2.51	48	0.20	42	-0.19	42	0.06	50
112	41414027	107.52	-0.60	52	3.06	58	-2.40	52	4.64	53	0.07	49	-0.01	48	0.05	54
113	41214011	107.12	-1.44	49	3.90	54	5.33	47	-7.00	49	-0.09	44	0.03	43	0.01	51
114	14115129	105.95	1.65	50	-0.34	1	-1.93	1	2.75	52	0.02	1	0.00	1	0.43	53
115	15410719	105.95	0.51	48	1.67	51	-19.71	44	30.23	46	0.15	41	0.09	40	0.03	48
116	41115148	105.93	-0.53	48	-0.96	55	-12.46	48	29.67	50	0.12	45	0.05	44	0.05	52
117	15209912*	105.64	0.26	6	0.94	7	-7.88	6	13.99	6	0.07	5	0.03	5	0.00	6
118	11116307	104.87	-0.06	48	-5.90	54	-7.22	47	31.63	50	0.21	44	0.04	44	0.15	51
119	41113156	104.41	1.14	52	-5.69	55	-12.26	48	34.01	50	0.15	45	0.15	44	0.23	52
120	14116204	104.00	2.52	48	1.76	6	-1.25	6	-9.01	50	0.05	5	0.05	5	0.40	52
121	41316166	101.58	-0.65	46	1.20	52	-3.63	45	6.52	48	-0.02	42	0.11	42	0.07	50
122	41118104	100.90	0.08	49	2.04	56	-9.66	49	10.48	51	0.13	47	-0.14	45	-0.01	52
123	41113150*	98.69	-1.97	49	-5.44	55	-10.49	48	37.68	50	0.14	45	0.16	45	0.20	52
124	41116162	98.55	1.83	52	-0.69	53	-9.86	46	9.14	54	0.06	43	0.06	42	0.32	56
125	15406219	98.09	-0.15	48	0.42	51	3.48	44	-7.75	49	0.13	41	-0.15	41	0.29	50
126	15214501	97.83	-1.97	48	2.67	55	5.01	48	-9.30	50	0.02	45	-0.09	44	-0.01	52
127	41317047	96.33	-1.20	47	2.84	54	-13.03	47	14.75	49	0.05	44	0.06	44	0.11	51
128	41215108*	95.83	-2.26	48	4.08	54	4.30	47	-12.49	49	-0.11	44	0.02	43	0.00	51
129	15410813	95.75	0.44	46	2.32	53	-20.36	45	20.92	48	0.15	42	0.04	42	0.00	50

（续）

序号	牛号	CBI	体型外貌评分 EBV	r²(%)	初生重 EBV	r²(%)	6月龄重 EBV	r²(%)	18月龄重 EBV	r²(%)	6~12月龄日增重 EBV	r²(%)	12~18月龄日增重 EBV	r²(%)	18~24月龄日增重 EBV	r²(%)
130	41118102	95.39	-0.05	49	0.74	55	-6.77	48	5.00	51	0.14	45	-0.20	45	0.05	51
131	42109106	93.42	0.16	46	-0.27	52	-11.32	45	12.39	47	0.11	42	0.01	42	0.03	49
	41109106															
132	41215109	93.04	-0.79	48	2.68	54	2.02	47	-13.30	50	-0.06	44	-0.02	44	0.02	51
133	41316199	91.65	-0.55	46	3.61	52	-7.23	45	-3.17	47	-0.05	42	0.07	41	0.11	49
134	14116021*	87.11	1.94	52	-0.45	13	-5.54	12	-8.82	54	0.04	11	0.04	11	0.52	55
135	41316163	85.94	-1.80	47	2.97	53	-6.41	46	-2.88	49	-0.07	44	0.10	43	0.05	50
136	15214623	79.28	-3.05	51	2.48	57	0.53	51	-13.60	53	0.01	48	-0.09	48	0.02	55
137	41115156	76.59	-0.65	47	-1.31	53	-12.28	46	5.13	49	0.11	43	-0.05	42	0.21	50
138	41113154	73.23	0.09	48	-5.92	55	-19.84	48	23.57	50	0.10	45	0.17	44	0.22	52
139	15214112*	71.83	-1.03	48	4.00	55	-9.56	48	-15.93	49	-0.02	45	0.00	44	-0.01	52
140	15210303*	56.53	0.23	1	0.02	53	-3.04	46	-34.12	49	0.03	43	-0.16	43	0.08	50
141	62110047	43.75	-1.35	47	1.11	53	-15.63	46	-21.90	49	-0.06	43	0.02	43	-0.07	50
以下种公牛部分性状测定数据缺失，只发布数据完整性状的估计育种值																
142	14115322		2.22	47	—	—	—	—	53.22	49	—	—	—	—	-0.02	50
143	21104503		0.10	3	—	—	—	—	—	—	—	—	—	—	—	—
144	21108565		-0.08	47	—	—	—	—	20.22	6	0.04	3	0.02	5	0.00	6
145	22317061		—	—	-2.35	52	-1.55	45	29.28	48	0.05	42	0.10	42	0.26	50
146	41107105*		—	—	0.95	8	21.39	48	6.70	50	-0.11	45	-0.01	44	0.00	52
147	41107119*		—	—	2.65	11	35.93	49	6.90	50	-0.14	46	0.01	44	0.02	52
148	41417043		—	—	2.54	54	4.86	47	18.58	49	-0.06	44	0.04	43	0.09	51
149	41418046		—	—	2.03	58	2.76	52	7.42	49	0.04	47	-0.07	43	0.28	51

* 表示该牛已经不在群，但有库存冻精。
— 表示该表型值缺失，且无法根据系谱信息估计出育种值。

4.8　安格斯牛

表4-8　安格斯牛估计育种值

序号	牛号	CBI	体型外貌评分		初生重		6月龄重		18月龄重		6~12月龄日增重		12~18月龄日增重		18~24月龄日增重	
			EBV	r^2(%)	EBV	r^2(%)	EBV	r^2(%)	EBV	r^2(%)	EBV	r^2(%)	EBV	r^2(%)	EBV	r^2(%)
1	14112053*	252.91	-1.16	48	-1.84	54	41.30	47	77.16	50	-0.02	44	0.15	44	0.02	52
2	43110071	221.03	0.40	46	-4.22	52	44.77	45	43.99	48	0.11	42	-0.12	42	-0.05	50
3	65117455	219.19	-1.57	47	-1.94	8	41.57	48	49.14	50	0.12	45	0.04	45	-0.03	52
4	11111351*	210.93	-0.27	48	-2.06	55	46.53	48	29.26	50	-0.35	44	0.08	44	-0.28	52
5	15212504*	187.37	0.09	6	3.70	50	22.20	43	30.82	47	0.02	39	0.02	41	-0.02	49
6	65118472	182.22	0.93	46	-1.54	53	19.50	46	41.22	48	0.02	43	0.11	42	0.04	50
7	43108046	178.90	-0.33	47	-5.63	54	21.72	48	50.49	50	0.01	45	0.15	44	-0.21	51
8	43107044	176.39	-1.22	46	-2.93	53	28.44	46	33.92	49	-0.03	43	0.05	43	0.01	50
9	53110265	175.97	0.27	48	-7.82	54	52.56	47	2.21	5	0.26	43	0.01	2	-0.07	5
10	43109068	175.82	-1.39	46	-4.59	52	21.45	45	49.62	48	0.02	42	0.12	42	-0.04	49
11	11111353*	166.15	-0.51	48	-5.76	54	22.10	47	39.81	49	-0.26	44	0.32	44	-0.40	51
12	65110403	157.94	-0.31	48	-1.38	53	-0.10	47	55.68	50	0.12	44	0.09	44	0.06	52
13	43108045	156.90	0.34	46	-7.00	53	20.71	46	33.89	49	-0.01	43	0.09	43	-0.23	50
14	65110410	156.63	-0.08	48	1.85	54	2.09	48	41.58	50	0.13	45	0.07	44	0.16	52
15	65110407	155.40	-0.42	47	1.10	54	6.49	47	36.81	49	0.08	44	0.08	43	0.10	51
16	65117402	152.62	-0.55	48	-1.99	9	4.95	48	45.53	51	0.13	45	0.00	45	-0.02	52
17	65110405	151.77	-0.74	48	0.87	54	6.92	48	34.80	50	0.05	44	0.14	44	0.09	52
18	21218025	149.30	2.88	51	-2.33	58	-15.78	52	63.17	54	0.27	49	0.12	48	0.16	51
19	65117404	147.79	-0.88	48	-1.89	7	10.96	48	32.72	50	0.11	6	-0.01	45	-0.05	52
20	15516A01	146.67	0.03	45	-1.76	52	17.08	45	18.07	47	0.13	45	-0.19	41	0.01	49
21	43110069	146.10	0.73	47	-7.35	55	14.19	48	34.29	50	-0.01	45	0.11	45	-0.02	52
22	65117401	146.05	-1.35	48	-0.26	54	10.76	48	29.04	50	0.02	44	0.05	44	-0.04	51
23	65110408	145.75	-0.14	48	-0.64	56	-1.15	48	44.04	52	0.19	46	0.06	46	0.12	53
24	21217014	141.89	-0.35	46	-0.35	53	3.94	46	32.62	49	0.13	43	0.03	43	-0.10	50
25	21218041	136.14	1.99	51	-2.33	58	-11.85	52	48.90	54	0.20	49	0.08	48	0.11	15
26	65113412	129.13	-0.36	5	-2.39	55	13.59	48	11.51	51	-0.02	45	0.03	45	-0.16	53

（续）

序号	牛号	CBI	体型外貌评分		初生重		6月龄重		18月龄重		6~12月龄日增重		12~18月龄日增重		18~24月龄日增重	
			EBV	r²(%)	EBV	r²(%)	EBV	r²(%)	EBV	r²(%)	EBV	r²(%)	EBV	r²(%)	EBV	r²(%)
27	15516A02	126.39	0.21	47	-3.62	53	0.36	46	31.27	48	0.12	42	0.03	42	0.04	49
28	13217033	122.42	0.42	46	-0.72	52	-10.47	45	36.57	48	-0.01	42	0.25	42	-0.43	50
29	13217099	121.63	-0.51	46	-0.72	52	-9.54	45	38.03	48	-0.02	42	0.27	42	-0.43	50
30	21218032	120.63	2.51	46	-0.85	53	-5.20	46	18.77	49	0.07	43	0.01	43	0.01	4
31	21218034	120.10	3.24	47	-1.89	54	-12.28	48	29.50	50	0.16	45	0.02	44	0.04	6
32	21218035	117.43	1.98	51	-1.60	58	-15.83	52	36.98	54	0.14	49	0.09	48	0.11	15
33	13217068	117.42	-0.51	46	-1.25	52	-11.58	45	38.99	48	0.00	42	0.25	42	-0.45	50
34	11118366	115.96	3.08	53	-1.53	59	-24.64	53	45.25	55	0.11	50	0.39	50	0.06	57
35	15516A03	114.19	0.88	47	-5.70	53	-6.62	46	34.61	48	0.20	42	0.01	42	-0.01	49
36	65113413	113.35	-0.59	51	-0.52	57	3.93	51	9.08	54	0.12	48	-0.05	49	-0.11	56
37	65116463	110.77	1.06	48	-2.57	55	0.96	48	10.57	50	0.04	45	-0.01	44	0.03	52
38	11117362	110.76	1.77	53	-5.49	59	-6.04	53	26.65	55	0.04	50	0.18	50	0.36	57
39	21217010	110.67	0.90	51	-1.79	57	-8.04	51	23.36	53	0.13	48	0.05	48	-0.08	55
40	15212416	109.58	-2.58	46	1.80	53	-1.53	46	16.12	49	0.07	43	0.01	42	0.01	50
41	15518A01	105.39	1.03	7	-1.64	53	2.24	46	1.46	48	0.06	42	-0.08	42	-0.01	49
42	15516A07	104.83	0.70	11	-2.82	21	-2.48	19	12.91	20	0.05	18	0.07	18	0.08	20
43	65116467	102.91	0.70	11	-3.86	56	-0.91	50	11.46	52	0.05	47	0.05	46	0.06	53
44	11116355	102.19	-1.81	49	-1.42	56	5.26	46	4.34	51	0.15	46	-0.17	46	0.21	53
45	15617123	100.51	-0.30	50	-4.14	53	-1.32	1	14.70	52	0.02	1	0.09	46	-0.01	1
	22217113															
46	21214002	99.81	-1.35	49	-0.72	57	-12.64	50	27.18	53	0.01	47	0.18	48	0.06	54
47	65116466	99.61	1.54	48	-4.82	55	-2.83	49	10.92	51	0.03	46	0.07	45	0.08	53
48	65116464	98.28	0.35	47	-1.55	54	-6.72	48	11.96	50	0.04	45	0.03	44	-0.04	51
49	15618113	98.20	-0.15	49	-2.08	14	-1.32	1	6.64	51	0.02	1	0.02	45	-0.01	1
50	65114417	97.45	-0.38	10	-4.56	56	4.93	50	3.48	52	0.05	47	-0.06	47	-0.04	54
51	21214003	96.51	-1.87	52	-1.16	58	-6.47	52	17.65	54	0.00	49	0.13	49	0.00	55
52	11116357	94.19	-2.66	52	-1.14	57	5.93	51	-1.11	53	0.10	48	-0.13	48	0.24	55
53	21218048	92.78	3.08	48	-1.82	55	-15.20	48	10.74	50	0.03	45	0.07	44	-0.01	2

（续）

序号	牛号	CBI	体型外貌评分		初生重		6月龄重		18月龄重		6~12月龄日增重		12~18月龄日增重		18~24月龄日增重	
			EBV	r²(%)	EBV	r²(%)	EBV	r²(%)	EBV	r²(%)	EBV	r²(%)	EBV	r²(%)	EBV	r²(%)
54	21216023	87.31	-0.14	52	-2.96	62	-12.95	57	17.96	55	0.08	51	0.10	50	0.05	57
55	21216024	86.75	0.18	49	-2.56	57	-16.15	50	20.25	53	0.08	47	0.09	48	0.10	54
56	65114414	86.72	-0.25	11	-4.34	56	6.19	50	-9.02	52	0.04	47	-0.10	47	-0.04	54
57	65116468	84.78	0.78	8	-3.90	55	-2.98	49	-1.26	51	0.02	46	0.04	45	0.11	53
58	65116465	83.51	-0.01	51	-3.66	57	-3.37	51	0.69	53	0.08	48	-0.05	47	0.01	55
59	21217018	82.10	0.36	50	-1.44	56	-11.83	49	5.62	51	0.09	46	0.01	46	-0.04	53
60	15216314	81.85	1.42	47	-0.22	1	-0.73	1	-19.65	49	0.02	1	-0.02	43	0.33	50
61	41215804	81.45	-0.53	46	-7.69	53	16.09	46	-19.46	48	0.01	43	-0.14	42	-0.18	50
62	11116359	81.42	-2.46	52	1.04	57	1.73	51	-12.13	53	0.11	48	-0.17	48	0.18	55
63	22118593	81.25	0.09	3	1.40	38	-22.57	46	15.55	49	0.02	43	0.17	42	0.01	3
64	11117363	80.97	1.96	53	-5.85	59	-8.92	53	5.44	55	-0.06	50	0.18	50	0.29	57
65	41417663	80.64	1.00	49	-5.27	56	-11.39	50	11.29	51	0.06	47	0.13	45	0.09	52
66	15516A06	79.40	0.11	49	-5.41	56	-9.26	50	10.67	51	0.22	47	-0.11	46	-0.02	53
67	65115419	77.86	0.18	52	-3.79	60	-0.61	54	-9.03	56	0.06	51	-0.09	51	-0.12	57
68	21214004	77.81	-1.01	52	-2.90	62	-13.51	57	13.79	55	0.03	51	0.15	50	0.04	57
69	21217025	77.26	1.68	49	-3.43	55	-15.05	49	6.65	51	0.12	46	0.00	45	-0.03	52
70	15516A05	76.98	0.38	49	-5.41	56	-11.66	50	11.32	51	0.25	47	-0.12	46	0.04	53
71	65116469	73.93	0.26	47	-3.84	54	-10.90	48	3.77	50	0.04	45	0.01	44	0.01	51
72	15516A04	72.58	-0.63	49	-5.05	56	-9.44	50	6.92	51	0.26	47	-0.16	46	0.02	53
73	15214116*	71.27	-2.00	47	-0.95	53	5.73	46	-23.95	48	-0.02	43	-0.12	42	0.04	50
74	15615911	70.30	-0.09	50	1.01	56	-7.55	50	-16.23	52	-0.06	47	0.04	46	0.03	53
	22215903															
75	41112640	69.99	2.16	48	-8.56	56	-6.84	49	-1.06	51	0.00	46	0.03	45	0.04	52
76	41113630	67.94	0.24	48	-6.13	55	-12.91	48	7.88	50	0.07	45	0.00	45	0.06	52
77	41215802	67.74	-0.39	47	-8.29	53	7.94	46	-17.40	49	0.04	43	-0.13	43	-0.21	51
78	41417662	66.47	0.41	54	-7.36	62	-13.54	57	10.16	58	0.06	54	0.09	53	-0.12	60
79	22215905	63.30	0.56	49	1.25	59	-9.15	53	-22.98	53	-0.05	50	-0.02	48	-0.06	55
80	11116358	62.95	-1.48	51	-6.42	59	4.37	53	-16.57	55	0.10	51	-0.20	50	0.17	56

（续）

序号	牛号	CBI	体型外貌评分		初生重		6月龄重		18月龄重		6~12月龄日增重		12~18月龄日增重		18~24月龄日增重	
			EBV	r² (%)	EBV	r² (%)	EBV	r² (%)	EBV	r² (%)	EBV	r² (%)	EBV	r² (%)	EBV	r² (%)
81	41113632	62.09	1.38	47	-6.89	54	-12.55	47	-0.27	49	0.04	44	0.04	44	0.06	51
82	41416619	62.09	1.21	54	-6.99	62	-16.90	57	7.62	58	0.10	54	0.04	53	0.02	60
83	21218044	60.19	2.26	47	-2.52	53	-14.18	46	-14.32	49	0.00	43	-0.01	43	0.00	3
84	22215907	59.98	0.21	49	1.14	56	-7.36	49	-27.07	51	0.00	46	-0.07	45	0.11	53
85	41118682	59.73	-0.70	50	-1.60	57	-15.10	51	-4.15	52	0.01	47	-0.02	46	-0.01	13
86	65112411	59.66	-0.31	49	-1.94	12	-23.61	49	8.74	58	0.33	45	-0.05	46	-0.15	54
87	21216030	58.08	0.30	48	-2.47	55	-9.64	49	-15.91	50	0.09	46	-0.07	45	0.09	52
88	65115456	57.63	0.60	51	-7.99	61	1.26	55	-20.21	57	0.03	53	-0.16	52	-0.11	58
89	41112634	56.06	1.36	50	-8.43	54	-9.12	47	-6.81	47	0.00	44	0.02	44	0.12	51
90	15509A66*	52.77	1.08	52	-3.38	24	-2.44	21	-32.65	22	-0.04	19	-0.09	19	-0.11	23
91	41417664	51.89	0.37	17	-2.12	59	-5.21	53	-29.56	53	-0.03	50	-0.10	48	-0.04	55
92	21218049	51.35	2.24	48	-0.93	54	-13.44	48	-27.36	50	-0.07	45	0.00	44		
93	41212117*	47.43	1.00	48	-1.70	53	-7.02	46	-34.14	49	-0.04	43	-0.06	43	-0.06	50
94	41117662	46.20	-0.29	50	-5.15	57	-11.26	51	-14.29	52	0.04	48	-0.09	46	-0.04	14
95	41215801	45.28	-0.87	47	-6.90	53	-1.85	46	-23.21	49	0.04	43	-0.11	43	-0.18	51
96	65115454	42.97	1.01	50	-5.05	54	-1.78	47	-37.56	49	-0.04	44	-0.12	43	-0.15	51
97	21218045	41.96	2.68	48	-2.24	54	-22.89	48	-18.72	50	-0.02	45	0.02	44	0.00	3
98	65115452	40.56	0.61	50	-3.64	54	-1.58	47	-42.19	48	-0.06	44	-0.11	43	-0.14	51
99	41215803	39.72	-0.81	46	-9.28	53	-0.08	46	-24.81	48	0.02	43	-0.10	42	-0.18	50
100	11115360	39.55	-0.44	47	-0.16	53	-15.00	46	-26.78	49	0.10	43	-0.18	43	0.01	51
101	41115672	38.56	-0.93	52	-5.71	58	-19.97	51	-3.11	53	0.08	48	-0.10	47	-0.02	51
102	65115453	37.51	0.95	48	-5.51	54	0.62	47	-44.73	50	-0.05	44	-0.11	43	-0.11	52
103	53115346	31.90	-0.69	54	-9.68	62	-23.92	57	6.99	58	0.12	54	0.09	54	-0.02	60
104	41417665	31.75	-0.09	12	-5.32	59	-28.10	55	-0.39	53	0.05	48	0.12	47	-0.08	54
105	41118602	31.53	-1.25	47	-1.84	54	-25.90	47	-8.76	49	0.02	44	-0.02	43	-0.01	1
106	65114416	31.35	-0.54	50	-4.71	56	-25.30	51	-5.08	53	0.21	48	-0.10	48	0.03	55
107	11100061*	30.46	0.60	34	0.93	51	-32.31	44	-14.06	45	-0.04	41	0.07	39	-0.08	46
108	65115451	29.71	1.07	48	-6.35	54	-2.89	47	-44.20	50	-0.05	44	-0.11	43	-0.09	51

（续）

序号	牛号	CBI	体型外貌评分		初生重		6月龄重		18月龄重		6~12月龄日增重		12~18月龄日增重		18~24月龄日增重	
			EBV	r²(%)	EBV	r²(%)	EBV	r²(%)	EBV	r²(%)	EBV	r²(%)	EBV	r²(%)	EBV	r²(%)
109	41115676	28.59	-1.30	47	-5.68	54	-20.64	47	-9.35	2	0.10	44	-0.05	2	-0.04	2
110	53101142*	28.27	0.81	44	-2.38	6	-0.57	5	-58.64	49	-0.02	5	-0.05	5	0.17	49
111	41112628*	28.14	-1.82	48	-3.00	56	-23.77	50	-9.87	52	0.07	47	0.01	47	-0.03	54
112	41115674	25.35	-1.48	49	-6.70	55	-22.31	48	-6.17	7	0.09	45	-0.07	7	-0.05	6
113	65115461*	24.94	-0.49	21	-8.72	61	-5.25	55	-32.25	57	-0.01	53	-0.12	52	-0.13	58
114	41115686	24.92	-0.87	47	-5.59	54	-19.12	46	-16.94	48	0.08	43	-0.15	42	-0.23	50
115	11100095*	23.10	0.30	35	-1.96	52	-41.40	45	2.83	46	0.08	42	0.09	40	-0.08	47
116	41116602	21.78	-0.52	51	-4.88	58	-16.12	52	-27.69	53	-0.04	49	-0.09	48	-0.27	55
117	41117664	21.38	-1.09	47	-6.63	54	-11.93	47	-27.88	49	0.05	44	-0.18	43	-0.02	51
118	41209022*	20.26	0.71	50	-2.10	51	-20.61	43	-34.02	46	0.05	40	-0.07	39	0.02	48
119	41412616	17.36	-1.36	48	-4.78	52	-24.81	45	-14.68	47	0.01	41	0.03	41	-0.09	49
120	41115684	15.82	-1.50	49	-6.89	55	-24.02	48	-11.17	50	0.09	45	-0.16	44	-0.06	6
121	41115688	13.12	-1.15	49	-7.56	55	-22.66	49	-15.31	8	0.08	46	-0.08	7	0.01	3
122	41211419*	11.68	0.68	48	-2.44	54	-19.28	47	-42.65	50	-0.07	44	0.00	44	-0.07	51
123	41118670	10.38	-0.73	47	-5.61	54	-16.69	47	-34.01	49	0.01	44	-0.15	43	-0.03	50
124	41115680	9.93	-1.48	49	-7.88	55	-23.19	48	-15.11	7	0.08	45	-0.07	7	0.01	3
125	41118672	9.64	-0.92	49	-7.77	55	-17.71	48	-26.56	50	0.02	46	-0.14	44	0.06	50
126	41110616	5.79	0.32	47	-3.10	56	-10.49	49	-58.63	52	-0.15	46	-0.08	46	-0.24	53
127	41118676	2.61	-0.66	49	-6.84	55	-19.30	48	-33.64	50	0.02	46	-0.10	44	0.02	3
128	41115678	1.27	-1.46	49	-7.30	55	-23.16	49	-24.32	50	0.05	46	-0.16	44	0.01	3
129	41115682	1.05	-0.99	49	-6.44	55	-24.81	48	-25.99	50	0.08	45	-0.18	44	-0.23	51
130	53116355	-0.76	-1.52	49	-9.21	57	-31.70	50	-7.21	52	0.01	48	0.10	47	0.02	54
131	15210316*	-1.44	-2.71	46	-2.11	53	-12.60	46	-52.43	48	0.00	43	-0.25	42	0.28	50
132	53116356	-4.82	-0.19	52	-9.78	60	-28.22	54	-19.97	56	-0.02	51	0.10	51	0.12	58
133	41212515*	-6.05	0.38	51	-2.20	56	-17.79	50	-59.96	52	-0.12	47	-0.04	47	-0.10	54
134	41215805	-6.15	-0.26	51	-2.96	56	-16.59	50	-57.48	52	-0.10	47	-0.05	47	-0.10	54
135	41207222*	-6.25	-0.07	48	-3.48	55	-19.64	48	-52.06	51	-0.10	45	-0.03	45	-0.07	52
136	41416618	-7.75	0.47	48	-3.83	57	-39.29	51	-23.20	52	0.00	47	0.06	46	-0.19	53

（续）

序号	牛号	CBI	体型外貌评分		初生重		6 月龄重		18 月龄重		6~12 月龄日增重		12~18 月龄日增重		18~24 月龄日增重	
			EBV	r²(%)	EBV	r²(%)	EBV	r²(%)	EBV	r²(%)	EBV	r²(%)	EBV	r²(%)	EBV	r²(%)
137	41209127*	-8.74	0.02	48	-2.37	54	-21.15	47	-55.13	50	-0.09	44	-0.02	44	-0.11	51
138	21216021	-20.10	-0.68	52	-4.97	59	-29.26	52	-42.46	55	-0.03	49	0.00	49	0.21	56
139	41412615	-20.36	-0.93	51	-7.53	50	-38.47	42	-20.26	45	0.04	39	0.02	38	-0.09	47
140	41118674	-26.52	-0.26	48	-7.42	54	-18.03	47	-61.14	49	-0.01	44	-0.22	43	-0.02	3
141	43117109	-38.91	-0.20	7	-4.21	58	-48.15	52	-32.67	50	0.12	46	-0.01	44	0.01	52
142	43117112	-40.57	-0.20	5	-4.18	55	-55.18	48	-23.00	52	0.02	45	0.18	44	0.23	52
143	43117111	-42.13	-0.20	5	-5.10	55	-56.44	48	-19.91	50	-0.01	45	0.11	44	0.16	52
144	15215313*	-63.54	-3.21	50	-3.25	56	-19.60	49	-90.54	52	-0.51	46	0.08	46	-0.14	53
145	43117110	-75.93	-0.20	5	-4.18	55	-57.46	48	-50.26	52	-0.01	45	0.00	44	0.35	52
146	13209A90	-75.99	0.97	47	-3.28	51	-36.03	44	-91.45	46	-0.13	40	-0.13	40	-0.22	48
147	15215312*	-76.91	-3.73	50	-2.52	56	-19.00	48	-103.07	52	-0.50	46	0.01	46	-0.09	53
148	15514A79*	-79.86	-1.13	48	-0.24	55	-33.83	48	-100.40	51	-0.18	45	-0.09	45	0.13	52
149	15514A49	-94.74	-1.60	45	-2.28	52	-29.55	45	-110.78	48	-0.23	42	-0.14	42	0.21	49
以下种公牛部分性状测定数据缺失，只发布数据完整性状的估计育种值																
150	13316103		—	—	-0.07	1	—	—	-6.18	1	—	—	-0.03	1	0.00	1
151	14109531*		0.28	46	—	—	—	—	—	—	—	—	—	—	—	—
152	15212423*		—	—	5.58	53	12.41	46	56.70	48	0.09	43	0.13	42	0.07	50
153	15214119*		—	—	-3.82	53	-8.81	46	-27.43	48	0.00	43	-0.08	42	0.03	50
154	53101143*		0.53	42	—	—	—	—	-39.07	48	—	—	—	—	0.19	48
155	63112012*		-0.21	5	-5.07	51	—	—	10.49	47	—	—	0.03	41	-0.17	49
156	63113005		0.28	55	-8.24	52	—	—	-17.90	47	—	—	—	—	0.36	48

＊ 表示该牛已经不在群，但有库存冻精。

一 表示该表型值缺失，且无法根据系谱信息估计出育种值。

4.9 利木赞牛

表 4-9 利木赞牛估计育种值

序号	牛号	CBI	体型外貌评分		初生重		6 月龄重		18 月龄重		6~12 月龄日增重		12~18 月龄日增重		18~24 月龄日增重	
			EBV	r^2 (%)	EBV	r^2 (%)	EBV	r^2 (%)	EBV	r^2 (%)	EBV	r^2 (%)	EBV	r^2 (%)	EBV	r^2 (%)
1	43115098	283.82	0.25	46	3.94	43	52.93	41	84.86	37	0.09	43	0.23	42	0.04	50
2	43115095	283.76	0.61	47	3.68	43	46.93	42	73.64	38	0.08	44	0.21	43	0.08	51
3	43115096	275.85	1.32	47	2.71	43	45.14	41	69.36	37	0.10	43	0.17	43	0.05	50
4	43115097	265.34	0.53	48	3.66	44	50.35	42	67.35	39	0.08	45	0.14	44	0.00	52
5	22315105	258.13	-0.11	49	4.13	55	46.37	48	53.75	51	0.06	46	-0.02	45	-0.19	52
6	41118314	234.41	-0.20	48	-0.29	55	34.38	49	64.17	50	0.00	46	0.08	44	-0.08	7
7	22315108	228.99	-0.08	48	1.90	54	38.97	48	45.87	50	0.06	45	-0.02	44	-0.17	52
8	37114173	226.68	0.20	46	4.19	53	-0.34	46	99.37	48	0.27	43	0.21	42	-0.18	50
9	37115174	215.42	1.24	46	-0.90	53	2.65	46	94.20	48	0.34	43	0.18	42	-0.04	50
10	37113187	203.33	-0.60	50	-3.46	56	24.03	50	63.49	52	0.01	47	0.19	47	0.08	54
11	11111323*	199.65	0.09	49	-2.33	52	26.59	45	50.53	47	-0.24	42	0.34	41	-0.38	49
12	37114171	193.40	-1.84	46	6.32	53	-0.25	46	72.47	48	0.16	43	0.21	42	-0.09	50
13	43108052	189.56	-1.12	46	1.29	52	27.04	45	36.12	48	-0.01	42	0.06	42	-0.10	49
14	22314005	175.66	-0.42	52	5.19	59	31.05	53	4.49	54	0.00	46	-0.15	48	-0.11	55
15	41207427 64107424	174.63	0.41	48	1.70	55	7.83	48	46.65	51	0.14	46	0.02	45	0.01	52
16	37114172	173.21	-1.13	46	4.72	53	-8.47	46	69.39	48	0.17	43	0.23	42	-0.12	50
17	43108051	170.77	-0.21	46	2.09	53	29.07	46	10.75	48	0.01	43	-0.08	42	-0.02	50
18	41215607 64115219*	159.41	-0.01	50	0.26	56	12.87	50	30.75	52	0.09	47	0.01	46	-0.13	54
19	41215605 64115216*	153.44	-0.27	51	-1.45	57	13.11	51	30.70	53	0.08	48	0.01	48	-0.04	55
20	41215622 64115239*	152.96	-0.01	50	-1.01	56	13.38	49	27.63	52	0.09	47	-0.01	46	-0.01	53
21	41215611 65115920	151.56	0.49	51	-1.80	57	9.73	50	32.40	52	0.03	47	0.05	47	0.11	54

（续）

序号	牛号	CBI	体型外貌评分		初生重		6月龄重		18月龄重		6~12月龄日增重		12~18月龄日增重		18~24月龄日增重	
			EBV	r^2 (%)	EBV	r^2 (%)	EBV	r^2 (%)	EBV	r^2 (%)	EBV	r^2 (%)	EBV	r^2 (%)	EBV	r^2 (%)
22	41215620	151.55	0.53	51	-2.73	57	15.47	51	25.57	53	0.05	48	0.00	47	-0.03	54
	64115235															
23	41215602	151.11	0.01	51	-0.46	56	11.71	50	27.15	52	0.08	47	0.00	47	-0.03	54
	64115209*															
24	41315619	150.47	1.62	47	-2.35	53	4.85	46	36.29	49	0.21	43	-0.03	43	-0.01	50
25	41315614	149.60	1.81	50	-2.55	56	6.16	50	33.21	52	0.20	47	-0.07	46	-0.02	53
26	65110904	149.53	-0.92	47	1.38	53	-7.13	46	54.59	49	0.14	43	0.16	42	0.06	50
27	41215618	148.83	0.34	50	-1.41	56	11.54	50	26.67	52	0.08	47	0.01	46	-0.02	54
	64115231*															
28	41215610	146.90	0.60	51	-2.67	58	14.24	52	22.99	54	0.02	49	0.02	49	-0.06	55
	65115919															
29	41215608	146.25	0.46	50	-2.66	56	11.44	50	27.45	52	0.04	47	0.03	47	0.01	54
	65115917															
30	65110901	144.99	-0.52	47	-1.25	54	-7.65	46	56.88	49	0.29	43	0.06	43	0.08	51
31	41215616	144.72	0.30	51	-2.28	57	13.05	51	23.15	53	0.05	48	0.00	48	-0.03	55
	64115228															
32	41215613	144.70	0.12	50	-1.25	56	7.94	50	29.24	52	0.11	47	0.00	46	-0.04	53
	65115222															
33	41215621	142.64	0.11	51	-3.21	57	11.50	51	26.99	53	0.09	48	-0.01	47	0.01	54
	64115236*															
34	15613111	141.89	0.19	53	4.35	60	10.03	54	8.35	54	0.08	49	-0.13	49	-0.01	56
	22213007															
35	11109011*	141.30	-0.01	48	1.20	55	38.30	48	-28.14	50	-0.26	45	-0.10	44	0.01	52
36	41215617	140.93	1.06	51	-4.07	57	9.12	51	27.86	53	0.09	48	-0.01	47	-0.05	54
	64115230															
37	41215615	139.44	0.78	51	-2.62	56	7.46	50	26.46	52	0.10	47	-0.01	47	-0.03	54
	64115225															
38	41215604	136.91	-0.69	51	-2.20	56	10.67	50	23.75	52	0.08	47	-0.01	47	0.01	54

（续）

序号	牛号	CBI	体型外貌评分		初生重		6月龄重		18月龄重		6~12月龄日增重		12~18月龄日增重		18~24月龄日增重	
			EBV	r²(%)	EBV	r²(%)	EBV	r²(%)	EBV	r²(%)	EBV	r²(%)	EBV	r²(%)	EBV	r²(%)
	54115213*															
39	41215609	136.31	0.60	51	-3.00	57	6.64	51	26.77	53	0.08	48	0.00	47	0.07	54
	61515918															
40	41215603	136.03	0.30	50	-3.15	56	7.64	50	26.47	52	0.13	47	-0.03	47	0.08	54
	64115212															
41	41215606	135.87	-0.63	51	-3.21	57	10.99	51	24.80	53	0.06	48	0.01	47	-0.08	54
	64115218*															
42	65110908	135.27	-0.32	53	-2.31	61	-4.73	55	45.75	57	0.10	52	0.15	51	0.13	58
43	65110902	135.15	-0.17	55	-1.28	61	-3.51	55	40.36	57	0.21	52	0.05	52	0.01	58
44	11109010*	134.14	-0.62	48	2.22	55	36.84	48	-32.38	50	-0.29	45	-0.15	44	-0.03	52
45	41113312	134.13	1.28	48	1.98	54	11.95	47	0.54	49	0.00	44	0.01	44	0.15	51
46	21113956	131.07	0.58	48	1.52	8	7.62	7	8.70	7	-0.01	7	0.01	6	0.07	7
47	22310121	128.03	0.63	46	-0.71	53	1.65	1	21.30	48	0.02	1	0.04	1	-0.01	50
48	15616111	127.38	0.23	49	4.68	55	7.90	49	-1.95	10	0.03	9	-0.09	9	-0.09	10
	22216109															
49	41115328	126.33	0.09	49	-0.18	56	-6.14	50	32.95	51	0.08	47	0.07	45	0.00	52
50	41109302	125.97	1.09	50	3.12	55	20.61	48	-22.69	50	-0.17	45	-0.03	44	-0.06	52
51	22213501	124.70	-0.17	47	-1.57	53	-15.04	46	50.42	48	0.31	43	0.04	42	-0.14	50
52	65110903	124.32	-0.40	48	-0.20	54	-11.56	47	41.77	50	0.00	44	0.33	44	0.08	51
53	11111321*	124.12	-0.05	49	2.15	55	18.76	48	-14.33	51	-0.15	45	-0.03	45	0.01	52
54	41408280*	122.71	1.01	47	-0.52	54	3.02	47	12.49	49	0.04	44	0.03	43	0.01	51
55	41215601	120.75	-1.23	49	-1.35	55	3.81	49	20.44	51	0.06	46	0.02	45	-0.01	52
	64115208*															
56	37112186	120.47	0.23	46	4.96	53	12.60	46	-16.26	48	-0.11	43	-0.03	42	0.13	50
57	21113957	119.68	0.14	46	-0.43	1	4.44	1	10.69	1	-0.01	1	0.03	1	0.01	1
58	41115342	117.47	-1.24	47	0.24	54	0.85	47	18.14	49	0.15	44	0.00	43	-0.30	50
59	41115330	116.72	-1.86	47	0.91	53	-3.84	46	25.59	48	0.07	43	0.09	42	0.13	50
60	41113314	116.55	0.83	50	2.60	56	-3.63	50	10.14	52	0.03	47	0.03	46	0.10	54

（续）

序号	牛号	CBI	体型外貌评分		初生重		6月龄重		18月龄重		6~12月龄日增重		12~18月龄日增重		18~24月龄日增重	
			EBV	r^2 (%)	EBV	r^2 (%)	EBV	r^2 (%)	EBV	r^2 (%)	EBV	r^2 (%)	EBV	r^2 (%)	EBV	r^2 (%)
61	41113316	115.64	1.92	48	-0.60	54	1.18	47	5.90	49	0.03	44	0.04	44	0.21	51
62	41115336	115.52	-0.38	50	0.51	57	-6.87	50	24.67	52	0.09	48	0.08	47	0.18	53
63	65116923	115.44	0.56	48	-5.64	54	-1.48	47	28.60	50	0.07	44	0.09	43	0.11	51
64	21218010	113.37	1.89	46	-1.16	52	-2.41	45	11.24	48	0.09	42	-0.02	42	0.02	49
65	41115332	112.67	0.17	50	0.51	57	-8.37	50	22.42	52	0.11	48	0.07	47	0.18	53
66	15212527	112.66	-2.02	48	1.26	54	-12.08	47	34.86	52	0.12	44	0.08	44	0.00	51
67	65110907	108.14	-0.60	47	0.10	54	-5.83	47	18.50	52	0.03	44	0.13	44	0.03	52
68	41315612	106.96	1.20	48	-2.33	54	-4.13	48	14.17	50	0.19	45	-0.10	44	0.01	51
69	41115338	104.48	-0.72	52	0.15	58	-15.23	51	30.61	54	0.14	49	0.12	48	0.13	55
70	41115334	104.30	-0.72	50	1.37	56	-12.36	49	22.65	52	0.14	47	0.06	46	0.08	53
71	11108002*	103.65	-0.79	49	0.48	55	22.09	48	-30.24	50	-0.23	45	-0.10	45	-0.11	52
72	41115340	103.16	-0.98	52	0.88	58	-12.71	51	24.51	54	0.11	49	0.11	48	0.16	55
73	41118302	102.33	-0.71	52	1.27	58	-8.84	52	15.53	54	0.02	49	0.03	48	0.01	55
74	21218013	102.27	0.97	46	-0.64	52	-3.94	45	6.16	48	0.09	42	-0.02	42	-0.04	49
75	65115922*	100.94	-0.26	12	1.27	56	-0.50	50	-0.74	52	0.00	47	-0.03	46	-0.03	53
76	41114326	94.76	0.20	47	-0.57	53	-19.64	46	27.48	49	0.07	43	0.05	43	0.54	50
77	15212424	91.68	-1.46	54	2.95	58	-10.28	52	7.03	54	0.04	49	-0.01	48	0.02	55
78	41118310	91.66	-0.88	50	0.85	58	-6.59	52	4.39	54	0.01	49	-0.03	46	0.04	12
79	41118304	89.89	-0.61	52	1.63	58	-10.04	52	5.24	54	0.00	49	0.02	48	-0.03	55
80	41413201	88.56	-0.41	46	-2.01	53	-1.47	46	-0.74	48	-0.07	43	0.08	42	0.02	50
81	41418205	78.16	0.42	11	-3.77	56	-9.93	49	5.06	51	-0.01	46	0.06	46	0.25	53
82	41418201	76.18	0.44	10	-4.12	55	-14.30	49	11.19	51	0.01	46	0.09	45	0.18	53
83	41105303	72.90	1.10	45	1.59	53	0.76	46	-33.41	48	-0.13	43	-0.05	42	0.11	50
84	65114912	72.79	-0.11	4	-4.81	55	-6.11	48	-0.88	50	0.06	45	-0.02	44	-0.06	51
85	41416209	72.03	1.25	53	-5.81	59	-20.30	53	18.43	55	0.09	51	0.09	50	0.18	57
86	41418204	70.34	0.36	6	-5.26	54	-6.24	48	-3.42	50	-0.07	45	0.08	44	0.17	52
87	65115921	69.41	0.93	49	-1.77	56	-2.32	50	-21.96	52	-0.01	47	-0.08	46	-0.02	53
88	11114325*	69.39	-1.92	50	-1.10	56	11.78	49	-35.14	51	-0.04	46	-0.19	46	-0.04	53

（续）

序号	牛号	CBI	体型外貌评分		初生重		6 月龄重		18 月龄重		6~12 月龄日增重		12~18 月龄日增重		18~24 月龄日增重	
			EBV	r^2 (%)	EBV	r^2 (%)	EBV	r^2 (%)	EBV	r^2 (%)	EBV	r^2 (%)	EBV	r^2 (%)	EBV	r^2 (%)
89	22216111	67.46	-0.22	47	4.68	54	0.71	47	-41.08	48	-0.02	43	-0.22	42	-0.18	50
90	41110314	64.49	1.13	47	1.17	57	-1.06	51	-36.85	53	-0.12	48	-0.05	47	0.02	55
91	65113911	62.17	-0.82	47	-2.37	55	-8.17	48	-10.55	50	0.00	45	-0.05	44	0.06	52
92	41413203	61.41	-0.07	53	-4.47	59	-15.15	53	2.54	55	0.01	51	0.06	50	0.11	57
93	41413234	60.49	-0.80	47	-2.75	53	-3.06	46	-19.25	49	-0.15	43	0.02	43	-0.04	50
94	21116960	55.83	0.50	50	-0.59	52	5.16	46	-47.24	46	-0.03	42	-0.24	40	-0.02	48
	22116037															
95	41416208	58.31	1.72	48	-4.29	55	-23.93	48	6.38	50	0.03	45	0.11	44	-0.05	52
96	65114915	52.00	-0.85	48	-3.97	56	-3.41	50	-22.70	52	0.01	47	-0.10	46	-0.08	53
97	65114916	51.42	-1.03	49	-4.93	56	-3.72	50	-19.45	52	0.01	47	-0.09	46	-0.08	53
98	41416207	49.70	1.53	53	-4.86	59	-22.58	53	-1.02	55	-0.01	50	0.07	50	0.02	56
99	41413202	49.02	0.21	53	-4.61	59	-17.24	53	-5.69	55	-0.03	50	0.04	50	0.09	56
100	11114326*	47.85	-1.42	47	-1.09	53	2.13	46	-40.54	49	0.06	43	-0.23	43	-0.39	51
101	41415206	32.56	0.77	53	-5.31	59	-23.10	53	-11.03	55	-0.03	50	0.03	50	-0.02	56
102	62116113	-74.47	-1.19	46	-2.68	53	-30.88	46	-91.50	48	-0.21	43	-0.08	43	-0.01	2
			以下种公牛部分性状测定数据缺失，只发布数据完整性状的估计育种值													
103	11198045*		—	—	-0.30	52	-4.69	45	-20.92	47	-0.05	42	-0.15	41	—	—
104	22218723		—	—	—	—	-5.76	46								
105	22310116		0.69	46	-1.34	52	—	—	49.48	48	—	—	—	—	0.29	50
106	37109184*		—	—	-3.42	53	-16.04	46	-77.67	48	-0.13	43	-0.15	42	0.08	50
107	37109185*		—	—	-2.43	53	-17.23	46	-51.56	48	-0.05	43	-0.12	42	0.00	50
108	41109308*		—	—	-0.24	53	7.81	46	53.18	48	0.11	43	0.07	42	0.20	50
109	41215329		-0.72	50	—	—	—	—	—	—	—	—	—	—	—	—
110	41215330		-1.42	50	—	—	—	—	—	—	—	—	—	—	—	—

* 表示该牛已经不在群，但有库存冻精。

— 表示该表型值缺失，且无法根据系谱信息估计出育种值。

4.10 和牛

表4-10 和牛估计育种值

序号	牛号	CBI	体型外貌评分		初生重		6月龄重		18月龄重		6~12月龄日增重		12~18月龄日增重		18~24月龄日增重	
			EBV	r²(%)	EBV	r²(%)	EBV	r²(%)	EBV	r²(%)	EBV	r²(%)	EBV	r²(%)	EBV	r²(%)
1	23312028	194.29	1.30	47	1.74	49	22.92	45	36.18	47	0.32	57	-0.14	43	-0.12	45
2	23312646	185.28	2.32	46	0.31	50	21.18	45	30.89	46	0.31	57	-0.15	43	-0.09	45
3	23312746	178.82	1.75	46	1.61	52	22.02	49	22.66	51	0.27	59	-0.15	47	-0.04	49
4	23310006	164.82	0.92	47	-0.62	52	23.57	48	17.12	49	-0.03	57	-0.07	46	0.03	48
5	23311035	163.79	0.53	46	-0.72	50	10.60	45	38.68	47	0.21	56	-0.02	43	0.02	45
6	23311102	163.37	0.78	49	-0.05	55	16.44	50	26.24	49	0.23	59	-0.07	45	-0.01	47
7	23311484	159.98	-0.32	45	0.56	49	12.65	45	32.03	46	0.28	55	-0.09	42	0.01	44
8	23310047	158.84	-0.42	45	1.46	49	21.38	44	15.11	46	-0.01	54	-0.09	42	0.00	44
9	23311058	158.39	1.67	49	-0.05	55	11.27	49	26.66	49	0.24	58	-0.05	45	-0.01	47
10	23311706	158.17	-0.70	46	0.58	51	15.25	44	27.73	44	0.27	55	-0.11	40	-0.01	42
11	23310864	157.99	1.72	46	-0.11	51	6.73	46	33.55	47	0.17	56	-0.02	44	0.00	46
12	23312187	151.79	1.84	45	0.17	48	12.24	45	18.12	46	0.27	56	-0.12	42	-0.10	45
13	23310968	149.99	0.51	46	0.54	51	15.24	47	15.98	48	0.05	56	-0.10	44	0.01	46
14	23310034	147.73	-1.11	47	0.55	48	23.81	48	6.61	49	0.01	58	-0.15	46	0.02	48
15	23311202	143.68	0.79	49	-0.12	53	7.35	44	23.68	50	0.27	59	-0.07	46	0.00	48
16	23310112	138.92	1.30	45	-0.86	49	13.22	44	10.13	45	0.07	54	-0.12	41	0.06	43
17	23310598	131.54	-0.32	47	-0.43	52	13.48	46	8.47	48	0.10	57	-0.15	44	-0.02	46
18	23310242	129.07	-1.48	47	-1.08	52	17.51	47	6.11	49	0.07	57	-0.18	45	0.03	47
19	23310054	123.72	-0.87	49	-0.48	55	12.95	50	4.74	51	0.15	59	-0.19	48	0.09	50
20	23312966	118.13	1.10	46	-0.62	52	7.55	48	1.17	45	0.22	58	-0.20	41	-0.06	43
21	23310580	117.15	-0.10	46	-0.54	51	9.52	46	1.65	47	0.15	56	-0.19	43	0.08	46
22	23311128	114.91	-0.56	45	0.28	51	8.19	45	1.42	47	0.09	56	-0.15	43	-0.02	45
23	23310664	111.77	0.88	47	-1.41	51	3.89	46	4.40	47	0.05	57	-0.08	44	0.03	45
24	23310064	108.17	-0.72	45	-0.92	51	6.00	45	2.84	46	0.05	55	-0.11	43	0.04	45
25	23311246	103.49	-1.03	45	-1.13	49	4.20	44	3.35	46	0.08	55	-0.11	42	-0.02	44
26	65117654	99.01	0.47	50	-1.22	48	-1.30	43	2.59	44	0.07	10	0.00	40	-0.08	43

（续）

序号	牛号	CBI	体型外貌评分		初生重		6月龄重		18月龄重		6~12月龄日增重		12~18月龄日增重		18~24月龄日增重	
			EBV	r^2(%)	EBV	r^2(%)	EBV	r^2(%)	EBV	r^2(%)	EBV	r^2(%)	EBV	r^2(%)	EBV	r^2(%)
27	23310594	95.56	-0.62	46	-0.94	50	2.58	46	-3.09	48	0.08	56	-0.14	44	0.02	46
28	23311526	94.78	-0.68	47	1.48	52	-2.09	47	-2.48	49	0.08	57	-0.11	45	-0.01	47
29	23311136	89.25	-0.29	45	1.52	53	-3.46	49	-6.76	48	0.05	58	-0.09	45	0.04	46
30	23312456	87.48	0.59	46	0.79	50	8.30	47	-28.56	49	0.23	58	-0.31	45	-0.14	47
31	65117653	84.70	0.38	52	-0.38	50	-6.35	45	-3.73	47	0.05	13	0.00	43	-0.07	44
32	23317735	76.04	-3.18	46	-1.65	53	2.39	48	-7.99	45	-0.05	57	0.00	41	-0.04	10
33	23316121	72.73	1.31	46	-1.23	53	0.98	49	-27.24	50	-0.12	57	-0.01	46	-0.06	47
34	23317607	71.82	-2.36	46	-1.55	53	3.78	48	-17.38	44	-0.06	56	-0.06	41	-0.06	9
35	23317867	70.39	-2.75	45	-2.42	51	6.83	44	-19.64	43	-0.03	54	-0.05	39	-0.04	6
36	23316355	69.96	0.50	46	-2.73	52	2.00	47	-24.15	48	-0.14	56	-0.02	45	-0.04	46
37	23316061	68.14	0.76	46	2.62	49	-0.61	43	-36.81	45	-0.14	55	-0.05	41	-0.07	43
38	23317813	62.42	-3.19	45	-1.43	53	-0.30	46	-16.15	44	-0.06	55	-0.01	40	0.03	10
39	23317857	61.76	-3.53	46	-2.74	53	9.61	44	-27.74	44	-0.02	55	-0.11	40	0.02	9
40	65116652	60.09	1.19	49	1.73	48	-15.66	42	-19.15	44	-0.01	5	-0.01	40	-0.01	42
41	23314349	60.03	0.64	45	-2.18	49	-3.74	44	-25.69	46	-0.11	56	0.00	42	-0.03	44
42	23317437	59.60	-3.56	46	-1.24	50	2.07	44	-21.43	44	-0.07	55	-0.02	40	0.02	9
43	23316139	57.74	-0.48	45	-0.32	53	-2.66	48	-29.97	49	-0.10	57	-0.03	45	0.05	46
44	23316125	56.89	-0.01	47	-1.39	52	-0.27	47	-33.52	48	-0.14	56	-0.02	45	-0.04	46
45	23310390	55.52	0.81	46	-0.49	23	-13.54	49	-19.13	44	0.29	58	-0.09	47	0.04	48
46	23314297	55.39	0.70	44	-1.50	50	-6.27	44	-27.77	46	-0.12	56	0.01	42	0.03	44
47	23316164	54.97	-0.77	46	-1.93	54	0.09	50	-31.39	50	-0.12	58	-0.01	47	-0.05	48
48	23316161	52.58	0.85	46	1.68	50	-2.68	45	-44.96	46	-0.15	56	-0.07	43	-0.06	45
49	23316169	51.95	-0.39	47	-1.76	52	-0.97	47	-34.27	48	-0.14	56	-0.02	44	-0.04	45
50	23317863	51.37	-2.90	47	-1.78	56	3.67	50	-32.36	47	-0.04	58	-0.08	43	0.03	16
51	23314314	49.61	0.06	46	-2.56	51	-6.43	46	-27.26	48	-0.13	57	0.02	44	0.03	46
52	23314245	48.88	1.22	46	-1.77	51	-6.54	45	-34.32	45	-0.13	56	-0.05	41	0.00	42
53	23314423	48.81	0.81	45	-1.87	51	-7.49	44	-30.98	46	-0.14	56	-0.01	42	0.01	44
54	65117655	47.86	-1.73	18	-3.34	17	-9.25	46	-15.21	47	-0.03	15	-0.05	44	-0.13	45

（续）

序号	牛号	CBI	体型外貌评分		初生重		6月龄重		18月龄重		6～12月龄日增重		12～18月龄日增重		18～24月龄日增重	
			EBV	r^2 (%)	EBV	r^2 (%)	EBV	r^2 (%)	EBV	r^2 (%)	EBV	r^2 (%)	EBV	r^2 (%)	EBV	r^2 (%)
55	23314586	47.09	1.31	45	-0.34	50	-20.07	44	-18.42	45	-0.13	55	0.05	42	0.00	44
56	41115508	46.25	-0.73	51	-1.99	50	-3.32	45	-33.58	46	0.02	17	-0.02	42	-0.02	43
57	23314391	44.80	-0.20	45	-0.27	51	-2.50	45	-42.76	47	-0.11	56	-0.09	43	0.02	45
58	23317166	44.48	-2.74	46	-2.50	52	7.57	44	-43.30	44	-0.03	55	-0.17	40	-0.01	9
59	15617117 22217017	42.99	-2.05	52	-5.69	51	13.18	46	-47.79	43	-0.36	47	-0.06	40	-0.05	41
60	23316197	37.72	-0.09	45	-1.55	53	-6.78	48	-39.16	49	-0.11	57	-0.03	46	0.01	46
61	23314442	37.33	0.37	45	-2.04	51	-13.95	44	-28.56	46	-0.05	56	-0.06	42	0.04	44
62	41110504	30.56	-0.11	50	-0.68	49	-0.15	45	-58.22	45	-0.04	41	-0.12	42	0.00	43
63	65116651	27.41	0.33	50	-2.42	49	-14.37	44	-35.41	46	-0.05	11	-0.03	41	-0.02	43
64	23316193	27.17	-0.51	45	-2.32	53	-9.46	47	-40.43	48	-0.12	56	-0.02	45	0.01	46
65	23314602	26.96	-0.55	47	-2.18	55	-14.50	50	-32.80	49	-0.18	58	0.02	46	0.11	48
66	15217121	26.11	-3.14	52	-4.25	50	-2.10	45	-37.75	42	-0.18	12	-0.03	39	0.08	41
67	15217144	24.67	-3.01	52	-6.01	50	-0.91	45	-36.73	42	-0.18	12	-0.04	39	0.10	41
68	23314520	22.72	0.54	46	-2.37	49	-16.70	44	-36.75	46	-0.11	55	-0.04	42	0.04	44
69	15508H10*	22.10	-0.37	7	-1.86	11	-8.58	10	-48.02	10	-0.01	9	-0.10	10	0.05	10
70	23317681	16.63	-3.24	47	-2.78	52	4.05	46	-59.30	46	-0.06	56	-0.23	42	0.04	12
71	23314652	11.03	0.42	45	-2.51	49	-16.18	44	-46.95	45	-0.18	55	-0.02	41	0.09	44
72	23314838	7.90	-0.39	46	-3.66	50	-18.10	46	-40.43	47	-0.17	57	-0.02	43	0.04	45
73	23314930	-2.33	0.02	45	-2.02	50	-21.10	45	-50.53	47	-0.21	56	0.01	43	0.13	45
74	15215343	-17.14	-4.53	58	-4.20	53	-8.82	48	-59.54	50	-0.03	55	-0.20	47	-0.16	49
75	15215344*	-21.20	-4.53	58	-2.94	53	-11.41	48	-62.29	50	-0.07	55	-0.18	47	-0.17	49
76	23314594	-23.86	-1.31	46	-1.61	50	-27.48	45	-55.08	47	-0.21	56	-0.02	43	0.13	45
77	41110506	-24.80	-2.14	56	-7.79	55	-13.67	50	-58.30	52	0.05	26	-0.07	48	-0.08	49
以下种公牛部分性状测定数据缺失，只发布数据完整性状的估计育种值																
78	65117656		—	—	-0.07	40	9.23	39	2.64	41	—	—	-0.11	37	0.01	39

* 表示该牛已经不在群，但有库存冻精。

— 表示该表型值缺失，且无法根据系谱信息估计出育种值。

4.11 牦牛

表4-11 牦牛估计育种值

序号	牛号	CBI	体型外貌评分		初生重		6月龄重		18月龄重		6~12月龄日增重		12~18月龄日增重		18~24月龄日增重	
			EBV	r^2(%)	EBV	r^2(%)	EBV	r^2(%)	EBV	r^2(%)	EBV	r^2(%)	EBV	r^2(%)	EBV	r^2(%)
1	63105013	122.22	0.12	44	0.36	32	5.09	27	10.11	30	0.00	31	0.01	25	0.01	27
2	63104042	117.62	1.24	43	0.83	25	0.24	22	10.39	24	0.09	25	-0.03	21	-0.04	22
3	63106066	117.45	0.08	44	-0.04	31	8.93	26	0.96	24	0.01	28	0.02	19	0.03	22
4	51110902	114.15	-0.86	45	-0.70	29	1.10	25	14.14	28	-0.01	29	0.06	18	-0.01	26
5	63105024	113.36	0.47	44	0.36	32	4.31	28	2.93	30	0.00	31	-0.01	25	0.02	27
6	63104001	111.92	0.03	43	0.52	25	0.15	22	8.74	25	0.09	25	-0.03	21	-0.03	22
7	63197016	111.62	0.62	38	0.54	31	2.23	26	3.96	28	0.01	30	-0.02	27	-0.02	27
8	63104004	111.14	0.54	43	1.14	25	1.06	22	3.97	24	0.08	25	-0.05	21	0.00	22
9	63109001	110.67	-0.35	45	0.54	31	-4.77	23	16.19	26	0.04	25	0.02	24	-0.01	27
10	63105042	110.19	-0.47	44	0.74	32	4.40	27	0.86	30	-0.01	31	-0.01	25	0.03	27
11	63104018	108.58	-0.93	43	0.52	25	-0.11	2	8.13	25	0.06	2	-0.05	21	-0.02	22
12	63105019	107.76	-0.19	44	-0.02	32	3.05	27	2.35	30	0.00	31	0.00	25	0.02	27
13	63104027	107.70	-0.69	43	0.52	25	0.56	22	5.81	25	0.09	25	-0.05	21	-0.04	22
14	63197015	106.21	-0.12	35	-0.22	29	-1.28	23	8.30	24	0.01	29	0.01	25	0.00	26
15	51110901	103.84	-1.27	45	-0.70	29	1.04	25	6.01	28	0.00	29			0.02	26
16	63109003	102.56	0.26	45	-0.22	31	-6.78	25	13.11	30	0.04	28	0.04	24	-0.03	27
17	63104006	102.12	0.42	43	-0.11	25	-2.90	22	5.95	24	0.12	25	-0.06	21	-0.03	22
18	63197025	101.87	0.19	35	0.09	29	-1.06	26	2.72	29	0.01	29	0.03	25	0.00	26
19	63197009	99.33	-0.59	38	-0.09	31	-0.94	27	2.32	29	0.00	30	0.00	27	0.01	27
20	51112903	98.02	-0.75	45	1.42	30	-1.06	26	-2.35	29	0.01	30	-0.03	21	0.01	26
21	63199018	97.47	0.34	23	-0.28	28	-0.75	25	-0.95	28	0.03	28	-0.02	25	0.08	25
22	63199028	95.76	-0.34	23	-0.28	28	-0.78	25	-1.03	28	-0.02	28	0.01	25	-0.03	25
23	63101013	95.13	0.26	4	-0.57	27	-7.31	23	8.41	25	0.05	27	0.05	23	0.03	24
24	63197027	94.58	0.87	35	0.09	29	-3.06	25	-1.80	27	0.00	29	0.01	25	0.02	26
25	63197026	93.31	0.87	35	-0.22	29	-2.79	25	-2.49	27	0.01	29	0.00	25	0.01	26
26	51112904	90.76	-1.78	45	0.29	30	-0.72	26	-4.20	29	0.01	30	-0.03	21	-0.04	26

（续）

序号	牛号	CBI	体型外貌评分		初生重		6月龄重		18月龄重		6～12月龄日增重		12～18月龄日增重		18～24月龄日增重	
			EBV	r²(%)	EBV	r²(%)	EBV	r²(%)	EBV	r²(%)	EBV	r²(%)	EBV	r²(%)	EBV	r²(%)
27	63197002	90.68	-1.05	39	-0.56	32	-0.44	25	-3.91	26	0.00	31	0.01	27	0.00	28
28	51112906	90.37	-1.45	45	0.29	30	-0.71	26	-5.22	29	0.01	30			0.01	26
29	51111905	87.71	-0.68	45	-0.60	24	0.35	22	-8.39	24	-0.01	24			0.00	22
30	63108033	87.16	0.11	14	-7.70	16	7.33	14	-2.96	15	0.03	14	-0.02	13	-0.02	15
31	63110001	85.48	0.15	7	-6.22	8	4.02	8	-3.21	8	0.02	7	-0.02	7	-0.02	8
32	63108039	57.70	0.04	45	-0.99	29	-2.32	25	-30.73	27	-0.18	28	0.01	24	-0.01	25
33	63108019	55.11	0.71	45	-1.93	29	-2.30	25	-31.83	28	-0.17	28	0.00	24	-0.01	25
34	63108055	52.99	-0.38	45	-0.67	29	-3.42	25	-33.09	28	-0.17	28	0.00	24	-0.01	25
35	63108017	52.78	0.70	45	-0.99	29	-3.54	25	-34.37	28	-0.16	28	-0.01	24	-0.01	25
36	51112907	-56.81	-0.54	45	-9.12	52	-8.55	45	-97.16	47	-0.21	42	-0.19	41	-0.32	49
37	51113910	-71.19	-1.17	45	-10.80	52	-8.80	45	-102.39	47	-0.23	42	-0.20	41	-0.29	49
38	51110909	-81.24	-0.55	46	-10.73	52	-11.80	45	-109.03	48	-0.22	42	-0.21	42	-0.33	49
39	51110911	-95.26	-1.27	46	-11.42	52	-15.95	45	-110.01	48	-0.21	42	-0.21	42	-0.29	49
40	51111908	-118.75	-1.17	45	-9.71	52	-35.98	45	-103.52	47	-0.20	42	-0.15	41	-0.28	49
以下种公牛部分性状测定数据缺失，只发布数据完整性状的估计育种值																
41	63102038		-2.48	40	—	—	—	—	—	—	—	—	—	—	—	—
42	63199023		—	—	0.09	28	1.16	25	2.57	28	0.00	28	0.00	25	-0.05	25

＊ 表示该牛已经不在群，但有库存冻精。

— 表示该表型值缺失，且无法根据系谱信息估计出育种值。

4.12　其他品种牛

表4-12　其他品种牛估计育种值

序号	牛号	品种	CBI	体型外貌评分		初生重		6月龄重		18月龄重		6~12月龄日增重		12~18月龄日增重		18~24月龄日增重	
				EBV	r^2(%)	EBV	r^2(%)	EBV	r^2(%)	EBV	r^2(%)	EBV	r^2(%)	EBV	r^2(%)	EBV	r^2(%)
1	13217722	比利时兰牛	92.55	0.61	47	1.40	53	-7.40	46	-0.79	48	-0.01	43	0.05	43	0.19	50
2	13217703	比利时兰牛	79.58	0.77	49	1.16	55	12.70	49	-44.19	51	-0.10	46	-0.17	45	0.38	53
3	13217733	比利时兰牛	71.61	0.56	46	3.28	52	2.18	45	-39.18	48	-0.07	42	-0.12	42	0.45	50
4	13217706	比利时兰牛	59.35	0.59	46	1.08	52	-0.27	45	-40.24	48	-0.02	42	-0.16	42	0.31	50
5	13217710	比利时兰牛	57.10	0.61	47	2.32	53	-5.52	46	-37.20	48	-0.02	43	-0.12	43	0.34	50
6	13217716	比利时兰牛	51.40	-0.12	48	2.19	54	-2.84	47	-43.26	49	-0.03	44	-0.16	43	0.41	51
7	13217701	比利时兰牛	44.87	1.08	49	0.98	55	-3.94	49	-48.70	51	-0.03	46	-0.18	45	0.46	53
8	13217708	比利时兰牛	40.73	0.49	46	1.29	52	-10.92	45	-39.71	48	0.00	42	-0.13	42	0.33	50
9	13217750	比利时兰牛	37.63	-0.03	47	3.59	53	-8.41	46	-50.47	49	0.00	43	-0.20	43	0.18	50
10	13217737	比利时兰牛	37.57	0.57	46	1.68	52	-7.62	45	-49.09	48	-0.03	42	-0.16	42	0.37	50
11	13217752	比利时兰牛	34.71	0.92	47	4.43	53	-11.02	47	-54.82	49	-0.01	44	-0.20	43	0.20	51
12	13217721	比利时兰牛	30.55	-0.86	46	0.08	52	-9.18	45	-42.92	48	0.00	42	-0.15	42	0.37	50
13	13217726	比利时兰牛	24.44	0.24	47	1.13	53	-5.50	46	-61.20	49	-0.01	43	-0.24	43	0.52	50
14	13217705	比利时兰牛	23.49	-0.86	46	0.88	52	-9.18	45	-51.19	48	0.05	42	-0.24	42	0.31	50
15	13217720	比利时兰牛	5.48	-0.72	50	2.23	56	-7.58	49	-73.63	51	-0.02	46	-0.29	46	0.51	53
16	13217702	比利时兰牛	-2.79	-0.93	47	0.91	53	-12.40	46	-68.84	49	0.01	43	-0.28	43	0.34	50
17	13217754	比利时兰牛	-7.78	-0.14	55	2.15	31	-13.12	54	-78.45	56	-0.02	52	-0.30	51	0.30	57
18	13217731	比利时兰牛	-9.46	-1.32	50	1.87	56	-8.72	49	-81.55	51	-0.03	46	-0.32	46	0.58	53
19	13217758	比利时兰牛	-17.21	-0.75	55	1.97	59	-14.68	54	-81.35	56	-0.02	52	-0.31	51	0.34	57
20	13217751	比利时兰牛	-18.25	-0.44	55	2.52	59	-16.42	54	-82.10	56	-0.02	52	-0.31	51	0.33	57
21	13217730	比利时兰牛	-21.39	-0.70	49	4.07	55	-11.47	48	-95.85	50	-0.01	45	-0.39	45	0.63	52
22	13217743	比利时兰牛	-25.40	-0.17	52	2.67	57	-13.86	51	-93.93	53	-0.01	48	-0.38	48	0.39	55
23	13217740	比利时兰牛	-26.11	-1.39	52	2.49	57	-15.24	51	-87.08	53	0.00	48	-0.35	48	0.49	55
24	13217745	比利时兰牛	-26.52	-0.16	52	3.77	57	-14.94	51	-96.08	53	-0.01	48	-0.38	48	0.42	55
25	13217757	比利时兰牛	-28.64	-1.05	55	2.16	59	-14.86	54	-90.34	56	-0.01	52	-0.36	51	0.37	57
26	41415821	比利时兰牛	-29.39	1.48	48	6.17	54	-16.97	47	-108.14	49	-0.25	44	-0.21	44	-0.19	51

（续）

序号	牛号	品种	CBI	体型外貌评分		初生重		6月龄重		18月龄重		6~12月龄日增重		12~18月龄日增重		18~24月龄日增重	
				EBV	r²(%)	EBV	r²(%)	EBV	r²(%)	EBV	r²(%)	EBV	r²(%)	EBV	r²(%)	EBV	r²(%)
27	13217756	比利时兰牛	-34.09	-1.36	55	2.70	59	-14.50	54	-95.91	56	-0.01	52	-0.38	51	0.41	57
28	13217749	比利时兰牛	-42.74	-1.36	55	3.25	59	-14.50	54	-104.91	56	-0.02	52	-0.42	51	0.47	57
29	42106255	槟榔江水牛	73.19	-0.09	50	-0.80	39	-7.57	33	-9.06	5	-0.02	36	0.01	4	0.01	4
30	42104089	槟榔江水牛	64.28	0.70	45	0.19	36	-3.31	31	-27.81	28	-0.02	33	-0.02	22	0.05	26
31	41114410	德国黄牛	106.58	1.18	47	-1.05	53	-11.76	46	22.68	48	0.08	43	0.04	42	-0.04	50
32	41315253	德国黄牛	105.06	-0.30	47	-0.47	3	2.48	3	2.89	3	-0.01	3	0.02	3	-0.06	3
33	41315230	德国黄牛	101.74	0.26	46	-1.82	52	0.60	45	4.39	48	0.04	42	-0.02	42	-0.21	49
34	41315255	德国黄牛	101.02	-0.63	47	-0.33	1	0.95	1	2.71	1	0.00	1	0.01	1	-0.04	1
35	41315257	德国黄牛	100.28	-0.84	47	-0.31	1	1.41	1	2.07	1	0.00	1	0.01	1	-0.04	1
36	41114408	德国黄牛	71.29	-0.26	47	-1.80	56	-10.50	49	-2.54	52	0.00	46	-0.03	46	0.02	53
37	41114412	德国黄牛	70.74	0.37	47	-1.57	53	-16.87	46	4.05	48	0.06	43	0.03	42	0.07	50
38	53216178	短角牛	146.89	-0.32	46	-2.09	6	46.62	46	-26.60	49	-0.21	43	-0.17	43	-0.26	50
39	53215168	短角牛	142.02	-0.49	49	-2.66	14	52.57	48	-38.20	51	-0.22	45	-0.21	45	-0.10	52
40	53117368	短角牛	139.27	-0.32	47	-1.38	53	33.50	47	-14.19	49	-0.25	43	0.00	43	-0.07	51
41	53216177	短角牛	136.19	-1.24	51	-4.14	20	52.99	51	-37.08	53	-0.40	48	-0.09	48	-0.21	54
42	53215166	短角牛	130.61	-0.92	51	-5.47	55	56.93	53	-45.96	53	-0.44	48	-0.12	48	-0.13	54
43	53216179	短角牛	119.72	-0.81	49	-4.07	52	42.72	51	-36.97	51	-0.23	45	-0.16	45	-0.22	52
44	53211122	短角牛	115.44	0.42	46	0.21	52	16.12	46	-14.41	48	-0.12	43	-0.06	42	0.06	50
45	53214161	短角牛	115.39	-0.89	46	-4.85	52	40.00	45	-34.04	48	-0.19	42	-0.19	42	-0.17	49
46	53111269*	短角牛	112.82	-0.07	46	-2.04	53	3.89	46	10.68	48	-0.06	43	0.11	42	-0.15	50
47	53215167	短角牛	109.54	-0.19	47	-3.87	54	37.92	47	-41.14	49	-0.26	44	-0.16	44	-0.16	51
48	53215169	短角牛	96.49	-0.31	48	-4.00	54	36.30	48	-49.17	50	-0.25	45	-0.18	44	-0.12	52
49	53113286	短角牛	93.50	-0.14	48	-2.78	56	13.74	49	-19.68	51	-0.15	46	-0.02	45	-0.15	53
50	53117367	短角牛	87.11	-0.04	48	-3.51	55	12.59	49	-21.88	51	-0.25	46	0.10	45	-0.08	53
51	53116362	短角牛	79.67	-1.56	48	-3.25	55	3.68	46	-8.93	51	-0.28	46	0.18	46	-0.09	53
52	53116361	短角牛	76.94	-1.41	48	-2.80	54	1.19	47	-9.13	49	-0.21	44	0.08	44	0.11	51
53	53214162	短角牛	74.87	-1.45	48	-5.38	53	29.19	46	-48.62	48	-0.34	43	-0.09	43	-0.38	50
54	53214160	短角牛	69.48	0.08	49	-5.82	55	20.46	48	-44.20	51	-0.34	45	0.01	45	-0.30	52
55	53211123	短角牛	62.56	0.88	47	-2.17	53	6.31	46	-40.47	49	0.04	44	-0.29	43	0.14	50
56	53114313*	短角牛	41.22	0.05	8	-4.06	55	-4.08	48	-34.34	50	-0.16	45	0.03	45	-0.06	52

（续）

序号	牛号	品种	CBI	体型外貌评分		初生重		6月龄重		18月龄重		6~12月龄日增重		12~18月龄日增重		18~24月龄日增重	
				EBV	r²(%)	EBV	r²(%)	EBV	r²(%)	EBV	r²(%)	EBV	r²(%)	EBV	r²(%)	EBV	r²(%)
57	53114312*	短角牛	28.08	-0.16	49	-8.89	56	4.59	49	-45.99	52	-0.27	47	0.02	46	-0.10	53
58	41213078	郏县红牛	138.64	0.13	49	5.58	55	27.63	48	-25.59	51	-0.08	45	-0.16	45	-0.26	52
59	41214072	郏县红牛	129.87	0.27	46	4.90	52	20.26	45	-20.25	48	-0.05	42	-0.11	42	-0.16	49
60	41214073	郏县红牛	121.45	-0.91	49	5.75	55	24.19	48	-31.51	51	-0.09	45	-0.14	45	-0.14	52
61	41214071*	郏县红牛	119.61	0.24	46	3.96	52	17.35	45	-21.97	48	-0.08	42	-0.06	42	-0.23	49
62	41214074*	郏县红牛	114.94	-2.01	46	2.39	52	23.43	45	-22.78	48	-0.03	42	-0.16	42	-0.13	49
63	41316024	郏县红牛	-1.91	-0.05	46	-3.84	52	-20.76	45	-45.60	51	-0.04	42	-0.05	42	-0.14	49
64	41316037	郏县红牛	-11.78	-0.40	45	-1.39	52	-11.47	45	-74.15	47	-0.24	42	-0.03	41	-0.13	49
65	41316018	郏县红牛	-14.81	-0.70	46	0.77	52	-16.14	45	-73.92	48	-0.03	42	-0.24	42	0.30	49
66	41107568	金黄阿奎丹牛	109.67	1.00	46	3.57	53	-0.84	46	-3.57	48	-0.08	43	-0.06	42	0.22	50
67	37110116*	鲁西牛	22.56	-0.04	2	-0.67	52	-9.95	45	-49.87	47	-0.03	42	-0.16	41	-0.08	49
68	41317028	南阳牛	198.96	-0.73	55	5.00	62	21.67	56	41.52	57	0.09	53	0.03	53	-0.09	58
69	41317051	南阳牛	137.53	-3.09	57	0.02	61	12.60	56	24.72	57	-0.09	53	0.12	52	-0.14	31
70	41313187	南阳牛	99.36	-1.27	45	0.98	52	22.78	45	-34.52	47	-0.14	42	-0.15	41	-0.12	49
71	41313188	南阳牛	90.08	-1.42	45	-0.72	52	25.81	45	-42.39	47	-0.17	42	-0.18	41	-0.05	49
72	41313186	南阳牛	82.73	-1.28	45	-0.01	52	20.98	45	-43.55	47	-0.17	42	-0.16	41	-0.13	49
73	41317012	南阳牛	74.48	-2.24	54	-0.18	61	7.14	55	-24.45	57	-0.04	52	0.00	52	-0.02	57
74	41315109	南阳牛	56.65	-1.23	51	2.26	58	-4.23	52	-32.32	54	0.05	49	-0.15	49	-0.22	55
75	41316053	南阳牛	54.22	-1.99	52	3.30	59	-3.98	53	-34.64	55	0.04	50	-0.14	50	-0.15	56
76	41315044	南阳牛	27.87	0.40	51	1.95	58	-8.81	52	-55.74	54	-0.01	49	-0.24	48	-0.19	55
77	41314734	皮埃蒙特牛	137.20	-0.75	46	0.37	53	15.20	46	10.22	48	0.00	43	-0.02	42	-0.19	50
78	41313065	皮埃蒙特牛	115.74	-1.25	47	-2.03	53	4.10	46	17.47	49	0.06	43	0.01	43	0.04	50
79	41315251	皮埃蒙特牛	109.05	-0.79	47	-1.07	7	5.86	6	4.45	7	0.03	6	-0.04	6	-0.01	1
80	41113702	皮埃蒙特牛	102.58	-2.31	47	-0.46	54	-0.50	47	13.29	49	0.03	44	0.02	43	-0.15	51
81	41116704	皮埃蒙特牛	99.63	1.66	47	-3.25	53	13.15	46	-19.16	48	-0.11	43	-0.02	43	-0.06	50
82	41315254	皮埃蒙特牛	98.53	-0.47	47	-1.32	5	2.03	5	0.80	5	0.03	4	-0.04	4	-0.01	3
83	41313038	皮埃蒙特牛	68.92	-1.02	46	-4.42	53	-5.73	46	-2.36	48	0.07	43	-0.06	43	0.04	50
84	41117702	皮埃蒙特牛	10.68	-0.37	48	-1.14	54	-17.43	47	-45.79	50	-0.05	44	-0.12	44	-0.26	51
85	41118704	皮埃蒙特牛	-7.70	-0.96	46	-0.43	56	-17.21	49	-61.76	52	-0.06	46	-0.20	46	-0.13	53
86	62111063	皮埃蒙特牛	-33.02	0.11	46	-5.42	52	-28.57	45	-56.76	48	-0.17	42	0.01	42	-0.19	50

（续）

序号	牛号	品种	CBI	体型外貌评分		初生重		6月龄重		18月龄重		6~12月龄日增重		12~18月龄日增重		18~24月龄日增重	
				EBV	r²(%)	EBV	r²(%)	EBV	r²(%)	EBV	r²(%)	EBV	r²(%)	EBV	r²(%)	EBV	r²(%)
87	51116028	蜀宣花牛	217.64	1.92	51	0.80	56	3.05	51	88.37	53	0.10	48	0.34	48	0.13	54
88	51116029	蜀宣花牛	211.66	0.30	51	4.37	56	2.79	51	80.38	53	0.13	48	0.28	48	0.09	54
89	51117032	蜀宣花牛	209.36	-0.22	45	4.11	52	0.68	45	84.47	47	0.28	42	0.01	41	0.32	49
90	51116030	蜀宣花牛	189.88	1.35	51	3.00	56	1.57	51	62.86	53	0.07	48	0.27	48	0.13	54
91	51113173	蜀宣花牛	184.68	0.23	45	5.81	52	-0.83	45	59.06	47	0.12	42	0.18	41	0.26	49
92	51116031	蜀宣花牛	183.54	-2.28	52	2.53	58	5.12	53	67.04	54	0.13	50	0.20	49	0.09	55
93	51117033	蜀宣花牛	163.17	-0.83	45	2.08	52	-2.84	45	57.46	47	0.12	42	0.14	41	0.40	49
94	43112085	巫陵牛	14.54	0.66	46	-1.80	52	-16.17	45	-46.71	47	-0.08	42	-0.06	42	-0.13	49
95	43113089	巫陵牛	11.77	0.90	46	-5.74	52	-13.16	45	-44.46	47	-0.10	42	-0.06	41	0.01	49
96	43113093	巫陵牛	11.28	1.43	46	-3.52	52	-16.56	45	-47.41	47	-0.11	42	-0.04	42	-0.03	49
97	43113087	巫陵牛	7.95	0.38	46	-5.65	52	-12.87	45	-46.42	47	-0.10	42	-0.07	42	-0.11	49
98	43112084	巫陵牛	4.63	0.17	46	-4.44	52	-17.71	46	-44.00	48	-0.09	43	-0.04	42	-0.10	50
99	43113088	巫陵牛	4.53	-0.53	46	-4.02	52	-15.89	45	-45.39	47	-0.09	42	-0.05	42	-0.08	49
100	43112083	巫陵牛	2.14	1.64	46	-5.10	52	-18.97	45	-48.17	48	-0.10	43	-0.04	42	-0.05	50
101	43112082	巫陵牛	1.91	0.19	46	-3.96	52	-19.98	45	-44.12	47	-0.08	42	-0.03	42	-0.18	49
102	43113090	巫陵牛	1.57	1.42	46	-3.50	52	-14.93	45	-58.49	47	-0.11	42	-0.10	42	-0.08	49
103	43113092	巫陵牛	0.81	0.50	46	-5.08	52	-15.40	45	-50.61	47	-0.08	42	-0.09	42	-0.09	49
104	43113094	巫陵牛	-1.58	0.55	46	-4.62	52	-16.97	45	-51.62	47	-0.09	42	-0.08	42	-0.10	49
105	43112081	巫陵牛	-5.16	0.83	46	-5.50	52	-20.08	46	-48.55	48	-0.10	43	-0.04	42	-0.10	50
106	43112079	巫陵牛	-7.93	0.11	46	-2.89	52	-19.62	46	-55.80	48	-0.10	43	-0.07	42	-0.15	50
107	43113086	巫陵牛	-9.93	-0.06	46	-4.74	52	-17.09	45	-56.05	47	-0.11	42	-0.08	41	-0.12	49
108	43112080	巫陵牛	-13.05	0.22	46	-4.46	52	-19.02	46	-57.49	48	-0.10	43	-0.08	42	-0.08	50
109	43111078	巫陵牛	-16.12	0.92	45	-3.59	52	-23.61	45	-57.89	47	-0.10	42	-0.06	41	-0.03	49
110	43113091	巫陵牛	-27.27	0.04	46	-4.21	52	-21.89	46	-65.32	48	-0.11	43	-0.10	42	-0.14	50
111	43111077	巫陵牛	-36.89	-1.06	45	-3.43	52	-23.41	45	-69.07	47	-0.10	42	-0.12	42	0.13	49
112	43111076	巫陵牛	-42.75	-0.65	45	-4.00	52	-25.05	45	-71.69	47	-0.10	42	-0.12	41	0.02	49
113	41208119*	夏南牛	235.35	0.35	46	5.70	52	7.78	45	89.43	48	0.18	42	0.25	42	0.07	49
114	41213067*	夏南牛	203.49	0.98	46	6.20	52	11.55	45	51.78	48	0.05	42	0.11	42	0.09	49
115	41213062*	夏南牛	201.92	0.47	46	7.27	52	11.37	45	49.85	48	0.05	42	0.12	42	0.04	49
116	41213061*	夏南牛	201.25	0.46	46	8.40	52	3.22	45	59.28	48	0.12	42	0.14	42	0.01	49

（续）

序号 牛号	品种	CBI	体型外貌评分		初生重		6月龄重		18月龄重		6~12月龄日增重		12~18月龄日增重		18~24月龄日增重	
			EBV	r^2 (%)	EBV	r^2 (%)	EBV	r^2 (%)	EBV	r^2 (%)	EBV	r^2 (%)	EBV	r^2 (%)	EBV	r^2 (%)
117 41213068*	夏南牛	195.89	0.57	46	7.27	52	11.09	45	44.65	48	0.04	42	0.10	42	0.09	49
118 41215101	夏南牛	152.84	-0.39	46	7.31	52	-14.11	45	50.86	48	0.20	42	0.15	42	0.00	49
119 41215319	夏南牛	145.74	-0.91	46	6.50	53	-18.54	46	55.86	48	0.27	43	0.13	42	-0.08	50
120 41215919	夏南牛	143.69	-0.07	46	4.64	52	-15.59	45	51.03	48	0.23	42	0.13	42	0.09	49
121 41215211	夏南牛	139.64	-1.16	46	6.24	52	-12.91	45	43.24	48	0.24	42	0.06	42	0.07	49
122 41215313	夏南牛	133.51	-0.91	46	3.73	53	-23.24	46	60.01	48	0.30	43	0.14	42	-0.05	50
123 22311134	延边牛	189.29	0.60	47	2.35	53	8.46	47	55.98	48	0.04	44	0.20	43	-0.12	51
124 22310916	延边牛	165.23	0.47	45	3.29	52	9.52	45	31.29	47	0.00	42	0.11	41	-0.02	49
125 22309007	延边牛	161.79	0.11	46	0.32	2	7.04	45	41.49	47	0.07	42	0.11	42	-0.04	49
126 22315042	延边牛	147.11	-0.18	47	1.50	53	1.26	47	35.89	49	0.20	44	0.01	43	-0.12	51
127 22310039	延边牛	143.37	0.75	45	2.50	52	4.96	45	20.45	47	0.00	42	0.07	41	-0.05	49
128 22313036	延边牛	137.91	0.65	47	-1.32	53	4.62	46	26.74	48	-0.02	43	0.12	42	0.16	50
129 22315015	延边牛	136.56	-0.42	49	0.19	51	8.10	43	20.18	46	0.02	40	0.04	40	0.35	48
130 22309013	延边牛	131.18	0.12	47	-0.25	53	0.34	47	26.94	49	0.03	44	0.12	43	0.02	51
131 22314039	延边牛	128.56	-0.97	47	1.25	53	6.27	46	15.45	49	0.04	43	0.02	43	0.05	50
132 22313029	延边牛	128.20	0.51	47	-1.72	52	2.24	46	23.65	48	-0.02	43	0.12	42	0.18	50
133 22313001	延边牛	112.89	0.16	47	-0.82	53	5.62	46	3.83	48	0.01	43	0.01	42	0.02	50
134 22313028	延边牛	112.01	-0.57	47	-0.84	53	2.97	46	10.22	48	-0.04	43	0.06	42	0.09	50
135 22309024	延黄牛	83.48	0.23	48	-3.37	54	6.51	47	-16.78	50	0.00	44	-0.13	44	-0.11	51
136 22309004	延黄牛	5.06	0.15	46	-4.60	53	-20.48	46	-38.74	48	-0.10	42	0.02	42	-0.14	50
137 22314155	延黄牛	-13.30	-0.05	47	-3.83	53	-18.90	46	-58.53	48	-0.10	43	-0.07	42	-0.16	50
138 22314145	延黄牛	-21.67	-0.14	47	-4.07	54	-15.92	47	-69.61	49	-0.15	44	-0.10	43	-0.16	51
139 22314169	延黄牛	-26.46	-0.54	46	-4.86	53	-21.38	46	-61.45	48	-0.10	43	-0.07	42	-0.08	50
140 22309063	延黄牛	-41.40	-0.46	48	-4.99	54	-26.72	48	-65.97	50	-0.15	45	-0.04	44	-0.10	52
141 22314163	延黄牛	-46.78	-0.57	47	-4.93	53	-23.20	47	-75.98	49	-0.17	44	-0.08	43	-0.14	51
142 22315012	延黄牛	-78.53	-0.19	49	-4.78	53	-30.74	46	-93.60	48	-0.21	43	-0.10	42	-0.19	50
143 22313008	延黄牛	-88.76	-0.23	48	-7.04	54	-29.66	48	-98.11	50	-0.20	45	-0.13	44	-0.10	52
144 22315026	延黄牛	-98.57	-0.91	48	-4.80	54	-35.16	47	-101.22	49	-0.26	44	-0.06	44	-0.20	51
145 53112347	云岭牛	62.28	1.49	46	-7.92	53	-19.42	46	13.16	49	0.04	43	0.15	42	0.02	50
146 53115358	云岭牛	56.02	0.15	46	-7.56	53	-24.20	46	19.57	48	0.13	43	0.11	42	-0.08	50

（续）

序号	牛号	品种	CBI	体型外貌评分		初生重		6月龄重		18月龄重		6~12月龄日增重		12~18月龄日增重		18~24月龄日增重	
				EBV	r²(%)	EBV	r²(%)	EBV	r²(%)	EBV	r²(%)	EBV	r²(%)	EBV	r²(%)	EBV	r²(%)
147	53115359	云岭牛	50.15	-1.15	46	-7.15	53	-21.05	46	13.43	49	0.12	43	0.10	42	0.04	50
148	53115348	云岭牛	47.86	-0.01	46	-7.41	53	-28.42	46	19.43	48	0.12	43	0.11	42	0.15	50
149	53115360	云岭牛	43.15	0.07	47	-6.74	54	-24.51	47	7.01	49	0.04	44	0.15	43	0.00	51
150	53115357	云岭牛	36.44	-0.41	46	-8.62	53	-28.03	46	13.57	48	0.12	43	0.11	42	-0.03	50
151	53115349	云岭牛	31.52	-0.40	47	-8.13	54	-30.63	47	12.10	49	0.08	44	0.15	43	0.07	51
			以下种公牛部分性状测定数据缺失，只发布数据完整性状的估计育种值														
152	42105101	槟榔江水牛		-0.57	44	-1.53	33	—	—	—	—	—	—	—	—	—	—
153	42105250	槟榔江水牛		-0.47	44	0.55	33	-10.30	26	—	—	-0.04	29	—	—	—	—
154	41315252	德国黄牛		0.15	46	—	—	—	—	—	—	—	—	—	—	—	—
155	36114209	锦江牛		-0.53	45	—	—	—	—	—	—	—	—	—	—	—	—
156	21111433	辽育白牛		-0.43	49	—	—	—	—	10.19	54	0.04	11	0.00	48	-0.04	55
157	21111435	辽育白牛		0.68	47	—	—	—	—	-36.53	51	—	—	-0.12	45	0.04	49
158	21111436	辽育白牛		0.01	52	—	—	—	—	21.34	50	—	—	0.04	44	-0.07	52
159	21115452	辽育白牛		0.48	47	—	—	—	—	53.32	49	0.05	3	-0.01	43	-0.03	51
160	21116463	辽育白牛		-0.13	10	—	—	—	—	49.86	49	0.18	41	0.03	44	0.03	51
161	21117479	辽育白牛		-0.27	14	—	—	—	—	26.61	51	-0.03	41	-0.04	45	-0.12	53
162	21117485	辽育白牛		-0.05	5					5.97	49	-0.04	41	-0.10	43	-0.13	51
163	21117487	辽育白牛		-0.03	9					-9.04	48	-0.05	40	-0.16	42	-0.10	50
164	37109102*	鲁西牛		—	—	-3.48	52	45.19	46	-37.92	48	-0.14	43	-0.28	42	0.01	50
165	37109103*	鲁西牛		—	—	-2.56	52	46.75	46	-69.05	48	-0.26	43	-0.31	42	0.03	50
166	22310013	延边牛		0.94	45	—	—	—	—	—	—	—	—	—	—	—	—
167	22314198	延黄牛		-0.04	46	-3.16	52	-10.83	45	—	—	—	—	—	—	—	—

＊ 表示该牛已经不在群，但有库存冻精。

— 表示该表型值缺失，且无法根据系谱信息估计出育种值。

5 种公牛站代码信息

本评估结果中，"牛号"的前三位为其所在种公牛站代码。根据表5－1可查询到任一头种公牛所在种公牛站的联系方式。

表5－1　种公牛站代码信息

种公牛站代码	单位名称	联系人	手机号	固定电话
111	北京首农畜牧发展有限公司奶牛中心	王振刚	13911216458	010－62948056
132	秦皇岛农瑞秦牛畜牧有限公司	周云松	13463399189	0335－3167622
133	亚达艾格威（唐山）畜牧有限公司	张强岭	13693244436	010－64354166
141	山西省畜牧遗传育种中心	张　鹏	13834681518	0351－6264607
152	通辽京缘种牛繁育有限责任公司	侯景辉	15247505380	0475－2377022
153	海拉尔农牧场管理局家畜繁育指导站	柴　河	17747018766	—
154	赤峰赛奥牧业技术服务有限公司	王光磊	15504762388	0476－2785135
155	内蒙古赛科星繁育生物技术（集团）股份有限公司	孙　伟	15248147695	0471－2383201
156	内蒙古中农兴安种牛科技有限公司	张　强	18844682268	0482－3842599
211	辽宁省牧经种牛繁育中心有限公司	高　磊	15040146995	024－86618548
212	大连金弘基种畜有限公司	帅志强	15898150814	0411－87279065
221	长春新牧科技有限公司	张育东	18088626767	0431－84561237
222	吉林省德信生物工程有限公司	王润彬	18943465553	0436－3851717
223	延边东兴种牛科技有限公司	宋照江	15714336855	0433－2619930
224	四平市兴牛牧业服务有限公司	荣秀秀	18643454008	0434－5299699
233	龙江和牛生物科技有限公司	赵宪强	13359731197	—
361	江西省天添畜禽育种有限公司	谭德文	13970867658	0791－83807995
371	山东省种公牛站有限责任公司	翟向玮	13361026107	0531－87227801
411	河南省鼎元种牛育种有限公司	高留涛	13838074522	0371－60210130
412	许昌市夏昌种畜禽有限公司	马大庆	17503885621	—
413	南阳昌盛牛业有限公司	曹　杰	15290316675	—
414	洛阳市洛瑞牧业有限公司	王　彪	13525403237	0379－63780750
421	武汉兴牧生物科技有限公司	郝海龙	15007129685	027－87023599
431	湖南光大牧业科技有限公司	张翠永	13507470075	0731－84637575
451	广西壮族自治区畜禽品种改良站	刘瑞鑫	13471183547	0771－3338298
511	成都汇丰动物育种有限公司	曹　伟	15198076628	028－84790654

（续）

种公牛站代码	单位名称	联系人	手机号	固定电话
531	云南省种畜繁育推广中心	毛翔光	13888233030	0871－67393362
532	大理白族自治州家畜繁育指导站	李家友	13618806491	0872－2125332
612	西安市奶牛育种中心	吴　眩	13289861756	029－88224681
621	甘肃佳源畜牧生物科技有限责任公司	李　刚	13993548303	0935－2301379
631	青海正雅畜牧良种科技有限公司	马元梅	13897252623	0971－5310461
651	新疆天山畜牧生物工程股份有限公司	谭世新	13999365500	0994－6566611

（续）

参考文献

张勤，2007. 动物遗传育种的计算方法 [M]. 北京：科学出版社.

张沅，2001. 家畜育种学 [M]. 北京：中国农业出版社.

Gilmour A R, Gogel B J, Cullis B R, et al., 2015. ASReml User Guide Release 4. 1 Structural Specification [M]. Hemel Hempstead：VSN International Ltd，UK.

Mrode R A, 2014. Linear models for the prediction of animal breeding values [M]. 3rd ed. Edinburgh：CABI，UK.

图书在版编目（CIP）数据

2020中国肉用及乳肉兼用种公牛遗传评估概要／农业农村部种业管理司，全国畜牧总站编．—北京：中国农业出版社，2021.1
ISBN 978-7-109-27742-7

Ⅰ.①2… Ⅱ.①农… ②全… Ⅲ.①种公牛–遗传育种–评估–中国–2020 Ⅳ.①S823.02

中国版本图书馆CIP数据核字（2021）第015099号

中国农业出版社出版
地址：北京市朝阳区麦子店街18号楼
邮编：100125
责任编辑：周锦玉
版式设计：王 晨 责任校对：赵 硕
印刷：中农印务有限公司
版次：2021年1月第1版
印次：2021年1月北京第1次印刷
发行：新华书店北京发行所
开本：880mm×1230mm 1/16
印张：9.5
字数：292千字
定价：30.00元